OPEL MANTA STORY

Die Rochen aus Rüsselsheim

Alexander F. Storz

Motor buch Verlag

Dank und Bildnachweis:
Es geht nicht alleine vom Schreibtisch aus. Ein automobilhistorisches Buch entsteht nicht ohne Netzwerk, ohne Freunde oder zumindest freundschaftlich gesonnene Informanten, ohne Ideen-Zuträger und Fotolieferanten. Ihnen allen dankt der Autor: Archiv Ford-USA (2), Archiv General Motors - Kathleen Adelson (2), Archiv Opel (184), Archiv Porsche - Jens Torner (3), Archiv Storz (109), Archiv Vauxhall (5), Eckhart Bartels, Constantin Film (2), Isdera (2), Jens-Peter Berthmann, Michael Borgeest, Wolfgang Diem (27), Uwe Heinritz (1), Klaus Holl (2), Günter Kari (5), Harald Klostermann (3), Officine Pininfarina (2), Matthias Schmidt (3), Alexander Franc Storz (31), Reinhard Veit (4), die Opel-Tuning-Firmen Irmscher (4), Lexmaul (5), Mattig (9), Steinmetz (2), Strauss (3), Zender (1).
Dieser Buchtext wurde von einem Menschen ohne jegliche Zuhilfenahme künstlicher Intelligenz erstellt.

ISBN: 978-3-613-04543-9

1. Auflage 2023

Lektorat: Joachim Kuch
Innengestaltung: Jürgen Knopf
Druck und Bindung: Conzella, 85609 Aschheim-Dornach
Printed in Germany

Inhalt

Einleitung

Im Zeichen des Rochen

Der Manta ist Kult. Womöglich der Kultigste aller Opel. Die zweite Generation, der Manta B, wurde zum Filmstar. Unvergessen ist die Komödie »Manta Manta« mit Til Schweiger und Tina Ruland, unvergessen sind aber auch die Manta-Witze, die über ihn in Folge des Films und des Tuningwahns in den 1990er Jahren gerissen wurden. Unbefleckt von derartigen Schmähungen blieb der Opel Manta A, der Ursprungs-Manta, der Erste. Sein Renommee ist perfekt, vom ersten Tag an. Er bewährte sich, als er neu und im Alltag zugange war, er erzielte gute Gebrauchtwagenpreise. Und heute ist er das angesagte Objekt in der Opel-Klassikerwelt und obendrein ein Star in der Szene des historischen Tunings. Egal ob Opel-Klassikertreffen oder Tuning-Meeting, der Manta A ist stets der Mittelpunkt. Er ist ein absoluter Sympathieträger. Das hat seine Gründe, und zwar mehrere. Opel selbst als Marke ist sympathisch, vor allem mit Blick auf die Vergangenheit. Opel hat eine uralte Tradition, als Autobauer seit 1899, also seit 124 Jahren, und im Gegensatz zu den Premiumherstellern ist Opel eine Marke des Volkes, eine Marke »von uns«. Wer heute in der Klassikerszene unterwegs ist, saß als Junge auf dem Rücksitz eines Opel Kadett C oder D, der Vater träumte vom Manta und womöglich kaufte er sogar einen, als die Kinder außer Haus waren. Und der Sohn träumte ebenfalls vom Manta, und vielleicht kaufte auch er sich einen, als die Ausbildung zu Ende war, vom ersten selbst verdienten Geld. Das verbindet, oftmals ein Leben lang. Ein Porsche, Ferrari oder Lamborghini ist natürlich ein Vollblutsportwagen und ein 911 Turbo oder ein Lambo Countach hing als Poster im Kinderzimmer. Aber solche Wagen blieben unerreichbar. Der Manta hingegen war damals erreichbar.

Auch als Klassiker ist er (halbwegs) erreichbar. Es gibt genügend davon, die Preise bewegen sich in Klassiker-Hochpreiszeiten nach oben, die Technik ist überschaubar, die Ersatzteilversorgung zunehmend schwierig. Technikteile bereiten kein Problem, Karosserie- und Innenraumteile hingegen schon. Man muss dennoch weder Millionär noch Ingenieur sein, um einen Manta zu fahren, zu unterhalten, zu pflegen. Und man hat alle Sympathien auf seiner Seite. Wer einen Manta hat, hat auch Freunde.

Es gibt etliche Versionen des Opel Manta A, Ausstattungsvarianten, Motorversionen, es gibt häufige und seltene Manta A, sportliche, luxuriöse, durchschnittliche, exorbitant schnelle und besonders lahme 1200er. Aber unterm Strich sind das alles Manta A, egal ob er einen 1,2-Liter-Motor mit bescheidenen 60 PS unter der Haube hat oder ob es sich um einen superseltenen TE2800 mit sechs Töpfen und satten 142 Pferden handelt. Manta ist einfach Kult. Das gilt für den Manta B ebenfalls. Und uneingeschränkt. Nur dass er von einfachen Geistern manchmal ein wenig belächelt wird. Wenn sie einen entdecken, erzählen sie einen uralten Manta-Witz, den sie sich gemerkt haben, klopfen sich dabei vor Freude auf die Schenkel, blicken effektheischend in die umstehende Menge und hoffen auf Zustimmung. Sie ernten keine Zustimmung. Sie ernten allenfalls mitleidige Blicke, die besagen: »Der hat doch gar nichts kapiert.« Der Manta B hatte seine schlimme und depressive Zeit, er war eine Witzfigur. Aber das war einmal. Er ist ein ernst zu nehmender Klassiker. Das bleibt er auch. Trotzdem der Film »Manta

Fachwerkidylle in Bad Herrenalb im Nordschwarzwald. Eine Szene aus den frühen 70ern mit ihren typischen Farben. Der rote Opel Rekord C am linken Bildrand wäre in den späten 60ern wohl kaum rot gewesen, und der rote Daf 44 rechts war ein ziemliches Individualmobil auf deutschen Straßen. Der sportliche Opel Manta A in Ocker mit Vinyldach (und mit billigen Radkappen aus dem Zubehörhandel) ist ebenfalls ein Repräsentant der Modefarben, während die vorbei fahrende DS schon immer einen Sonderfall darstellte, auch farblich.

Werksfotos sind steril, aber sie sind authentisch für den Neuzustand eines Fahrzeugs. Im Manta-Buch finden sich viele Werksfotos, aber eben auch szenische Privataufnahmen, die den Manta zeigen, wie er auf der Straße war, wie er war, als er schon ein paar Jahre auf dem Buckel hatte. Treffen eines Manta A mit einem 1968er Volkswagen 1300 in lichter Höh' mit Blick auf die Dolomiten.

Ein regnerischer Vormittag 1974. Der Manta SR wird selten von hinten fotografiert. Hier schon, an der roten Ampel am Flughafen München-Riem wartend. Und er beweist, dass ein Manta SR kein schwarzes Heckblech hatte. Das hatte nur der Manta GT/E.

Vor der Ruine des Berlin Anhalter Bahnhofs, in West-Berlin, der verbliebene Portikus-Torso: Ein sehr früher Manta SR ist havariert, noch mit den ersten Sportstahlfelgen, die es nur bis März 1971 gab. Der Abschleppwagen ist mindestens zehn Jahre älter als er, ein ziemlich herunter gewirtschafteter Borgward B 1500 F respektive B 611. Und natürlich keine West-Berliner Szene ohne beigefarbenen Doppeldeckerbus.

Eine Automonographie beginnt dort, wo das Auto beginnt, nämlich in seiner Entwicklungsphase. Ebenfalls früh ist seine Vorstellungsphase, die Pressepräsentation kurz vor der Markteinführung in Timmendorfer Strand. Es waren Vorserien-Mantas, die dort zur Verfügung standen, mit einigen, kleinen Eigenheiten. Der Manta L trägt Weißringreifen. Wohl kaum ein Manta L wurde mit derartigen Reifen ausgeliefert.

Einleitung

Manta« in die Zweite geht, im Frühjahr 2023. Der erste Film schlug ein: 1,2 Millionen Kinobesucher, 11,5 Millionen TV-Konsumenten auf RTL. Der zweite wird wohl seinen Erfolg haben, quasi eine Ü-50-Party für die alten Haudegen. Aber er wird das gute Renommee des Manta B nicht grundsätzlich beeinflussen oder gar ins Negative wenden können.

Es klingt wie ein Treppenwitz der Automobilgeschichte: Der Opel Manta war ursprünglich gar nicht geplant. Geplant war ein Nachfolger des Kadett B in denselben Karosserieversionen wie bisher, also auch Coupé. Im Verlaufe der Entwicklung wurde dieses Fahrzeug immer größer, zudem erkannte Opel, dass im eigenen Programm ein Modell zwischen Kadett und Rekord fehlte. Also wurde der Kadett-B-Nachfolger schlichtweg befördert, aus ihm wurde der Ascona. Und aus dem Coupé, das nunmehr kein Kadett Coupé, sondern ein Ascona Coupé war, wurde dank neuer Frontgestaltung eine eigene Modellreihe, der Opel Manta A. Aus Bochum!

Der Manta war, man muss es offen zugeben, nur eine Reaktion auf einen gewaltigen Angriff aus Köln. Der Ford Capri, 1968 erschienen, hatte eingeschlagen wie eine Bombe, Ford konnte sich vor Aufträgen und Käufern kaum noch retten - und das in einer Zeit der wirtschaftlichen Rezession. Niemand hatte das für möglich gehalten, und Opel konnte und durfte dieses Feld seinem Kölner Mitbewerber nicht kampflos überlassen. Der Manta wurde wie der Capri gestrickt: Auf Basis einer konventionellen Limousine entstand ein sportliches Coupé, preiswert dank Großserienproduktion, preiswert dank baugleicher Teile, preiswert dank eines überschaubaren Konstruktionsaufwandes - dabei höchst individuell. Capri und Manta zu fahren bedeutete, ein Coupé mit betörender Linienführung zu besitzen, das durchaus italienischer Herkunft hätte sein können, dabei aber vom engmaschigen und professionellen Servicenetz der Opel- und Ford-Händlerschaft zu profitieren.

Die 1970er Jahre waren dem Genre des Sportwagens nicht wohl gesonnen. Die Ölkrise 1973/74, die exorbitanten Unfallzahlen mit immens vielen Verkehrstoten und eine um sich greifende Mentalität der Autoverteufelung sorgten für ein Umdenken sowohl bei den Kunden als auch bei den Herstellern. Stand zuvor der Fahrspaß im Mittelpunkt, so überwog nunmehr der Vernunftgedanke. Opel war gerüstet mit dem Manta. Er konnte nämlich beides: Dank seiner rassigen Linie sah er gut aus und machte Spaß, und dank seiner Großserientechnik war er vernünftig und halbwegs sparsam. Zwei Fliegen mit einer Klappe schlug Opel mit dem Manta, und in zwei Generationen sollte das Prinzip Manta bis 1988 leben.

Und danach begann der zweite Frühling. Der Manta erlebte keinen Tiefpunkt in den Augen seiner Fans, wie dies bei einem »normalen« Auto üblich ist - Renommee- und Wertabfall nach Produktionsauslauf, und erst mit zeitlicher Verzögerung der Adelsstand des Klassikers. Beim Manta gab es diese Delle in der Entwicklung vom Gebrauchtwagen zum Youngtimer nicht. Ein Manta war nie out. Das lag auch an der langen Produktionszeit. Der Manta A hatte einen normalen Lebenszyklus von fünf Jahren, aber der Manta B lief 13 Jahre lang vom Band - nie zuvor und nie danach wurde ein Opel länger gebaut. Der Manta A war bereits ein Youngtimer, als der Manta B noch fabrikneu zu haben war. Durch die lange Bauzeit und die mannigfachen technischen Übereinstimmungen zwischen Manta A und B war der Manta A ein einfach zu pflegender Klassiker. Noch als er neu zu haben war, in den späten 80ern, war der Manta bereits ein gerne gesehener Gast auf Opel-Treffen und ein Star im Szene-Flash, was sich bis heute nicht geändert hat. Sein Nachfolger,

Das Ende der meisten Mantas, denen nicht das Privileg widerfährt, zum Klassiker reifen zu dürfen: Reinhard aus München zusammen mit seinem Freund Michl 1984 auf dem Weg zum Grillfest. Der endfertige Manta mit schwarzem Vorderkotflügel und nach rückwärtiger Berührung mit einer Straßenlaterne etwas onduliert. Im Fässchen im Kofferraum ist: was wohl? Natürlich Bier!

VIPs zieren Briefmarken. Die Queen oder Abraham Lincoln oder der westdeutsche Bundespräsident oder Walter Ulbricht. Und der Opel Manta A im Jahre 2017.

Natürlich werden die Sondermodelle ausgiebig vorgestellt, quasi das Salz in der Manta-Suppe, die Kleinserien, die heute auf Alt-Opel-Treffen für Furore sorgen. Reinweiß mit ebensolchen Sportfelgen und einem frischen Streifen präsentiert sich der Manta Swinger....

..und in edlem Tarragonarot der Manta Berlinetta, als Sondermodell zur Welt gekommen und danach zum Serienmodell am oberen Ende der Palette befördert. Kein Manta A war luxuriöser als die Berlinetta.

Einleitung

Manchmal muss man auch stark sein. Vor allem, wenn es um Mantas geht. Nicht jeder Manta durfte in Ruhe altern und sein Schicksal genießen. Dieser Plastikbomber mit Glashubdach steht noch 2022 jeden Tag im Freien, in Aydin in der türkischen Ägäis, und genießt das dortige Wetter und sein Dasein.

Auch im Winter, wenn es schneit: Manta B auf der ungesalzenen Nebenstraße, zusammen mit zwei Renault 4 und einem Golf I. Ein Wintermärchen.

Ein Manta bereitet seinen Menschen Freude. Ein junger Mann mit Manta bleibt nicht lange alleine. Zum Manta gesellt sich das Mädchen. Sie freut sich, ganz offensichtlich. Trendsetter der Lamellenstores (Szenejargon: »Katzentreppe«) an der Heckscheibe war der Lamborghini Miura. Und dann weitete sich die Mode aus, es gab sie als Zubehör in fast allen Größen zu kaufen.

Der erste Manta war ein Solitär, den zweiten gab es als Stufenheck- und als Schrägheck-Coupé. Letzterer war praktischer und baumarkttauglich. Aber das wollten die Manta-Piloten nicht. Der Manta CC bescherte Opel nicht den gewünschten Erfolg.

Solange der Opel Manta gebaut wurde, war Deutschland ein geteiltes Land. Nur als Gebrauchter kam er in die DDR. Aber er schielte bereits zuvor gen Osten und trieb sich nahe der Mauer um - hier im Blickkontakt mit einem Renault 16.

Von all den Serien-Mantas war der Manta 400 der heißeste. Wer ihn sich gönnte, leistete sich auch den Widebody-Kit. Aber serienmäßig war das nicht. Es gab auch schmale Manta 400. Der 400er wurde schmal geboren.

Aber so richtig breit wurde der Manta ohnehin nicht in der Obhut von Opel. Die »Boah, is' der fett, Mann«-Manta sind Tuning-Exemplare, und zu den wildesten zählt der Mattig Extrem. Er wurde zum VIC. Das ist ein Very Important Car, denn er war der Hauptdarsteller im Film Manta, Manta, der im Frühjahr 2023 seine Fortsetzung findet.

Natürlich hatten die Dicken und Beflügelten auch ihre motorsportliche Bedeutung, und das Buch blickt sowohl auf die Rundstrecke (Kissling-Manta-400 mit Ronal-Turbo-Felgen von Peter Hass und Bernhard Schmittner auf dem Nürburgring)...

... als auch auf Henri Toivonen mit seinem Co Fred Gallagher hier im Norden Italiens in der Provinz Imperia nahe der Rivieraküste, zu Manta-Zeiten noch eine Mischung aus Schotterstrecke und Asphalt.

der Opel Calibra, ist heute zwar ebenfalls in die Szene integriert und wird als würdiger Manta-Nachfolger akzeptiert. Aber danach gelang es Opel nicht wieder, ein Coupé zu lancieren, das dem Manta das Wasser hätte reichen können.

Dieses Buch muss den Manta nicht dem Leser nahe bringen. Der Leser ist dem Manta nah, mehr oder weniger nah, denn jeder Klassiker- und vor allem jeder Opel-Liebhaber hat den Manta »auf dem Schirm«. Unbekannt ist er niemandem. Und nahezu niemand hat keine Meinung zum Manta. Diese Meinung will vorliegendes Buch mit Fakten unterstützen, mit Hintergrundwissen zur Manta-Geschichte, den Versionen und Varianten, dem Manta vor der Haustüre und im Ausland, den Steinmetz- und Irmscher-Versionen, es geht um Motorsport und Tuning, um Karosseriebau, die Freude am Manta und seinen Stellenwert im Rahmen des Opel-Programms. Dazu kommen auch Anekdoten, natürlich die Manta-Filme, es findet sich auch der eine oder andere Manta-Witz im Buch (muss ja sein!), dazu ein wenig Fachsimpelei, ohne sich in technische Details zu verlieren. Wer an seinem Manta schrauben möchte, benötigt Schrauberliteratur. Ihn bedient dieses Buch nicht. Freude am Buch haben diejenigen, die den Manta kennen und noch näher kennen lernen möchten, die in seine Geschichte eintauchen wollen, ihn historisch, ästhetisch und ein wenig soziologisch begreifen möchten. Nicht die Schrauber und Techniker, sondern die Träumer und Fahrer. Mit diesem Buch tauchen Sie in den Manta-Kosmos ein, zeitgenössisch und authentisch. Und genau so sind auch die Fotos, vorwiegend zeitgenössisch und authentisch, Werksfotos sowie Dias und Negative aus den 70ern und 80ern. Modernes digitales Bildmaterial bildet ebenso die Ausnahme wie Aufnahmen restaurierter Fahrzeuge. Uns sind Fotos schöner oder leicht angerosteter Mantas lieber als Restomod-Interpretationen des Szene-Flashs, und aus den Radios der Mantas in diesem Buch klingen Hits der 70er und 80er, teilweise noch in Mono. Als Techno aufkam, waren die hier abgebildeten Mantas bereits Geschichte.

Ulm, im Februar 2023

Alexander Franc Storz

Kapitel 1

Der große Opel-Imagewandel. Die IAA 1965. Eine absolute Sensation. Der Experimental-GT. Von wegen nur rollendes Versuchslabor! Er war ein Appetithappen für das Serienmodell drei Jahre später, den Opel GT 1900. Da glänzten polierte Kadetten und Rekorde auf dem Opel-Stand der IAA 1965, Admiral und Diplomat repräsentierten. Inmitten der Handelsware eine Skulptur in Silbermetallic. Flach, gedrungen, bereit zum Sprung. Opel präsentierte ein unerhörtes Coupé mit in das Dach gezogenen Türen, sinnlich modellierten Kotflügeln, Wespentaille, einem mittigen Doppelauspuff, Klappscheinwerfern, mit ewiger Motorhaube und einem sportlich kurzen Heck. Das hatte niemand erwartet. Das war die Attraktion schlechthin. Das ist der Opel Experimental-GT.
Opel beteuerte, es handle sich um ein rollendes Versuchslaboratorium, mit dem das Potenzial des hauseigenen Prüffeldes in Dudenhofen endlich mal automobil ausgeschöpft werden konnte. Die Presse hingegen, als Sprachrohr der Kunden, bedauerte, dass dieser Wagen keinerlei Chancen hätte, jemals in Serie gebaut zu werden. Beides stimmte nicht. Oder zumindest nicht ganz. Natürlich drehte der Experimental-GT in Dudenhofen seine Runden und natürlich ließen sich mit ihm hervorragend Fahrwerks- oder Reifentests machen. Und natürlich war er in seiner Prototypenform nicht für die Serie vorgesehen. Natürlich war er ein Testwagen, ein Experiment. Doch Opel testete in erster Linie die Kunden-Akzeptanz eines Boliden seiner Klasse. War der Opel-Kunde bereit, ein solches Auto aus dem Rüsselsheimer Haus zu kaufen? Konnte Opel mit einem solchen Auto einen Imagewandel schaffen? Das war das hauptsächliche Experiment, wegen dessen der Experimental-GT zur Welt gekommen war.
In den USA, wo alles etwas anders war und dieses Andere stets good old Europe zum Vorbild diente, baute General Motors die Corvette. Sie verjüngte das etwas biedere Chevrolet-Image und erschloss GM völlig neue Käuferschichten. Dieses Rezept könnte auch auf Opel angewandt werden, dachten die Verantwortlichen, und der von GM an den Main bestellte neue Designchef Claire McKichan hatte das umzusetzen. Er sorgte auch für die Emanzipation der Opel-Stylingabteilung, die bislang amerikanische Entwürfe allenfalls hatte europäisieren dürfen. Ein Mann der ersten Stunde unter McKichan war Erhard Schnell. Der Kadett sollte die Basis für das neue Coupé bilden. Erhard Schnell war der verantwortliche Mann, und orientiert hatte er sich an der Corvette Stingray sowie der amerikanischen Stylingstudie Monza GT. Die IAA-Publikumsbegeisterung war GM-intern der Startschuss für das Projekt 1484, den späteren Opel GT. Der optische Fortgang lag nicht alleine in Schnells Hand, denn er war abhängig von seinem Chef beschäftigt. Dieser hieß mittlerweile nicht mehr McKichan, sondern Chuck Jordan und brachte neue Ideen mit, die es einzuarbeiten galt. Parallel arbeiteten die US-Designer an einer neuen Corvette-Generation, die 1967, kurz vor dem Serien-GT, erscheinen sollte. Diese Corvette hatte ein schräg nach innen gestelltes Heck mit Abrisskante. Dieses Designmerkmal wurde in den GT eingearbeitet, wodurch seine ursprünglich sanfte Heckpartie kantig und knackig wurde - und erneut Erinnerungen weckte, nämlich an das unnachahmliche Heck des Ferrari 250 GTO.

Geplant war er nicht: Der Weg zum Manta

Nun konnte sich ein Opel-GT-Fahrer ein wenig so fühlen, als würde er einen Ferrari bändigen. Das war der Startschuss für den Opel-Imagewandel, dem bald der Rallye Kadett und Sportversionen des Rekord C (Sprint) und Commodore A (GS und GS/E) folgen sollten. Und als Höhepunkt 1970 der Opel Manta.

Jedem Tierchen sein Pläsierchen

Das Coupé an und für sich, im Allgemeinen und im Speziellen und speziell bei Opel: Ein guter Kaufmann will es jedem Kunden recht machen. Ein guter Autobauer will keinen Käufer mit speziellem Geschmack wegschicken. Auch Opel nicht. Deshalb gehören die Rüsselsheimer zu den Pionieren der Coupés vom Fließband. Der Käufer wurde zunehmend vom Kunden zum König. In den 60er Jahren begann dieser Umschwung und in den 70er Jahren hatte der Autokäufer so viel Auswahl wie nie zuvor. Gerade Sportcoupés wie der Opel Manta waren es, welche diese Programmerweiterung in den Paletten vieler Autohersteller hervorbrachte. Es war quasi die Renaissance der 30er Jahre, aber unter anderen Vorzeichen. Damals hatten Autos ein separates Chassis, vielfältige Karosserien konnten ohne großen Aufwand darauf geschraubt werden. Die Modellpalette war riesig, schier unübersichtlich. In den 50ern kam die selbsttragende Bauweise auf, die Karosserie sozusagen wie eine Muschel konstruiert. Karosserievarianten waren schwierig herzustellen, denn nicht alleine die Bodengruppe hatte tragende Funktion, sondern die Einheit, inklusive des Daches. Anfangs gab es bei den meisten Autoherstellern nur die Einheitskarosserie, die Wahl zwischen Zwei- und Viertürer kam erst in der zweiten Hälfte der 50er Jahre auf. Der Autohersteller gab also vor, was der Kunde zu kaufen hatte.

Der Initialschrei zum Opel-Imagewandel: der Experimental-GT. Ein solches Heck mit den doppelten Rundleuchten hatte zuvor nur einer zu bieten, der Ferrari 250 GTO. Der Experimental-GT als kleinster aller Ferraris - die Vorstellung hat schon was!

Die Corvette C3 stand der Serienausführung des Opel GT quasi im Wege. Was an ihr neu war, sollte in den GT-Entwurf noch eingearbeitet werden - vor allem das Abrissheck. Gesagt, getan...

...und so entstand der Opel GT in der Serienversion, hinten kantig, knackig, nach innen geneigt und nicht mehr sanft auslaufend.

Der nächste Schritt weg vom Image des dicklichen Hutträgers, der seine Hosen mit Hosenträgern sichert: der Rallye Kadett machte Opel für eine völlig neue Käuferschicht interessant, für junge Leute. Opel wurde zur jugendlichen, sportlichen Marke.

Und noch einen drauf! Aus der Familienlimousine machte Opel ein Sportgerät. Eines? Gleich mehrere! Die Rekord-Familie wurde vom Rekord Sprint gekrönt, serienmäßig mit Rotring-Reifen wie die US-Muscle-Cars, den Commodore toppte Opel zunächst mit dem GS (Foto) und dann sogar noch mit dem benzineingespritzten GS/E, der auch noch Kriegsbemalung trug.

Man nennt das einen »Instant Hit«: Der Mustang kam, sah und siegte. Ein hinreißendes Fahrzeug, und nahezu jeder konnte ihn sich leisten. Ford offerierte drei Karosserieversionen, das Stufenheck-Coupé, das Fastback-Coupé (Foto) und das Cabriolet.

General Motors konnte nicht anders, musste reagieren. Immerhin hatte GM die Möglichkeit, das Fahrzeug unter zwei Namen herauszubringen, als Chevrolet Camaro (Foto) und Pontiac Firebird.

In Europa kopierte Ford das erfolgreiche Mustang-Konzept mit dem Capri und warf damit dem Erzrivalen den Fehdehandschuh zu.

Der verfiel zunächst in Schockstarre und danach in wilde Aktion. So entstand der Opel Manta. Letztlich also dieselbe Reaktion dies- und jenseits des Atlantiks: Dem Mustang folgte der Camaro, dem Capri der Manta.

Geplant war er nicht: Der Weg zum Manta

Das war der Anfang vom Ende der Karosseriebauspezialisten: Opel baute direkt am Fließband eine Coupéversion des Rekord P II, Präsentation IAA 1961. Über dem unveränderten Unterbau setzten die Designer einen niedrigen, verkürzten Pavillon. Das wirkte unharmonisch, ließ sich aber durch eine Zweifarbenlackierung etwas kaschieren, und immerhin war das Coupé der erste Opel mit optionaler Metalliclackierung.

In den 60er Jahren dann begann ein Umschwung: Behutsam rollten Spezialmodelle vom Fließband. Opel gehört hier zu den Vorreitern: 1961 brachten die Rüsselsheimer eine Coupéversion des Rekord P II als Serienmodell auf den Markt. Andere Hersteller zogen nach, der konstruktive Aufwand hielt sich in Grenzen: Der Karosserieunterbau, also der eigentliche Karosseriekörper, blieb identisch zur Zweitürerlimousine, der Dachaufbau wurde eleganter, enger geschnitten, niedriger, und fertig war das Coupé. Zum Jahrzehntewechsel dann der nächste Schritt: eigenständige Coupés auf der technischen Basis von Großserienfahrzeugen in der unteren Mittelklasse und in der richtigen Mittelklasse. Das Rezept kam aus den USA und hieß Ford Mustang, übertragen auf Europa wurde daraus der Ford Capri, und die General-Motors-Antwort darauf war in den USA das Paar Chevrolet Camaro/Pontiac Firebird und in Europa der Opel Manta.

Es jedem Kunden recht machen zu wollen, war auch die Überlegung beim Projekt 1450, dem Kadett-B-Nachfolger und damit der Keimzelle des Opel Manta A. Von vorne herein konzipiert als vollständige Modellfamilie mit vier Karosserievarianten, nämlich zwei- und viertürige Limousine, Caravan und Coupé. Es kam anders: Mitte/Ende der 60er Jahre begann der Wachstumsschub der Autos, was bedeutet, dass die Nachfolger einer Modellreihe stets etwas größer wurden als die bestehenden Modelle, und dadurch entstanden neue Fahrzeugklassen, Lücken und Nischen taten sich auf, die besetzt werden mussten. Opel erkannte zwischen dem Kadett und dem Rekord eine zu große Lücke, als dass sie unbesetzt hätte gelassen werden können - zumal gerade der Hauptkonkurrent Ford auf immer größere und ausladendere Karosserien setzte, die mit mehr Innenraum gerade die Familien verwöhnten. Der Kadett B war zwar erwachsener als sein Vorgänger, aber nach wie vor ein kleiner Wagen und Käfer-Konkurrent - trotzdem der Rallye-Kadett das Image gehörig aufpolierte und die 1,7- und 1,9-Liter-Motoren aus dem Rekord Einzug in die Modellreihe gehalten hatten. Der Rekord seinerseits war von Generation zu Generation gewachsen, und der aktuelle Rekord C war zwar nach wie vor das Volumenmodell aus Rüsselsheim, aber weder vom Renommee noch vom Preis längst nicht mehr für alle Bevölkerungsschichten erreichbar. Mit dem Projekt 1450 füllte Opel also die Lücke zwischen Kadett und

Rekord und kreierte den Ascona. Die Coupévariante des Ascona hieß nicht Ascona Coupé, sondern wurde zur eigenen Modellreihe geadelt, dem Manta, der sich durch eine komplett anders gestaltete Front auszeichnete. Und der Kadett B erhielt natürlich auch einen Nachfolger, trotz des Ascona/Manta, nämlich den Kadett C. Der war ein komplett anderes, neu konstruiertes Auto, das so genannte T-Car von General Motors, von Opel konstruiert, aber auf der ganzen Welt gebaut und montiert, unter diversen Namen.

Und die Diversifizierung ging weiter und weiter, und gerade heute ist es eklatant, dass speziell Premiumhersteller ihr Programm immer mehr aufsplitten und sehr spezielle Karosserieversionen via Fließband anbieten, die noch vor Jahren undenkbar gewesen wären. Jedem Tierchen sein Pläsierchen, jedem Kunden sein Wunschauto.

So bieder die Kadett B Limousine gezeichnet war, so auffällig war die Dachpartie des ursprünglichen Kadett B Coupé mit nach oben gezogener Seitenfensterunterkante, breiter C-Säule und den drei Lufteinlass-Attrappen - das Design »abgekupfert« vom Vignale-Stilisten Virginio Vairo.

Designer des Rekord A war Clare McKichan, damals noch in den USA. Er orientierte sich formal am Chevrolet Chevy II und schuf mit dem extravagant gezeichneten hinteren Seitenfenster eine eigene Coupésprache. Im Bild ein Rekord B Coupé mit identischer Dachlinie.

Geplant war er nicht: Der Weg zum Manta

Claire McKichan kam als erster Leiter des neu geschaffenen Rüsselsheimer Designzentrums an den Main. Sein Rekord C kombiniert die Hardtop-Bauart mit der Fastback-Linie und ist eine richtiggehend betörende Kreation. Im Bild ein Commodore A GS Coupé.

Metamorphosen: Die Manta-Prototypen

Was einst als neuer Kadett geplant gewesen war, wurde also zum Ascona A, und das Kadett Coupé erhob Opel als Manta zur eigenständigen Modellreihe und schickte sie gegen den Ford Capri ins Rennen. Als diese Entscheidung fiel, waren die Autos fast schon fertig - eine Modellreihe in allen Opel-üblichen Karosserievarianten inklusive Coupé, alle mit der gleichen (späteren Ascona-) Front, und gezeichnet vom Opel-Styling-Chef Charles M. Jordan. Im Zuge der Erhöhung zum Manta erhielt das Coupé einen stilistisch anderen Vorbau, geschaffen vom Opel-Designer George Gallion: Der Bereich vor den Rädern und somit die Haube wurden länger, beim Gesicht orientierte er sich an einer Schöpfung des genialen Turiner Design-Maestros Nuccio Bertone, dem im Frühjahr 1967 vorgestellten Fiat Dino Coupé.

Mit dem Manta wollte Opel sein Stück vom neuen Kuchen. Neu deshalb, weil Capri und Manta auf eine zunehmend kaufkräftige Klientel abzielten, denen die Automobilkonzerne vorher keine Bedeutung zugemessen hatten - einfach, weil sie zu klein war. Doch Ende der 60er Jahre entwickelte sich quasi eine erste Generation der Yuppies: junge Leute mit Geld zwischen Ende 20 und Anfang 40, selbständige Handwerker mit Erfolg, gut ausgebildete Facharbeiter, Akademiker mit gut bezahlten Anstellungen. Sie konnten mit Coupéversionen konventioneller Limousinen nicht mehr befriedigt werden, andererseits wollten sie keinen reinen Zweisitzer, weil in diesem Alter Nachwuchs angesagt und erwünscht ist. Richtige Sportwagen waren für sie mehrere Nummern zu groß, und kleine Flitzer à la Opel GT um zwei Sitzplätze zu klein.

Für sie mussten originäre Fahrzeuge geschaffen werden, und damit diese Projekte für die Konzerne nicht zu teuer wurden, wollten sie ins Regal greifen und möglichst viele vorhandene Komponenten verwenden - der Synergieeffekt spielte damals schon eine Rolle, vor allem bei den Töchtern US-amerikanischer Konzerne. Das war das Erfolgsrezept des amerikanischen Ford Mustang und seiner europäischen Übersetzung, des Ford Capri. Darauf reagierte General Motors in Amerika und Opel in Europa.

Hier ist weder Asconiges noch Mantöses auszumachen: Ganz frühe Stylingstudie von 1968, der außer dem frontalen Blitz nicht mal etwas Opeliges anhaftet.

Hier hingegen ist bereits alles klar: Das projektierte Kadett C Coupé mit Ascona-Front und Manta-Heck, mit Kadett-Schriftzug am Kotflügel. Die Dekoration verrät es: Das hätte der Rallye Kadett werden sollen.

Der gleiche 1969er Prototyp von hinten mit geschwärztem Heckblech. Die Seitenstreifen entsprechen bereits weitgehend jenen des späteren Manta SR.

Geplant war er nicht: Der Weg zum Manta

Das Design des vormals als Kadett-B-Nachfolger vorgesehenen Coupés und nachmaligen Opel Manta wandelte sich nicht nur in jener Projektphase, als längst feststand, dass der Manta als eigenständiges Coupé aus der Ascona-A-Modellfamilie herausgelöst wird. Schon zuvor gab es etliche Untersuchungen nach dem trial-and-error-Prinzip. Vorschläge wurden gemacht und dem Opel-Vorstand unterbreitet, sie wurden verworfen oder teilweise akzeptiert, immer und immer wieder mussten die Designer Hausaufgaben machen. Es entstanden Studien in unterschiedlicher Ausbaustufe, vom Mock-up (das ist ein Modell im Maßstab 1:1 mit einer Karosserie entweder aus Gips oder aus Kunststoff) bis hin zu fahrfähigen Prototypen.

Eine erste Formstudie zeigte das geplante Coupé mit schrägem Heck, also einem typischen Fastback mit genau derselben Seitenlinie wie das so genannte Kiemen-Coupé auf Basis des Kadett B. Analog zu seinem eigenen Vorgänger trug diese Version das nach hinten oben auslaufende hintere Seitenfenster und dahinter die Pseudo-Luftkiemen, die dem Kiemen-Coupé seinen Namen gegeben hatten. Das war also nur neuer Wein aus alten Schläuchen, entsprach der Mode von gestern und ging gar nicht. Ebenfalls verworfen wurde eine Studie mit sehr amerikanisch anmutender Front. In den USA war es eine kurzlebige Mode gewesen, auf die vordere Stoßstange als separates Bauteil gänzlich zu verzichten. Stattdessen wurde rund um den Kühlergrill und den Scheinwerfersektor eine Art verchromter Rammschutz gebaut. Auch hier erkannte General Motors, dass diese US-Mode nicht auf Europa zu übertragen sei. All diese Stylingstudien entstanden unter der Ägide von Clare McKichan und aus den Händen seines Assistenten Erhard Schnell. McKichans Nachfolger als Opel-Design-Chef ab 1967, Charles M. Jordan machte, was nahezu alle Nachfolger machen: Er verwarf erst mal alles, was aus der Hand des Vorgängers geschaffen wurde, und fing bei Null an, um seinen eigenen Stil zu verwirklichen. So entstand dann das endgültige Design des Projekts 1450, also der Ascona A, aus dem sich später der Opel Manta herausschälte.

Familienfoto von 1968: So hätte die Kadett-C-Familie nach ersten Überlegungen aussehen sollen, Limousine, Caravan und Coupé. Die Dachform des Coupés nimmt bereits das Manta-Design voraus.

Die Gestaltung des hinteren Seitenfensters orientiert sich am Kadett B Kiemen-Coupé, aber eben ohne Kiemen. Entwicklungsstand Sommer 1968.

Ziemlich weit gediehen, Frontpartie fertig, der Manta-Karosseriekörper auch. Aber immer noch ist das Fahrzeug ein potenzielles Kadett C Coupé.

Auffallend schmale C-Säule, entsprechend große hintere Seitenscheibe, nunmehr gestalterisch dem Kadett B LS Coupé nachempfunden.

Weitgehend die Ascona-Front, aber mittig etwas hervorgehoben. Wäre es kein Opel, sondern ein Ford, so könnte man berechtigterweise von einer Knudsen-Nase sprechen.

Und noch eine Variation des Themas: Fastback ohne sanften Knick, Kiemen à la Kadett B Coupé hinter den hinteren Seitenscheiben und eine nach innen geneigte Frontpartie. Im Hintergrund ein früher Prototyp zum Rekord D/Commodore B.

Auf der Suche nach der perfekten Linie: Pavillonexperimente und Abrisskante

Auf der Suche nach der perfekten Dachlinie: Opel experimentierte rund ein Jahrzehnt auf der Suche, wie ein elegantes Coupédach verlaufen sollte. Mit dem Manta A wurde die Lösung gefunden. Bis tief in die 80er Jahre hinein war die Karosserieform einer Limousine weitgehend definiert: dreivolumig war sie, hatte also als separate Einheiten Motorraum, Fahrgastzelle und Kofferraum, und das so genannte Greenhouse, also der Bereich der Fenster und des Daches, sitzt nicht mittig, sondern ein wenig nach hinten versetzt auf dem Karosseriekörper. Die vordere Scheibenneigung ist ein wenig steiler als die hintere. Grundlegend anders wurde das erst, als zweivolumige Karosserien in Mode kamen, also die Hatchbacks. Beim Coupé war alles anders.

Das Großseriencoupé, bei Opel seit 1961 im Programm, basierte zunächst auf der Zweitürer-Limousine und teilte deren Karosserieunterbau. Nur das Dach sollte anders sein, signifikant anders, um eine neue Karosserieform zu suggerieren. Vom GT abgesehen, der als eigenständiger Sportwagen gezeichnet wurde, gab es bis zum Manta A fünf Coupédesigns bei Opel: Rekord P II, Rekord A und B (welche dieselbe Grundform teilen), Rekord C, Kadett A und B. Die ungefähr zeitgleichen Modelle Kadett A und Rekord P II Coupé teilen ihre stilistischen Grundsätze. Durchaus mehr Innovationskraft bewiesen die Stilisten beim Opel Rekord A. Auch hier gilt das Grundsätzliche: niedrigerer und verkürzter Pavillon mit schräger gestellten Fensterpfosten. Aber der Rekord A profitiert von einer völlig neuen Seitenlinie, weil der seitliche, hintere Fensterausschnitt sehr ungewöhnlich gezeichnet ist. Die Oberkante läuft zwar nach hinten unten aus, aber nur bis zur Dreiviertel-Position. Dort trifft sie sich mit der nach oben gezogenen Fensterunterkante, und der Mündungsbereich ist eine Spitze, also gepfeilt. Das war das erste, Opel-eigene Coupé-Dach, das diesen Namen verdient, nämlich eine eigenständige Lösung. Weil aus dem Rekord A durch neue Motoren und ein Facelift vorne und hinten der Rekord B wurde, teilten sich die Coupés beider Generationen dieselbe Rohkarosserie und somit deren Linienführung.

Geplant war er nicht: Der Weg zum Manta

Rein chronologisch kommt nach dem Rekord A von 1963 der Kadett B von 1966. Dieser, eigentlich ein ganz Braver, wurde als Coupé zu einem heißen Gerät dank seines Dachaufbaus, der ganz anders als alles Dagewesene war. Den Spitznamen »Kiemen-Coupé« erhielt das Coupé in seiner ursprünglichen Form wegen der drei zwar sehr sportlich wirkenden, aber völlig nutzlosen Lufteinlass-Attrappen in der C-Säule. Mit der nach oben gezogenen Seitenfensterunterkante und der breiten C-Säule sah das Coupé im Gegensatz zur ziemlich biederen Limousine richtig gehend spektakulär aus, es hatte fast schon die Allüren eines italienischen Sportwagens. Und sie war italienisch! Dazu muss man wissen, dass der italienische Stilist Pietro Virginio Vairo von der Carrozzeria Vignale auf dem Genfer Salon im März 1965 seine eigene Interpretation des Opel Kadett A Cabrio schuf, ein völlig eigenständiger Wagen, der es nicht zur Serienfertigung bringen sollte. Ein halbes Jahr später baute Vignale das Vairo-Cabrio zum Coupé um und präsentierte es auf dem Turiner Salon im November 1965. Die Dachform allerdings war völlig neu mit hinten hochgezogenem hinteren Seitenfenster und Kiemen in der B-Säule. Das haben sich die GM-Oberen ganz genau angesehen, und die Dachgestaltung des serienmäßigen »Kiemencoupés«, also der ersten Coupévariante auf Basis Opel Kadett B, spricht nicht zufällig genau diese Formensprache.

Bis zuletzt lief die fast fertige Modellfamilie als »Kadett« und die Luxusversion hätte, wie beim Kadett, den Namen »Olympia« tragen sollen.

Ganz anders die Coupéversion des Opel Rekord C/Commodore A: Die trugen ein fliegendes Dach! Amerikanischer geht es nicht. Das Rekord C Coupé ist nicht nur ein veritabler Vertreter des Coke Bottle Designs, sondern trägt auch noch ein Hardtop. Das war der dernier cri der amerikanischen Automobilbau-Ästhetik, ebenso modern wie modisch. Begrifflich steht das Hardtop (deutsch: hartes Dach = Blechdach) im Gegensatz zum Softtop (weiches = Stoffdach, also Cabrioverdeck), und der Begriff deckt sich mit dem Inhalt: Das Hardtop verbindet das Fahrgefühl eines Cabriolets mit den Vorzügen eines Blechdaches. Alle Seitenscheiben lassen sich komplett versenken. Die Türen haben keine Rahmen. Somit bleibt bei versenkten Scheiben nichts stehen. Es gibt keine vom Karosserieboden bis ins Dach durchgängige B-Säule. Das heißt, wenn alle vier Seitenscheiben unten sind, sind diese Flächen rechts und links völlig offen, lassen Licht und Luft in den Innenraum. Man fährt wie im Cabriolet, hat aber ein festes Dach über dem Kopf. Unterstützt wird dieser Effekt vom optionalen Stahlschiebedach. Die Hardtop-Bauweise kombinierte Rüsselsheim mit dem so ziemlich sinnlichsten »schnellen Rücken«, wie man den Fachbegriff Fastback

Eine ziemlich amerikanische Frontgestaltung ohne separate Stoßstange, dafür mit voluminöser Chromumrandung. George Gallion kam auch nicht mit seiner ersten Skizze auf die definitive Manta-Frontgestaltung.

Schöner Vergleich: rechts das Coupé mit der kurzen, späteren Ascona-Front, links das Coupé mit der verlängerten, späteren Manta-Front. Im Designer-Deutsch spricht man von short nose und long nose.

wörtlich übersetzt. Opel hatte es geschafft, aus dem zwar modischen aber doch recht braven Opel Rekord ein aufregendes Coupé zu machen und kombinierte zwei Moden miteinander: Hardtop und Fastback. Die Dachform des Rekord C Coupés, aber nicht die Hardtop-Bauart, teilte das zweite Kadett B Coupé, das so genannte LS-Coupé, welches das Kiemen-Coupé zunächst ergänzte und ab 1970 ersetzte. Und letztlich ist diese Dachform auch jene des Opel Manta A. Dass er nicht in Hardtop-Form ausgeführt wurde, ist schade, und angeblich hatte Opel sogar darüber nachgedacht. Immerhin trug der Manta A zunächst keine durchgehende B-Säule. Doch bei der Modellpflege 1973 gab es die kaum sichtbare aber doch wichtige Änderung der B-Säule. Grund war die aufkommende Gurtpflicht. Anfangs war beim Manta A ein Befestigungsgewinde unterhalb des hinteren Seitenfensters in der Seitenwand vorgesehen, Nach der Modellpflege hatte der Manta A eine durchgehende B-Säule mit einer Befestigungsmöglichkeit für den Dreipunktgurt auf etwa Kopfhöhe. Mit dem Rekord C/Kadett B LS/Manta hatte es Opel geschafft, eine richtig gute Coupé-Dachlinienführung zu schaffen, ganz in der Mode der Zeit mit filigranen vorderen Dachpfosten, großen Fensterflächen, breiter C-Säule und einem »schnellen Rücken«, also einem Fastback.
Ein weiteres Manta-Charakteristikum ist die Abrisskante. Wer dabei spontan an den Ferrari 250 GTO von 1962 denkt, denkt richtig. Er gilt nicht nur als einer der schönsten Ferrari überhaupt, sondern auch als erster Träger des Abrisshecks. Das war danach zehn Jahre lang die Topmode sportlicher Autos, und einer der Vertreter dieser Mode ist der Manta A. Beim Ferrari ging es um Aerodynamik, wie bei jedem Rennwagen. Ferrari-Ingenieure kamen auf die glorreiche Idee, dem 250 GTO eine Abrisskante an das Heck zu nieten, schlichtweg zur Ablösung der turbulenten Windströmung entlang des Fahrzeugkörpers und zur Steigerung des Anpressdrucks der Heckpartie. Letztlich war das der Beginn des Heckspoilers. Der zweite, der die Abrisskante einsetzte, war Ford beim GT40 - nunmehr aber nicht nachträglich aufgenietet, sondern formintegriert. Wie beim Ferrari gestaltete Ford die Heckpartie völlig plan und nach innen gestellt, um Verwirbelungen auszuschließen. Das entsprach nicht nur aerodynamischen Erkenntnissen, sondern sah unheimlich sportlich aus, kurz und knackig! Und der GT40 war, nach seinen vier Le-Mans-Siegen in Folge, ebenso Kult wie der Ferrari GTO. 1967 erschien die dritte Chevrolet-Corvette-Generation mit einer Abrisskante à la Ferrari GTO/Ford GT40, und mit den runden Doppelleuchten imitierte der Chevy sogar dieses Ferrari-Charakteristikum. Die Serienversion des Opel GT, überarbeitet im Stile der Corvette, erschien 1968 mit ebenfalls ausgeprägter Abrisskante und zwei runden Rückleuchten je Seite. Dann, zwei Jahre später, der Manta: ebenfalls Abrisskante, ebenfalls rechts und links doppelte Rundleuchten.

Nun ist er ein Manta und heißt Manta und sieht aus wie ein Manta. Aber es ist ein später Prototyp, kein Serienfahrzeug, und sein Kennzeichen belegt, es handelt sich um einen STY-OP, also um eine Styling Option.

...und noch ein Prototyp

Es gibt nicht nur Prototypen zum Manta. Es gibt auch einen Manta als Prototyp, von einer Fremdfirma dazu erkoren, »feindliche Spione« wie Erlkönigjäger oder sonstige Autofanatiker davon abzuhalten, den Porsche 924 frühzeitig zu erspähen. Denn genau seine Technik erprobten die Porsche-Ingenieure in einem roten Opel Manta in Basisausstattung: Sie implantierten dem Opel statt seiner Starrachse die Hinterachse des künftigen Porsche 924 mit Transaxlegetriebe. Das heißt, bei diesem Manta saßen Getriebe und Kupplung nicht direkt hinter dem Motor und beförderten die Kraft via Kardanwelle zur Hinterachse. Vielmehr bilden Getriebe, Achsantrieb und Differenzial eine Einheit. Das sorgt für eine ausgewogene Gewichtsverteilung und somit für gute Fahreigenschaften. Dazu kam die Vorderachse des zukünftigen »Volks-Porsche« und dessen ohnehin aus dem Baukasten stammender Motor. Dem Prototyp ist nahezu nichts anzusehen. Aber wer mit den Manta-Formen vertraut ist, erkennt sofort einen eklatanten Unterschied: Die vorderen Radausschnitte sind völlig anders gezeichnet, kreisrund statt oben abgeflacht, was nicht nur ungewöhnlich aussieht, sondern auch in perfekter Karosseriebauer-Manier ausgeführt wurde. Zudem trägt der maskierte Prototyp, der Achsen wegen, andere Felgen, nämlich vom Audi 100 C1 der letzten Serie, keine 13-Zöller wie Manta-üblich, sondern 14-Zöller. Er steht auch etwas anders auf den Rädern, schließlich hat er einzeln aufgehängte Hinterräder und keine Starrachse. Die Audi-Felgen ergeben in Anbetracht der Baukasten-Konstruktion des Porsche 924 Sinn: Bei ihm stammt der Motor von Audi (bzw: VW LT Benziner), die Schräglenker-Hinterachse ward im Käfer geboren, Getriebe und hintere Bremsen stammen vom Audi, die Vorderachse ist eine Kombination aus VW 1303 und Golf I. Die Audi-Felgen also deshalb, weil sie an den Audi-Bremstrommeln angeschraubt sind. Die Erprobung der Porsche-Technik im Manta erfolgte 1974 (Serienstart des Porsche 924 im November 1975), und der spezielle Manta hat bis mindestens 1979 in einer Halle im Porsche-Werk überlebt, wurde aber letztlich verschrottet.

Dem Himmel sehr nah: Fahrversuche in den Alpen mit einem speziellen Opel Manta mit Porsche-924-Technik inklusive der spezifischen Transaxle-Bauweise. Gesellschaft erhält er von einem mattschwarz lackierten VW 1302, der momentan vom Manta gezogen wird, und ein Porsche 911 darf auch dabei sein.

Auch innen nicht gerade serienmäßig: Der Porsche 924 im Manta-Kleid mit interessanter, aber nicht unbedingt professionell eingebauter Konsole mit Zusatzinstrumenten, mehr als jeder SR je zu bieten hatte. Der Drehzahlmesser ist nicht original (geht bis 6000 Umdrehungen, das Original bis 7000), der Kunstleder-Schaltsack scheint vom Porsche 924 zu sein, die Sitze sind nicht original. Der Hebel oberhalb des Handschuhfachs ist ein Zentralschalter für die Elektrik, um im Falle eines Unfalls den Strom und somit die Benzinpumpe rasch abstellen zu können (wie bei einem Rennwagen, dort Schalter allerdings außen liegend).

Ungewohnter Anblick im Manta-Motorraum: Auf dem Ventildeckel die Logos von VW und Audi, außerdem mit Einspritzpumpe. Die Porsche-Version des 2-Liter-Vierzylinders leistet 125 PS. So stark war kein Serien-Manta.

Gleiche Gene, anderes Aussehen

Optisch zwei unterschiedliche Fahrzeuge, technisch absolut gleich: der sportliche Manta und der familiäre Ascona. Sie wurden auf derselben Basis konstruiert, und weil sich das bewährte, wiederholte Opel das Prinzip beim Nachfolger Manta B/Ascona B. Eine neue Modellreihe, zwischen zwei bestehenden Typen eingereiht, profitiert von seinen älteren Geschwistern. Von Anfang an stand fest, dass für den Manta A/ Ascona A so viele Teile wie möglich aus dem Teileregal genommen werden sollten, um die Entwicklungskosten im Rahmen zu halten. Unterm Blech ist das Paar Ascona A und Manta A identisch. Die Hinterachse war eine Neukonstruktion, die dem Kadett B zur Mitte seines Produktionszyklus' beschert wurde (und die er mit dem Opel GT teilte). Zuvor hatte er eine ordinäre hintere Starrachse mit Blattfedern gehabt, zum Modelljahr 1968 erhielt er eine völlig neue Achskonstruktion mit Schraubenfedern, Längslenkern und Panhardstab und optional Stabilisator, also eine wesentlich besser geführte Hinterachse, aber immer noch eine Starrachse. Für den Manta wurde sie leicht modifiziert, nunmehr senkrecht stehende Stoßdämpfer (was den Wirkungsgrad verbesserte), der Stabilisator in Serie. Eine Differenzialsperre (Querdifferenzial mit 40 % Sperrwirkung) war optional erhältlich. Das verhinderte einseitiges Durchdrehen der Hinterräder.

Extra für Manta A und Ascona A geschaffen wurde die vordere Radaufhängung, eine Konstruktion mit ungleich langen Doppel-Querlenkern, Schraubenfedern und Drehstab-Stabilisator. Konstruktiv lehnte sich die neue Vorderachse an diejenige aus dem Rekord C an, war aber, den Manta/Ascona-Dimensionen geschuldet, etwas kompakter. Die Vorder- und Hinterachse war in allen Fahrzeugen gleich, nur die Stoßdämpfer und Federn sowie der Stabilisator wurden auf den jeweiligen Motortyp abgestimmt. So lag ein Manta SR etwas tiefer und war härter gefedert als ein Manta L.

Das Bodenblech, also die Plattform, beider Wagen ist identisch, bis hin zum Radstand. Auch deren Blechpressteile für Limousine und Coupé entsprechen einander. Interessant: Obgleich der Ascona und somit der Manta laut Opel in einem größeren Segment als der Kadett angesiedelt waren, war der Radstand nur 1,4 cm länger als beim Kadett B - was eindeutig ein Beleg dafür ist, dass Ascona A/Manta A ursprünglich nicht als neue Fahrzeugklasse, sondern als Kadett-Nachfolger konzipiert wurden. Blechteile von Manta und Ascona entsprechen sich nicht. Und dennoch: Aus einer Ascona-A-Tür kann man durch Abflexen des Fensterrahmens eine Manta-A-Tür bauen.

Ascona A nach dem Facelift für das Modelljahr 1975, Zweitürer in Basisversion mit optionalen Stahlsportfelgen.

Zwar machte Röhrl den Ascona A zum Rallye-Europameister. Aber er war nicht der einzige Ascona-Dompteur. Im Bild Colin Grewer mit seinem Co David Whitley, 4. Platz bei der Burmah-Rallye 1975.

Früher Ascona SR mit teilgeschwärztem Grill, Sportfelgen und feiner Seitenzierlinie. Die Ascona-Serienfertigung lief ab September 1970, die Markteinführung war am 28. Oktober, sechs Wochen nach dem Manta A.

Zwischen August 1970 und Juli 1975 wurden 691.438 Ascona A gebaut, darunter 173.431 Viertürer-Limousinen sowie 75.570 Caravan und Voyage. Im Bild ein Voyage im vollen Ornat mit Holzdekor und Vinyldach.

Die Limousine zum Manta

Als Kadett-Nachfolger wurde er gezeugt, jedoch als eigenständiges Modell geboren. Der Ascona etablierte Opels neue Rolle in der unteren Mittelklasse. Vielen Familien blieb er ein jahrelanger, lieber und treuer Begleiter. Als er im Oktober 1970 auf den Markt kam, hatte er sofort zu kämpfen. Denn Ford lancierte gleichzeitig den Konkurrenten, den Taunus mit der »Knudsen-Nase«. Das Verhältnis der beiden zueinander war genau so, wie das Verhältnis Opel-Ford damals stets war: Der Ascona war das sachlichere, vernünftigere, sportlichere und besser verarbeitete Fahrzeug, der Ford machte optisch mehr her und bot alternativ sogar sechs Zylinder.
Die Formensprache war typisch Opel, und der Ascona markiert den stilistischen Übergang und Fortschritt vom Kadett B zum Rekord D: Vom Kadett übernahm er die gesamte Anmutungsqualität, warf aber den 60er-Jahre-Schnörkel à la Hüftschwung über Bord. Die klare, sachliche Linie des Ascona nahm eindeutig die Form des Rekord D von 1972 voraus, aber der Ascona hatte noch nicht die für den Rekord charakteristischen, großen Fensterflächen mit den grazilen Dachpfosten, die in absoluter Reinkultur erst im letzten Epigonen dieser Formensprache, dem Ascona B, zum Tragen kamen. Das höhere Gewicht des Ascona A gegenüber seinem Vorgänger Olympia A (der Luxusversion des Kadett B) bedingte stärkere Motoren, und in der unteren Mittelklasse war der 1600er das Maß aller Dinge. Die gesamte Motorenpalette stammt aus dem Regal, keine Neuentwicklung war für den Ascona nötig. Der wichtigste Kundenkreis für den Ascona waren Aufsteiger vom Kadett.
Die zwei- und viertürige Limousine war, dem üblichen Opel-Schema entsprechend, in Normal- und Luxusversion lieferbar, wobei der Standard-Ascona karg ausgestattet war, erst die Luxusversion bot ein vernünftiges Wohnambiente. Die SR-Variante folgte im März 1971: strafferes Fahrwerk, Sportlenkrad, geschwärzter Grill, dezente Seitenstreifen, Zusatzinstrumente. Vor allem in der sportlichen SR-Version mit 1,9-Liter-Motor und strafferem Fahrwerk war der Ascona A ein beliebtes Sportgerät für Amateur-Motorsportler. Die einzige optische Überarbeitung erfolgte im August 1973, als der Ascona einen schwarzen Kunststoff-Kühlergrill mit größerem Markenzeichen erhielt. Eine Sonderstellung nahm der dreitürige Ascona Voyage ein. Ihn wollte Opel ganz anders positionieren als damals üblich, nämlich nicht als Lastesel, sondern als Luxuskombi. So gab es ihn anfangs nicht in der Basisausstattung, sondern nur als Voyage, der L-Version entsprechend. Ihn krönte ein optional erhältliches, attraktives Optik-Paket mit Vinyldach und großflächigem Holzimitat an den Flanken und zwischen den Rückleuchten. Beides war hierzulande nur aus US-Filmen bekannt und sollte bei einem europäischen Kombi auch einzigartig bleiben. Aber dem Käuferwunsch gehorchend schob Opel im August 1973 einen normal ausgestatteten Ascona Caravan nach und nahm das Optik-Paket des Voyage aus dem Programm.

Ascanta oder Mancona? Für einen versierten Karosseriebauer waren solche Umbauten keine zu große Herausforderung, weil Ascona und Manta strukturell die gleichen Fahrzeuge sind. Der Manta-Vorbau lässt sich nahtlos an den Ascona anfügen.

Chuck and George, die beiden - sie schufen den Opel Manta

Er wurde in Kalifornien geboren und starb in Kalifornien. Dazwischen lagen 83 Jahre (1927-2010) und etliche unvergessene Automobildesigns. Charles Morrell Jordan, genannt Chuck, gehörte zu den ganz Großen in der Branche. Kein Quereinsteiger, sondern ein geradliniger Weg: High School, Studium am Massachusetts Institute of Technology, Anstellung bei General Motors 1949. Seine GM-Karriere startete nicht mit Autos, sondern mit dem Aerotrain, einem stromlinienförmigen Aluminium-Zug mit Diesel-Triebwerk, Inbetriebnahme 1955. Jordan wollte Autos zeichnen, nicht Züge. Seine erste große Tat war der 1959er Jahrgang des Cadillac, wiewohl bereits weit fortgeschritten. Er legte letzte Hand unter seinem kurz vor der Pensionierung stehenden Chef Harley Earl an, der die Heckflossen erfunden hatte, und machte den '59er Cadillac zu der Design-Ikone, die er bis heute ist. Das brachte Chuck die Traumposition des Cadillac-Chefdesigners ein - nunmehr unter Earls Nachfolger Bill Mitchell. Bis 1967 war Jordan dafür zuständig, dann wurde er an den Main geschickt und war bis 1970 Designchef bei Opel als Nachfolger von Clare MacKichan. Unter dessen Rüsselsheimer Ägide kam der Opel GT zur Welt, entworfen von Erhard Schnell. Jordan verantwortete den Opel Aero-GT, der nur eine Studie blieb (IAA 1969), auch den ebenso phantastischen wie futuristischen Opel CD, an dem Jordans Assistent George Gallion letzte Hand anlegte. Der Opel CD war der Eye-Catcher der IAA 1969 und wetteiferte mit dem Mercedes C111 darum, wer die Eyes der Besucher am meisten catchte. Danach stylte Jordan das Projekt 1450, den Ascona/Manta. Jordans letzte große Tat im Hause Opel war das Brüderpaar Rekord D/Commodore B. 1970 kehrte Jordan nach Amerika zurück, sein Nachfolger am Main wurde der kurzzeitige Designchef David R. Holls (nur ein Opel trägt seine Handschrift, der Kadett C). Jenseits des Großen Teiches war Jordan fortan zuständig für das Styling von Buick, Oldsmobile und Cadillac, 1972 wechselte er zu Pontiac und Chevrolet inklusive der Nutzfahrzeugsparte von Chevrolet, also die Pickups und Trucks. Opel lag ihm stets am Herzen, die drei Jahre am Main prägten ihn, weil er hier mit einem jungen, eingespielten Team ohne Verkrustungen spielen konnte, denn die Opel-Designabteilung war erst wenige Jahre zuvor aus dem Nichts erschaffen worden, 1962 unter der Leitung von Clare

Charles M. Jordan (1927-2010). Seine Freunde nannten ihn Chuck. Und alle anderen auch. Aufnahme 1970, zur Zeit, als er das Duo Ascona A/Manta A schuf, vor einem Modell seiner Opel CD Studie in noch nicht endgültigem Zustand. Das Modell trägt noch sichtbare A-Säulen.

Geplant war er nicht: Der Weg zum Manta

Die Opel CD Studie von Charles M. Jordan bezauberte das Publikum auf der IAA und war eine Inspiration für den Bitter CD. Hier steht sie, im Nachklang der IAA, auf der Jochen-Rindt-Show in München im November 1969.

Das Gesicht hinter dem Gesicht des Manta: George Gallion. Er schuf die Front. Und das Logo, den Rochen.

MacKichan. Jordan war also der zweite Opel-Designchef überhaupt. In den späten Jahren schuf Jordan Elegantes (so den Chevrolet Camaro/Pontiac Firebird der 90er Jahre) aber auch Dickbauchig-Schwülstiges wie den 1991er Chevrolet Caprice. Seine letzte Tat für GM war der Cadillac Seville STS von 1992, dann ging er in Rente.

Der zweite Mann hinter dem Manta und auch der zweite Mann hinter Chuck Jordan war sein Assistent George Gallion. Ab 1966 arbeitete George Gallion, Jahrgang 1937 und seit 2002 Ruheständler im Taunus, bei Opel. Er ist »der Mann mit der Nase«, denn von ihm stammt die Manta-Front. Wäre der Manta ein Ascona Coupé gewesen, so hätte er eine Ascona-Front gehabt. Da der Manta aber ein eigenständiger Opel-Typ wurde, hatte er eine eigenständige Front, George Gallions Front. Diese Verlängerung des Vorbaus tat dem Manta ungemein gut, er wirkt dadurch wesentlich ausgewogener, repräsentativer und »erwachsener« als das gewesene Ascona Coupé. So gesehen hatte der Lehrling seinen Meister überflügelt.

Weitere Meilensteine George Gallions in Diensten von Opel: Dem Omega A ging die Studie Opel Tech 1 voraus, einer der Stars auf der IAA 1981. Für die einen war er eine graue Maus, für die anderen ein High-Tech-Gerät mit zukünftigem Realisierungsfaktor. Letztere hatten Recht. Der Opel Tech 1 war Wegbereiter für den ersten Omega. Ebenfalls aus seiner Feder stammt die Studie Opel Junior, entstanden 1983 auf Corsa-Basis. Ein weiterer Höhepunkt im Schaffen Gallions war der Opel Monza A von 1978, basierend auf der viertürigen Senator-Limousine, die von Hans Seer gezeichnet worden war - jenes Kombi-Coupé, das in der kleineren Klasse ihre Parallele im Opel Manta B CC finden sollte. Es waren also wichtige Fahrzeuge in der Opel-Historie, denen George Gallion seinen Stempel und seinen Stil verlieh.

Der Fiat Dino, das Vorbild. Die Front des Manta A ist ihm wie aus dem Gesicht geschnitten.

Und dann war da auch noch das Audi 100 Coupé S, nahezu zeitgleich mit dem Manta erschienen. Seine Frontpartie spricht dieselbe Formensprache.

Geplant war er nicht: Der Weg zum Manta

Ein Rochen wird berühmt

Mit seinem exotischen Namen machte der Opel Manta Ende 1970 einen nicht gerade sympathischen, aber weitgehend harmlosen Rochen weltbekannt. Plötzlich wusste jeder Teenager im Biounterricht, was ein Manta ist und wie er aussieht. Autos werden nach allem Möglichen benannt - Hauptsache, es klingt gut. Während der vergangenen 20 Jahre kommen immer mehr Kunstwörter als Ohrschmeichler zum Zuge, auch bei Opel, wie beispielsweise Agila, Insignia, Vectra, Calibra und Cascada. Zuvor gab es Autotypenbezeichnungen aus allen möglichen Bereichen: hoheitliche Bezeichnungen (wie der Diplomat), Führungsbezeichnungen aus der Wirtschaft, Menschentypen, Opel setzte gerne auf Begriffe und Grade aus der Militärsparte (Kadett, Admiral, Kapitän, Commodore), Adelstitel, Städtenamen, berühmte Rennstrecken (so der Opel Monza, und der Rekord geht auch in diese Richtung), Landschaften/Flüsse/Berge/Geographien, auch Straßenzüge, Schlösser und Burgen, Kriegsschiffe, Flugzeuge, Kosmos, Winde, Namen aus der antike Mythologie, Waffen, Sport, weibliche Vornamen und griechische Buchstaben. Und natürlich Tiere, ganz unterschiedlicher Art. Zwei Mal ist Opel hierin vertreten, wobei der eine nur ein Spitzname ist. Der Opel Laubfrosch hieß offiziell nie so. Innerhalb der Tierwelt gibt es viele Autos, die nach Wildtieren und nach Pferden benannt sind, einige nach Vögeln, ganz wenige nach Insekten und Reptilien. Und zum Thema Fisch fallen gerade mal vier Autos ein: Plymouth Barracuda, Monteverdi Hai, Chevrolet Corvette Stingray und Opel Manta.

Warum gerade Manta, ein Teufelsrochen? Unter früheren Seeleuten kursierten Schauermärchen über deren Gefährlichkeit für den Menschen. Tatsächlich sind Mantas nicht angriffslustig, und der Manta besitzt keinen Giftstachel. Je nach dem, ob man einem Riff- oder einem Riesenmanta begegnet, trifft man auf ein fünf- bis sieben Meter großes Tier, scheibenförmig, und die Spannweite der Flossen ist mehr als doppelt so groß wie der Körper selber. Schon unheimlich...

Opel nannte den Manta deshalb »Manta«, weil es bereits einen Stingray in der Konzernfamilie gab, einen Stachelrochen. Gleiche zoologische Familie wie der Manta, Schwanz mit Widerhaken, darin Drüsengewebe mit Gift. Also noch unsympathischer als ein Manta. Aber das eine zieht das andere nach sich, der Manta sonnte sich quasi im Erfolg des Stingray respektive sollte dessen Erfolg auf sich transferieren. Wer hat den Chromrochen entworfen? George Gallion war es! Überliefert ist, dass er extra nach Paris reiste und den Meeresbiologen Jacques Cousteau besuchte, um von ihm viel über den Manta, also das Tier, zu erfahren.

Trophäe: Mancher Manta-Rochen endete nicht auf dem Schrottplatz, zusammen mit »seinem« Auto, sondern gelangte als Trophäe in die Hand kleiner Jungs. Und mancher hob den Rochen auf, jahrzehntelang, bis er längst ein großer Junge war. Und der Rochen ein antiquarischer Rochen.

Studien bei Jacques Cousteau: Gallion besuchte den Meeresbiologen, um möglichst viel über den Manta, also das Tier, zu erfahren. Und ausgehend vom »Original« kreierte er den Opel-Rochen.

Kapitel 2

Von cih-Aggregaten und vom Nähmaschinchen

1965 debütierte bei Opel eine neue Motorengeneration, die cih-Familie mit vier und sechs Zylindern, und mit Ausnahme des »Nähmaschinchens« (Kadett-Aggregat) war der cih-Vierzylinder der Manta-Motor schlechthin. Debüt als Vierzylinder im Rekord B im August 1965, als 2,8-Liter-Sechszylinder im Kapitän/Admiral A im September. Der Motor wurde beständig weiterentwickelt, die Sechszylinder verschwanden erst mit dem Ende des Senator B im Sommer 1993, den Vierzylinder gab es bis 1995, zuletzt im Frontera mit 2,4 Litern. Abgelöst wurden die cih-Motoren peu-à-peu von der neuen Ecotec-Motorengeneration. Drei Jahre Entwicklungszeit gingen den cih-Motoren voraus, Reihenmotoren mit fünffach gelagerter Kurbelwelle und obenliegender Nockenwelle, Block und Zylinderkopf aus Grauguss gefertigt. Sie waren keine konstruktiven Höhepunkte der Technik, aber leistungsfähig, drehfreudig und ziemlich stark. Anfangs war der größte Vierzylinder im Rekord der 1,9-Liter mit 90 PS, der 2,8-Liter-Sechszylinder kam auf 132 PS mit einem, auf 145 Pferde mit Doppelvergaser und mit Bosch-Einspritzung auf 165 PS.

Das Kürzel »cih« steht für »Camshaft in Head«, zu Deutsch »Nockenwelle im Zylinderkopf«. Die Entwicklung stammt von General Motors. Die Besonderheit der cih-Motoren liegt darin, dass die Nockenwelle seitlich neben den Ventilen im Zylinderkopf liegt, angetrieben wird sie von einer Duplex-Rollenkette mit hydraulischem Kettenspanner. Die Nockenwelle betätigt die in einer Reihe befindlichen, hängenden Ventile über Stößel und Kipphebel. Ein wesentlicher Vorteil dieser Konstruktion ist, dass die Ventile mit geringem Zeitaufwand eingestellt werden können. Später überarbeitete GM die Konstruktion und ersetzte die Stößel durch Hydrostößel (automatischer Ventilspielausgleich), dann mussten die Ventile überhaupt nicht mehr eingestellt werden. Das heißt, dass Opel mit der neuen cih-Motorengeneration einen ganz wesentlichen Schritt zur Wartungsvereinfachung tätigte. Die Tatsache, dass der Motor sowohl als Vier- als auch als Sechszylinder gebaut werden konnte. machte die Fertigung äußerst rationell, denn fortan erhielten die vierzylindrigen Rekord und die sechszylindrigen KAD prinzipiell denselben Motor: Alle cih-Motoren hatten einheitlich 69,8 Millimeter Kolbenhub. Die verschiedenen Hubraumvarianten von 1,5 bis 2,4 Liter (Vierzylinder) respektive 2,5 bis 3 Liter (Sechszylinder) entstanden dann durch unterschiedliche Bohrungsmaße. Der im Rekord D von 1972 erstmals eingesetzte 2,1-Liter-Wirbelkammer-Diesel war ein Ableger dieser cih-Generation. Im Manta A gab es den cih-Vierzylinder in folgenden Versionen: Der aus dem Opel Rekord C bekannte 1700er wurde hubraumreduziert auf 1,6 Liter, 68 PS im Manta 1.6 N (normalbenzintauglich), 80 Pferde im Manta 1.6 S (benötigt Superbenzin). Darüber rangierte der Manta 1,9 Liter mit 90 Vergaser-PS sowie im GT/E mit 105 PS dank Benzineinspritzung.

Ein ganz anderes Kaliber, das »Nähmaschinchen«. Für einen Opel-Motor ist dieser Kosename doppeldeutig. Einerseits ein Motor, der schnurrt und so ruhig und rund läuft wie eine Nähmaschine. Zum anderen weckt der Spitzname Assoziationen an die Opel-Aktivitäten der Anfangszeit, als der alte Adam Opel Nähmaschinen baute. Ursprünglich war der

Das populärste Aggregat im Manta A: Der 1,9-Liter-S-Motor, 90 PS stark, unverändert aus dem Rekord C übernommen.

Der ultimative Motor im Manta: Der 1,9-Liter-Vierzylinder mit Einspritzung im Manta A GT/E. Endlich eine dreistellige PS-Zahl, endlich, endlich!

Basismodell, Spartakus, ohne alles, vor allem ohne Power: Manta 1,2 Liter, befeuert von einem überforderten »Nähmaschinchen«. Ein untermotorisiertes Sportcoupé war eine der Stilblüten, welche die Ölkrise verursacht hatte.

Opel-Kadett-B-Nachfolger um das »Nähmaschinchen«, den Kadett-Motor, herum konstruiert worden. Ein neues Auto zwar, aber der Motor sollte bleiben. Er blieb auch, das »Nähmaschinchen« mit nunmehr 1,2 Litern blieb die Eingangsmotorisierung des Opel Manta. Aber der Motor war zu klein für das Auto oder, umgekehrt, das Auto zu groß für den Motor. Das »Nähmaschinchen« war ein prima Aggregat, aber mit dem Manta heillos überfordert.

Der Vierzylinder-Reihenmotor wurde extra für den Kadett A, erschienen im Herbst 1962, konstruiert. Ein so genanntes Stoßstangen-Aggregat mit nur drei Kurbelwellenlagern und hängenden Ventilen, die Nockenwelle seitlich angeordnet, ein Musterbeispiel kostengünstiger Motor-Technik, einfach und dabei mit erstaunlich angenehmen Alltagseigenschaften. Vom ersten Tag an wurde das Motörchen gelobt, anfangs mit einem Liter Hubraum und 40 PS. Ab Oktober 1963 gab es den S-Motor mit 8 PS mehr. Im Kadett B ab 1965 wurde der Hubraum auf 1,1 Liter erhöht, nunmehr 45 PS und in der S-Version deren 55, ab September 1971 nur 50 PS. Dafür gab es ab September 1967 das »Nähmaschinchen« in SR-Version mit 60 PS, der Basis-Motor für den Rallye Kadett. 1971 fielen die S- und SR-Versionen weg, weil eine Hubraumerhöhung auf 1,2 Liter nunmehr 60 PS brachte. Als 1200er blieb dieser Motor dem Kadett C während seiner kompletten Produktionszeit bis 1979 erhalten, Leistungsspektrum von 52 bis 60 PS. Und 1974 wurde der alte Ein-Liter-Motor mit 40 PS, also das ursprüngliche »Nähmaschinchen«, im Zuge der Benzinpreisverteuerung wieder in Dienst gestellt. Den 1200er gab es anfangs auch noch im frontgetriebenen Kadett D, obgleich für ihn ein neues 1,3-Liter-Aggregat konstruiert wurde. Und im kleinen Opel Corsa hielt sich das alte »Nähmaschinchen« immerhin bis Sommer 1987.

Kurioserweise debütierte das Kadett-Motörchen im Manta A gleich zwei Mal: Im März 1972 erschien der Manta 1,2, 60 PS kämpften mit 865 Kilo Lebendgewicht, in 18 Sekunden war Tempo 100 erreicht, und bei 145 km/h war Schluss mit Vortrieb. Dieser Motor wollte nicht in den Manta passen, kaum jemand kaufte ihn und im Mai 1973 wurde er ersatzlos gestrichen - um im März 1974 erneut ins Programm aufgenommen zu werden. Während dieser zehn Monate hatte sich die automobile Landschaft in Deutschland eklatant gewandelt. Die erste Ölkrise machte aus Benzin ein Luxusgut. Das ging so weit, dass die Konjunktur ins Wanken geriet, und Autokonzerne reagierten mit preiswerten Sondermodellen und vermeintlichen Spritsparern - darunter auch dem 1,2-Liter-Manta. Dabei war er alles andere als ein Spritsparer. Um im

Das originale »Nähmaschinchen« im Opel Kadett A von 1962, 1 Liter Hubraum wurde ihm eingeschenkt, 40 Pferdchen Leistung, und er machte Hunderttausende Autofahrer glücklich.

Auch optisch auf den ersten Blick als Ausnahme-Manta erkennbar: Der Turbo in Gelb mit entsprechender Dekoration.

Verkehr auch nur halbwegs mitschwimmen zu können, war häufiges Schalten und beherztes Gasgeben vonnöten. Dadurch kam der kleine Motor oftmals an seine Grenzen. Und ein kleiner, aber schwer geforderter Motor verbraucht mehr Benzin als ein leistungsfähigerer Motor im für ihn angenehmen Teillastbereich. Bleibt das Argument, dass Steuer und Haftpflicht günstiger waren als bei einem Manta 1,6 oder 1,9 Liter. Aber kaufte man einen Manta, um zu sparen? Einen Kadett schon, aber doch keinen Manta! Wer einen Manta 1200 kaufte, wollte also offenbar wirklich mehr scheinen als sein.

Aufgeblasen

In den 70ern war die automobile Welt im Turbo-Wahn. Der Turbolader als Garant für Leistung, Leistung, Leistung. Auch Opel spielte mit und ließ einen Schweizer dem Opel Manta den Marsch blasen. Denn andere waren stärker. Der Manta zu schwach. Opel wusste das. Der GT/E kam 1974, vier Jahre nach der Manta-Präsentation. Doch die vier Jahre ließ Opel nicht tatenlos verstreichen.

Opel wollte mehr Leistung. Michael May lieferte sie. Er hieß tatsächlich Michael mit Vornamen, nicht Turbo - auch wenn in der Szene nur vom »Turbo May« gesprochen wird. In den 60er und 70er Jahren sorgte Michael »Turbo« May für viel Aufregung. Der 1934 geborene Schweizer ist Maschinenbauingenieur, begeisterter Motorsportler und begnadeter Turbo-Verfechter. Im Oktober 1969 gründete er die Turbo May GmbH und war unabhängiger Lieferant für mehrere Automobilhersteller - hauptsächlich für Ford, aber auch für Opel, Lancia, Alfa Romeo. In die Annalen ging der Turbo Capri ein, ein 2,3-Liter-V6, dank May-Turbolader von 108 auf 180 PS geblasen. Der Capri zersägte mit dieser immensen Leistung Fahrzeuge viel höherer Klassen und verschaffte sich vor allem eines: Respekt auf der Autobahn.

Das Wort »Turbo« ist verkürzt, korrekt ist Turbolader. Er arbeitet nach einem Aufladesystem, das eine optimale Füllung der Zylinder erreicht. Der Turbolader benötigt zum Antrieb keine Motorleistung (wie der Kompressor), sondern seine Turbine wird von den Motorabgasen angetrieben. Dadurch wird der gesamte Leistungszuwachs auf die Straße gebracht. Allerdings setzt der Turbolader erst ab einer gewissen Motordrehzahl ein. Darunter tut sich nichts, die Motorcharakteristik entspricht derjenigen des Saugers. Dann, kurz vor Einsetzen des Turboladers, kommt das berühmte »Turboloch«, ein Absinken der Leistung, die danach umso vehementer einsetzt. Das macht einen Turbo im Fahrbetrieb heikel, manchmal unberechenbar und gefährlich. Setzt die Vehemenz ausgerechnet bei Kurvenfahrt auf feuchter Fahrbahn ein, kann die Straße von jetzt auf nachher zu schmal werden, vor allem bei Hecktrieblern. Ein Turbo war bis in die 80er Jahre hinein kein Auto für Amateure am Lenkrad, eher für Fahrkönner.

4500 Turbo-May-Capris, dagegen nur 10 Turbo-May-Mantas. Michael May war ein selbständiger Unternehmer, Ford war sein größter Kunde, aber nicht sein einziger. Opel war sich der Leistungsdefizite aller

Das Wort »Turbo« löste damals dermaßen Emotionen aus, dass man es nicht groß genug ans Auto schreiben konnte. »Turbo« war quasi der Adelsschlag.

So sieht es aus, wenn ein Manta 1,9 S nicht mehr 90, sondern plötzlich 140 PS aufweist, 185 Nm Drehmoment hat und mit Tempo 200 rennen kann.

Dicke Backen, ein Frontspoiler wie ein Windleitblech und fette Schlappen mit Felgen im Rostyle-Stil: die Manta-GT-Studie von 1971.

Der breite Seitenstreifen erinnert an den späteren Manta GT/E, der erst 1974 kommen sollte. Dieser Wagen trägt keinen Frontspoiler.

Mantas und speziell des größten mit 90 PS bewusst und suchte nach Abhilfe. Die Zeitumstände (Ölkrise, Autoverteufelung in gewissen gesellschaftlichen Kreisen) sprachen dagegen, der Käuferwunsch dafür. Michael May entwickelte einen Turbo-Umrüstsatz für den 1,9-Liter-Opel-Vierzylinder in enger Abstimmung mit Opel, denn geplant war, den Wagen zwar durch May umbauen zu lassen, ihm aber Werksgarantie zu gewähren. Basis war nicht der europäische 1900er mit 90 PS, sondern dessen geringer verdichtete US-Exportversion mit 78 PS, tauglich für bleifreies Benzin. May war Konstrukteur, nicht Hardware-Lieferant. Das besorgte die Firma KKK (Kühnle, Kopp & Kausch), ein 1899 gegründeter Maschinenbauer aus Frankenthal/Pfalz. KKK lieferte die Turbolader in der notwendigen Güte und Zahl für den Capri, also auch für den Manta. Der Lader baut einen Ladedruck von 0,64 atü auf und dreht bis zu 70000 Mal pro Minute, kurzfristig sogar 100000 U/min.

Ein Motor muss umfangreich angepasst werden, es reicht nicht, einfach den Turbolader einzubauen. Darin lag Mays Kunst, einen Serienmotor so umzukonstruieren, dass er die Leistung aushält. Einer neuen Abgasanlage bedarf es auch, denn von ihr geht ein Sammelkrümmer ab, der die Abgase aufnimmt und dem Turbolader zuführt. Die Zusatzleistung alleine reichte nicht aus, das Fahrwerk musste ihr gerecht werden. Denn der Manta Turbo war ein 140-PS-Auto, das mit Tempo 200 rannte. Deshalb vorne innen belüftete Scheibenbremsen, hinten Schwimmrahmenscheibenbremsen, veränderte Hinterachsübersetzung, Hochgeschwindigkeitsreifen auf den Sportstahlfelgen. Michael May erstellte zehn Manta Turbo, acht wurden Opel-intern untersucht und geprüft, zwei bekam die Motorpresse zu Testzwecken. Opel entschied sich nicht zu einer Serienversion, sondern brachte im Frühjahr 1974 den Manta GT/E, der dank Benzineinspritzung 105 PS leistete.

Sechs Töpfe im Manta: Klingt einfach, ist schwierig

Was einfach klingt, ist technisch kaum möglich - zumindest nicht unter wirtschaftlichen und Großserienbedingungen. Kunden wollten im Manta A sechs Zylinder, Opel hätte sie gerne bedient. Aber der Motorraum des Manta A war einfach zu klein. Als Laie stellt man sich das so einfach vor: Der Opel Rekord D ist ein Vierzylinderwagen, und in dieselbe Rohkarosserie passen mit Leichtigkeit die beiden Opel-Sechszylindermotoren mit 2,5 und 2,8 Litern. Daraus ließe sich vermeintlich folgerichtig schließen: Wenn das beim Rekord problemlos möglich ist, so sollte es beim Manta doch ebenfalls funktionieren, denn der Manta wird vom genau gleichen 1,9-Liter-S-Motor mit 90 PS angetrieben wie der Rekord. Was für den Nichtfachmann logisch und einleuchtend ist,

Sechs Töpfe im Manta: Das Design der ausgestellten Kotflügel sollten später die Tuner Steinmetz und Irmscher übernehmen. Abmontierte Stoßstangen zur Gewichtserleichterung. Prototyp im Winter 1970.

Nichts als fett: Ein beeindruckendes Heck, ein Manta, so breit wie ein Gruppe-2-Rennwagen.

muss aber noch lange nicht klappen. Und wenn, dann nicht problemlos. Das liegt ganz einfach daran: Der Manta wurde als Kadett-Nachfolger und somit als kleiner Wagen konstruiert. Niemand hatte bei seiner Konstruktion einen Reihensechszylinder im Sinn. Und deshalb passte er auch nicht in den Motorraum. Dieser war zu klein, und es ging nicht nur um reinen Raum, sondern auch um andere konstruktive Eckpunkte wie die Positionierung des schweren Metallklumpens und die Tragfähigkeit der Vorderachse. Denn wenn ein Motor nicht richtig positioniert ist, stimmt der Gewichtsausgleich zwischen vorne und hinten nicht, das Auto wird vorderlastig, das Heck (mit den angetriebenen Rädern!) zu leicht, die Fahreigenschaften werden schlechter - und das in Verbindung mit mehr Leistung. Das kann niemand wollen!

Die Kunden waren rundum zufrieden mit dem Manta A, nur hatte er nicht genügend Pfeffer!

Ein Manta A in L-Ausstattung ist intern ein Typ SZL 59, wobei SZL für Sportcoupé, zweitürig, Luxusausstattung steht. Der in Südfrankreich aufgenommene Wagen trägt optionale Sportstahlfelgen.

Nun gab es Anfang der 70er Jahre bei Opel keinen größeren Vierzylindermotor als den 1,9 Liter mit 90 PS. Er wurde aufgebohrt, ein bisschen mehr Hubraum, zehn PS mehr: Im Opel Rekord leistete die Maschine ab Herbst 1975 100 PS aus 2 Litern, aber das war für den Manta A zu spät. Von diesem Motor profitierte der Manta B, und so fein er war, so hatte er eben nach wie vor vier Töpfe. Nun spritzte Opel ab 1974 den Manta A ein, dank Injektion im Manta GT/E 105 PS, damit war er schnell genug. Aber es ist eben nach wie vor ein Unterschied, ob ein Motor vier oder sechs Zylinder hat. Der Sechszylinder läuft ruhiger, ausgeglichener, hat einen anderen Klang - und ein anderes Renommee.

Opel nahm den Kundenwunsch selbstverständlich ernst, auch wenn es nie einen serienmäßigen Sechsender im Manta geben sollte. Aber damit herumexperimentiert wurde durchaus. In Rüsselsheim oder Bochum entstand keine Serienversion, Tuner lieferten das Gewünschte. Aber das war eben weder serienmäßig noch hatte es Werksgarantie. Das Hauptproblem bei allen Sechszylinder-Versuchen, die schon im Herbst 1970 parallel zur Markteinführung des Manta starteten, war die Einbaulage des schweren Sechszylinders im Lichte der optimalen Gewichtsverteilung. Der Motor hätte weiter nach hinten gesetzt werden müssen, was umfangreiche Veränderungen an der Rohkarosserie nach sich zog (Unterbau und hintere Spritzwand, also die Trennwand zwischen Motor- und Innenraum). Zunächst dachte Opel an eine Motorsportvariante für die Gruppe 2, nicht an ein Straßenfahrzeug, und kalkulierte mit einer rund 1000 Stück umfassenden Sonderserie. Opel hatte auch im Hinterkopf, theoretische Voraussetzungen zu schaffen, die externe Tuner in die Praxis hätten umsetzen können (was ja in Folge auch mit dem Manta TE 2800 geschah). Es zeigte sich jedoch, dass der Entwicklungsaufwand in Relation zum Nutzen sehr hoch war.

Es gab drei Versionen des Sechszylinder-Manta. In Phase Eins wurde der 2,5-Liter-Motor des Commodore bei möglichst geringen konstruktiven Änderungen eingebaut, und dieser Wagen war eindeutig zu frontlastig. In Phase Zwei wurde der gleiche Motorblock eingebaut, aber rund 20 cm nach hinten versetzt. Hier wurde eine Gewichtsverteilung von circa fifty-fifty auf Vorder- und Hinterachse erzielt, was optimale Fahreigenschaften mit sich brachte. Aber der Aufwand war eben immens hoch. In Phase Drei wurde ein richtig gehender Rennmotor verwendet, der so genannte Querstrommotor mit 3 Litern Hubraum, eine Konstruktion des Opel-Tuners Steinmetz auf dem Serien-Sechszylinder. Querstromkopf bedeutet, grob gesagt, dass sich Ansaugseite und

Der SR zählt stets zu den 59er-Modellen, also SZL 59.

Die meisten GT/E bauen auf der Standardkarosserie auf, sind also 58er. Wenige GT/E mit Luxusausstattung sind 59er Mantas. Foto eines Vorserienfahrzeugs vom Dezember 1973.

Auspuffseite gegenüber liegen und die Zündkerzen von oben in die Brennräume geschraubt werden, zudem Flachstromvergaser und Fächerkrümmer. Um mit diesem Motor eine optimale Gewichtsverteilung zu erzielen, musste seine Position sogar 31,5 cm nach hinten versetzt werden: Noch größerer Aufwand als bei Phase Zwei, nicht nur Veränderungen an der Spritzwand, sondern auch am Armaturenbrett und der Pedalerie, ja sogar an der Position der Vordersitze.

Anheim mit all diesen Veränderungen gingen natürlich Fahrwerksmodifikationen, damit der Sechszylinder-Manta mit der gestiegenen Leistung fertig wird (Hinterachse, Bremsen, Auspuff,

Der Power-hop: Lügt Isaac Newton?

»Power-hop« kann man nicht übersetzen. »Kraft-Hüpfer« klingt kindisch und beschreibt das Phänomen nicht. Den echten Power-hop kennen Manta- und Ascona-Fahrer: Beim starken Beschleunigen geht der Wagen hinten nicht in die Knie, statt dessen hebt er sich mit allen Vieren. Physikalisch geht ein Wagen (egal, ob Heck- oder Fronttriebler) beim Beschleunigen hinten in die Federn und die Front hebt sich. Seine ihm eigene Trägheitskraft ist der Beschleunigung, durch Motorkraft erzeugt, entgegengerichtet. Das ist Schulwissen (Isaac Newton, Prinzip der Trägheit). Die Masse des Wagens wirkt beim Beschleunigen nach hinten, belastet also die Hinterräder.

Straft der Manta nun den Physiker Isaac Newton der Lüge? Schon in ersten Fahrberichten und Tests sorgte der Power-hop für Irritationen und Spekulationen, weil sich der Manta A (und der mit gleichem Fahrwerk versehene Ascona A) bei starker Beschleunigung anders verhielt als gewohnt. Die Autos gingen nicht hinten in die Knie und streckten die Front gen Himmel, sondern sie hoben sich sowohl vorne als auch hinten stark aus den Federn. Dabei war das Fahrwerk, so wussten die Fachleute, kaum anders als beim Kadett B. Und der tat das nicht. Was war anders bei Manta/Ascona? Die hintere Starrachse hatte senkrecht stehende Stoßdämpfer, der Radstand war länger und die zweigeteilte Kardanwelle war in ihrer Mitte weicher gelagert. Zunächst verläuft der Kraftfluss beim Manta so, wie bei jedem Hecktriebler mit Frontmotor: Das vom Motor produzierte Drehmoment gelangt über die Kardanwelle zur Hinterachse. Dort sitzt ein Differenzialgetriebe, das die Kraft um 90 Grad umlenkt und auf die Antriebswellen überträgt. So kommen die PS auf den Asphalt. Die Hinterachse ihrerseits ist an der Karosserie befestigt, und zwar mit Längslenkern und einem Stabilisator. Wenn das vom Differenzialgetriebe um 90 Grad »gedrehte« Drehmoment auf die Achse trifft, bewegt sich diese nach rechts, und gegen diese Kraft kämpfen die Längslenker und der Stabilisator an. Bei geringem Drehmoment geschieht nichts, bei starkem aber schon. Denn der gesamte Antriebsstrang zog sich, wegen der zweigeteilten Kardanwelle, bei hohem Drehmoment etwas zusammen, und dadurch kam es zum Power-hop, also dem Anheben des Fahrzeugs bei abruptem Beschleunigen (wenn man die Kupplung schleifen lässt und ordentlich Gas gibt).

Der Power-hop war Gesprächsthema, Manta- und Ascona-Fahrer fanden Gefallen an dem Phänomen. Alleine der dafür geprägte Begriff des »Power-hop« zeigt, dass sein Dasein eher positiv bewertet wurde. Das Wort klingt gut (nicht nur, weil es englisch ist). Es beinhaltet »Power«, worüber sich besonders die Fahrer eines Manta oder Ascona 1200 freuten, denn ihrem 60-PS-Kadett-Motörchen wurde ja allenthalben die »Power« abgesprochen.

Räder und Reifen). Denn mit dem 2,5-Liter-Commodore-Motor war der Manta ein Tempo-200-Renner geworden, deutlich unter 10 Sekunden für den klassischen Sprint auf 100 km/h. Die Gruppe-2-Prototypen unterschieden sich auch optisch vom Serien-Manta: Sie trugen weit ausgestellte Kunststoff-Kotflügelverbreiterungen, um Platz für die breiten Räder zu haben, verzichteten aus Gewichtsgründen auf Stoßstangen und auch sonst alles Überflüssige, was das Fahren angenehm macht, je nach Version trugen sie eine Hutze auf der Motorhaube, unter der sich der Vergaser verbarg. Die Optik diente auf jeden Fall den beiden Tunern Steinmetz und später Irmscher als Vorbild für ihre Motorsportversionen.

Natürlich hätte Opel Sechszylinder-Mantas in kleinster Serie für die Piste bauen können, die dann in der Motorsportkategorie der Prototypen hätten starten müssen. Aber das war nicht das Ziel, sondern in der Gruppe 2 wollte der Manta mit dem damals schon erfolgreichen Ford Capri konkurrieren. Dazu hätten mindestens 1000 Fahrzeuge zur Homologation gebaut werden müssen, also eine Kleinserie am Fließband. Opel erkannte schon während der Erprobungsphase, dass die Eckdaten des Manta allenfalls auf Capri-Niveau gebracht werden hätten können, den Kölner Rivalen aber niemals überboten hätten. Deshalb blieb dem Opel Manta das Duell mit seinem Erzrivalen auf der Rennpiste erspart. Es blieb beim Duell auf der Straße.

Nummern-Code

Zahlenspiele: Wer die Fahrgestellnummer eines Manta A richtig entschlüsselt und interpretiert, erfährt viel über das Auto, über die Ausstattungsvariante und den Produktionsort. Heute spricht man umgangssprachlich noch von »Fahrgestellnummer«, aber offiziell ist »Fahrzeug-Identifizierungsnummer«, abgekürzt FIN (oder VIN), international genormt. Gültigkeit hat die FIN seit 1981, also seit der Nach-Manta-A-Ära. Zu seinen Lebzeiten gab es die herstellerspezifische, typische Opel-Fahrgestellnummer. Sie findet sich zum einen am Auto selbst, zum anderen im Fahrzeugbrief und Fahrzeugschein, also auf Papier. Die Manta-A-Fahrgestellnummer ist neunstellig und beginnt mit 57, 58 oder 59. Modell 58 ist ein Standard-Manta, Modell 59 ein Luxus-Manta, Modell 57 ein Manta für den USA-Export. Der GT/E baut auf einer Standardkarosserie auf und ist somit ein 58er. Wurde er aber, was selten vorkam, in Luxusausstattung bestellt, so erhielt er eine 59er-Nummer. Alle Automatikfahrzeuge, auch jene in Basisausstattung, haben eine 59er Nummer. Und ein Manta SR ist auch stets ein 59er. Danach beginnt die eigentliche, fahrzeugspezifische Nummer. Sie ist aber als Ganzes nicht Manta-spezifisch, sondern bezieht sich auf das jeweilige Opel-Werk innerhalb eines Jahres. Mantas tragen also Fahrgestellnummern aus Bochum und Antwerpen, wo sie produziert wurden. Antwerpener Mantas waren für das belgische Inland und den USA-Export bestimmt. Alle anderen kamen aus Bochum.

Die meisten Manta A waren Modell 59, also Luxusmodell. Wagen mit den Seriennummern 2.261.863 bis 51.186.867 stammen aus Bochum, solche mit 9.361.003 bis 55.151.564 aus Antwerpen. Modell 58, das Standardmodell: Seriennummern 2.270.048 bis 51.186.885 aus Bochum, 9.360.599 bis 55.151.638 aus Antwerpen. Mantas für die USA aus dem Werk Antwerpen tragen die Nummern 9.361.001 bis 55.144.884.

Dann gibt es im Fahrzeugbrief noch eine dreistellige Schlüsselnummer, beginnend mit SLZ59 (Manta Luxus) oder SZ58 (Manta Basis). Die folgenden drei Zahlen geben Aufschluss über die Motorisierung: 209 = Manta L 1,2S (60 PS), 483 = Manta L 1,6N (68 PS), 484 = Manta L, S/SR 1,6S (80 PS), 485 = Manta L S/SR 1,9S (90 PS), 271 = Manta L 1,6N (60 PS), 272 = Manta L S/SR 1,6S (75 PS), 273 = Manta L S/SR 1,9S (88 PS), 206 = Manta 1,2S (60 PS), 245 = Manta GT/E 1,9E (105 PS), 480 = Manta 1,6N (68 PS), 481 = Manta S 1,6S (80 PS), 482 = Manta S 1,9S (90 PS), 268 = Manta 1,6N (60 PS), 269 Manta S 1,6S (75 PS), 270 Manta S 1,9S (88 PS).

Kapitel 3

Alles eine Frage der Ansprüche. Oder des Geldes. Den Opel Manta A gab es von Anfang an in mehreren Ausstattungsversionen, von Spartakus über Luxus bis hin zu sportlich. Fünf Jahre lang wurde der erste Opel Manta gebaut, und in seinen Ausstattungsversionen blieb er sich treu. Zwar tat sich während dieser Zeit einiges, Modellpflegemaßnahmen, Programmerweiterungen, Sondermodelle. Aber die drei grundsätzlichen Ausstattungsversionen blieben von Anfang an der Grundpfeiler des Manta-Programms.

Der Manta ohne jeglichen Namenszusatz (intern: Manta N; N = Normal), also das Grundmodell, die Spartakusversion, bildete die Basis und war das am seltenste georderte Modell. Wer sich einen Manta leisten konnte, hatte auch Geld für das L- oder das SR-Paket oder gar beide zusammen. Das Volumenmodell war der Manta L, L wie Luxus. Der Manta L konnte mit dem sportlichen SR-Paket kombiniert werden, wobei die Bedeutung dieser beiden Buchstaben interpretiert werden kann. S natürlich für Sport, das R kann für Rallye, Rennen oder Racing stehen. Jedenfalls ist die Buchstabenkombination SR eine sportliche, und das war die Absicht. Eine Sonderstellung nimmt die Berlinetta ein, aus einem in den USA lancierten Sondermodell geboren, dem Blue Max, war die Berlinetta auch in Europa zunächst eine limitierte Version, die 1974 in den Adelsstand einer Serienvariante erhoben wurde.

Das Standardmodell verfügte über alles, was ein Automobil braucht, um fahren zu können. Mehr nicht. Und so manches, was in den höherwertigen Versionen selbstverständlich war, gab es nicht mal gegen Aufpreis als Einzelextra. Opel sah das so: Wer ein Grundmodell wollte, bekam es. Wer es aufwerten wollte, sollte gefälligst die L-Version kaufen, aber nicht mit Einzelextras an der Standardausführung herumdoktern. Eigentlich vernünftig. Aber es ging Opel nur darum, auf einen möglichst niedrigen Einstiegspreis in die Manta-Palette hinweisen zu können. Immerhin war Manta-Fahren ab 7953 D-Mark möglich. Aber nicht alles, was möglich ist, macht Spaß. Dekorsätze waren nicht verfügbar, nicht mal der leiseste Seitenstreifen, die Zierteile waren auf ein Minimum reduziert, der Basis-Manta trug einfachste Stahlfelgen mit einem Chromradkäppchen, recht dünne Diagonalreifen (165/70 S 13), Gürtelreifen gegen Aufpreis. Immerhin gönnte ihm Opel einen Teppichboden, die normale Innenraumfarbe war schwarz, farbige Polster kosteten ebenso Aufpreis wie Kunstledersitze, selbst für Kopfstützen und hintere seitliche Ausstellfenster verlangte Opel Aufpreis.

Da war ein Manta L schon das bessere Angebot. Auch für Opel selbst. Opel hatte kein großes Interesse, einen Basis-Manta zu verkaufen. An Basismodellen verdiente der Hersteller damals lange nicht so gut wie an besser ausgestatteten Fahrzeugen. Geld wurde, zumindest in den 70er Jahren, mit der Aufpreisliste verdient, mit den Einzelextras, mit den Sport- und Luxuspaketen. Geworben wurde mit dem Einstiegsmodell ohnehin nicht. In den Verkaufsprospekten bekam die Spartakusversion oftmals nicht einmal eine Seite, sondern fand sich nur in den technischen Daten und in der Beilage »Preise und Ausstattungen« wieder.

Von Spartakus bis Luxus. Eine Frage des Geschmacks

Manta A als Manta N: Nackt wirkt er, ein wenig verhungert. Man sieht ihm geradezu an, dass er unglücklich über seinen 1200er-Motor ist. Felgen vom Kadett, keinerlei Zier, kein Seitenstreifen, keine Stoßstangenhörner, kaum Chrom. Manta N, der am wenigsten häufig verkaufte Opel Manta. Foto vom November 1972.

Die radkappenlosen Stahlsportfelgen konnten auch einen Manta L aufwerten. Sie waren nicht für den SR reserviert, bei diesem aber serienmäßig.

Der Manta L trug einen schmalen Doppelstreifen an der Flanke, was seine Linie deutlich streckte und ihn optisch aufwertete, gepaart mit Radlauf- und Schwellerchrom. Auf den Stoßstangen hatte er Hörner, eine Chromblende schmückte das Auspuffendrohr, hintere Ausstellfenster serienmäßig. schwarzes Vinyldach als Option. Er hatte die gleichen Räder und Reifen wie das Standardmodell, die Felgen aber mit einem zusätzlichen Zierring dekoriert, auf dem Kofferraumdeckel das Opel-Emblem. Innen wie das Standardmodell schwarze Stoffsitze, jedoch wertvollere Stoffe, optional farbiges Interieur und Kunstlederbezüge, auch die Hutablage mit Teppichboden belegt, Mittelkonsole mit Ablagefach, mehr Zierleisten im Innenraum. Auch beim Manta Luxus waren Kopfstützen aufpreispflichtig. Das L-Paket umfasste darüber hinaus Beleuchtung für Motorraum, Kofferraum und Handschuhfach, elektrische Uhr, Make-up-Spiegel in der rechten Sonnenblende und einen Zigarettenanzünder (also eine Autosteckdose).

Das SR-Paket machte aus dem Manta L einen optisch sportlichen Manta und war nicht mit der Basisausstattung kombinierbar. SR waren die beiden magischen Buchstaben für sportlich aufgemotzte Opel-Fahrzeuge, bevor das »E« oder später das »i« unabdingbar war. Solange einem sportlichen Opel eine Gasfabrik reichte und er keine Einspritzung hatte, bezeichnete SR den sportlichen Typ innerhalb der Opel-Modellpalette. Die Manta-SR-Attribute: Die Motorhaube in sportlichem Mattschwarz lackiert (nicht das Heckblech, das blieb dem GT/E vorbehalten), und an den Flankenoberseiten ein breiter, schwarzer Doppelstreifen. Kühlergrill komplett schwarz, ohne die silbernen Querrippen des Manta L. Auch beim SR bestand die Möglichkeit, das Dach mit Kunstleder zu beziehen, wodurch tatsächlich ungefähr die Hälfte der Karosserieoberfläche schwarz wurde. Viele SR-Kunden entschieden sich für die für alle Modelle als Extra lieferbaren Nebelscheinwerfer plus Nebelrückleuchte. Der SR (laut Opel-Werbung »unser rassigstes Pferd im Stall«) trug breitere Reifen (185/70 SR 13) auf entsprechend breiteren 5,5Jx13-Felgen und serienmäßig Gürtelreifen. Das waren einfarbig silberne Stahlfelgen mit runden statt länglichen Löchern, so genannten Nabenkappen und einem äußeren Chrom-Radzierring. Später gab es für den SR Stahlsportfelgen im Rostyle-Stil, zweifarbig silbern mit schwarz ausgelegten Inletts, ebenfalls geschmückt von einem äußeren Chromzierring - sehr bald wurden diese für den Manta L als Extra lieferbar. Opel stimmte das SR-Fahrwerk etwas straffer ab. Halogenscheinwerfer serienmäßig, stärkere Drehstromlichtmaschine mit 35 statt 28 Ampère (auf Wunsch sogar mit 55 Ampère). Am Heckdeckel prangte ein rot ausgelegtes SR-Emblem. Stoffsitzbezüge gab es im SR nicht, Kunstleder war Standard, Farbe im Inneren gab es auch nicht, ein Sportwagen hatte innen schwarz zu sein, und das galt laut Opel auch für den Dachhimmel und die Sonnenblenden (die rechte ohne Make-up-Spiegel). Der SR hatte Kopfstützen und Dreipunkt-Sicherheitsgurte in Serie (was belegt, dass Gurte und Kopfstützen damals noch als sportliches und nicht als Sicherheitsattribut betrachtet wurden), und er trug mittig unterhalb des Armaturenbretts drei Zusatzinstrumente (Ampèremeter, Öldruckmesser, Uhr). Auch die drei Rundinstrumente im Blickfeld des Fahrers waren anders angeordnet als beim Manta L. Trug dieser in

Charakteristikum des Manta Luxus sind Stahlfelgen mit Chromradkappen und einem zusätzlichen, verchromten Felgenzierring.

Andere Märkte, andere Felgenzier: Manta L ohne dünnem Zierstreifen und mit den Radzierringen des Kadett C, die zusammen mit der Radkappe die komplette Felge abdecken. Werksfoto von GM Nordiska, dem skandinavischen Opel-Importeur.

Und nochmals anders: Von Anfang an gab es für den Manta L optional die SR-Felgen - auch während der wenigen ersten Monate, in denen der SR Lochfelgen trug (September 1970 und März 1971). Doch dieser Wagen ist ein Vorserienfahrzeug vom Juli 1970.

Mit Vinyldach: Manta L in Lagoblau. So häufig diese Farbe am Kadett B oder Rekord C zu sehen war, so selten war sie beim Manta.

Ziemlich original, aber nicht völlig original: Dezent aufgebrezelter, zeitgenössischer Manta L mit Frontspoiler, Hecklamellen im Stile des Lamborghini Miura (ein externes Zubehör) und dem »bb«-Aufkleber am Heck, der suggeriert, dieser Manta habe auch nur irgendetwas mit Rainer Buchmanns Tuningbetrieb zu tun. Hier wollte ein halbzahmer Manta vom Image des legendären Buchmann-Porsche 911 Rainbow profitieren.

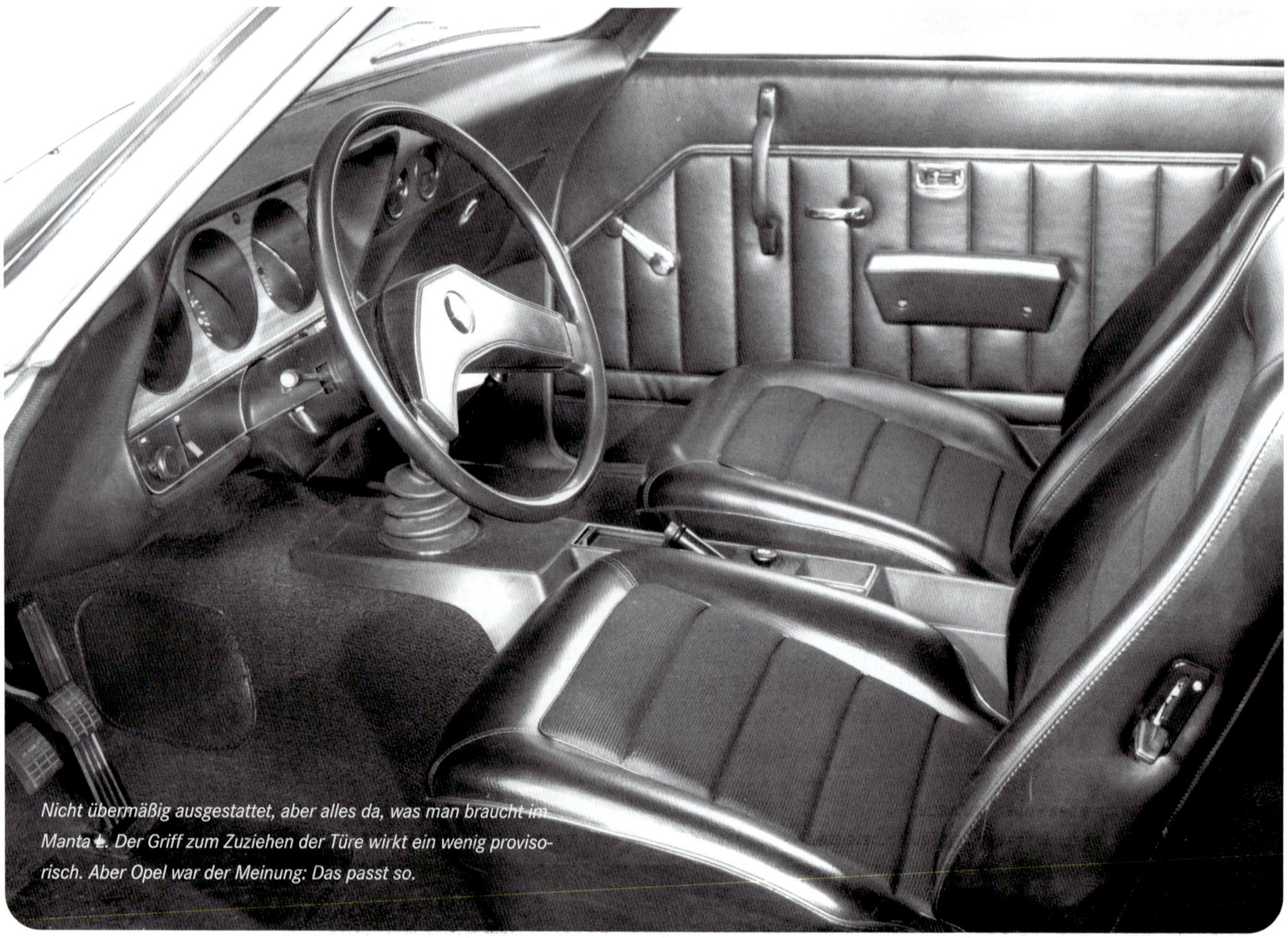

Nicht übermäßig ausgestattet, aber alles da, was man braucht im Manta L. Der Griff zum Zuziehen der Türe wirkt ein wenig provisorisch. Aber Opel war der Meinung: Das passt so.

der rechten der drei Höhlen eine Uhr, so blickte der SR-Pilot hier auf einen Drehzahlmesser. Der Tacho hatte zusätzlich eine 0,1-km-Anzeige, die Schaltersymbole waren indirekt beleuchtet. Und er steuerte mittels eines Sportlenkrades, kunststoffummantelt und mit gepolstertem Hupenknopf. Ebenfalls ein »sportliches« und laut damaligem Verständnis nicht sicherheitsrelevantes Attribut des SR war die Scheibenwischer-Intervallschaltung. Ab 1974 bot Opel für die Doppelscheinwerfer eine Wisch-Wasch-Einrichtung an. Es gab Kunden, die einen Manta SR ohne Dekorstreifen und mattschwarze Haube wollten, und sie bediente Opel auch. Dann trug der SR denselben dünnen Doppelstreifen als Zier wie der Manta L.

Die Sportstahlfelgen gaben dem Manta SR sein charakteristisches Aussehen und passten gut zu seinem Typ - ebenso wie der sich nach hinten verbreiternde Doppelstreifen, der sich über den Kofferraumdeckel fortsetzt.

Ein wenig Holzimitat rund um die Armaturen, diese sportlich tief und somit blendfrei versenkt, griffgünstiges aber aalglattes Zweispeichenlenkrad, und dieser Manta L trägt nicht einmal ein Radio.

Unter 15 Außenfarben konnte der Manta-A-Fahrer auswählen. Dennoch kamen für SR-Kunden eigentlich nur zwei infrage: Signalrot…

Monzablauer Manta SR bei der Präsentation im September 1970. Die ersten SR rollten auf Sportstahlfelgen mit runden Löchern. Erst im Frühjahr 1971 kamen die typischen SR-Sportstahlfelgen. Und gleichzeitig wurde das Ziergitter für die Zwangsentlüftung in der C-Säule einheitlich schwarz, zuvor in Karosseriefarbe.

…oder Signalgelb. Hatte er diese wichtige Entscheidung gefällt, so stellte sich ihm eine weitere Frage: ohne Vinyldach oder mit.

Von Spartakus bis Luxus. Eine Frage des Geschmacks

Dezenz war möglich: Manta SR ohne Kriegsbemalung. Der Abgebildete ist rechts gesteuert, für den englischen Markt bestimmt, und wurde dort als »Manta Rallye« angeboten.

Ideales Fahrzeug für den Amateursportler: Manfred Tusch auf Manta SR beim Sudelfeld-Bergrennen 1972...

...und Bernd Rosenmeier/Peter Rosenthal vom AC Bavaria bei einer lokalen Rallyeveranstaltung der Scuderia München 1972: Nachtprüfung auf der Fröttmaninger Heide bei München, Schlammloch, voller Einsatz.

Im SR ist innen alles schwarz, sogar der Dachhimmel.

Berlinetta: Nur vom Feinsten

Berlinetta - das klingt elegant und das klingt italienisch. Dieses Wort betörte die Damenwelt, und so war der weibliche Anteil der Berlinetta-Käufer erstaunlich hoch. Der Manta A Berlinetta war der luxuriöseste aller Manta A. Kein Sportwagen. Ein sportliches Coupé, und Opel wollte den Manta anfangs auch nicht anders verstanden wissen. Zwischen den Initial-Versionen Manta, Manta L und SR fehlte etwas, es fehlte ein richtig eleganter Opel Manta.

Die Berlinetta-Lackierungen hießen Bronzemetallic, Monzablaumetallic, Silbermetallic, Kosmosblau und Tarragonarot, und sie wurden kombiniert mit Vinyldächern und Interieurs in Braun, Blau, Grau und Rot.

Der erste Manta Berlinetta war das 1973er Sondermodell des Manta A, im November 1972 vorgestellt (siehe Kapitel 5). Ihm folgte das Serienmodell Berlinetta zum Modelljahr 1974. Die Berlinetta- baute auf der Luxus-Ausstattung auf und übertraf sie vielfach. Die Innenausstattung war farblich auf den Außenlack abgestimmt, und zwar in jeder Hinsicht, nicht nur die Polster waren beispielsweise rot. Rot waren in diesem Falle auch der Teppichboden, die Mittelkonsole und die Türinnenverkleidungen. Schwarz hingegen stets Armaturenbrett und Lenkrad sowie die Oberkante der Seitenverkleidungen, die überdies von einem Holzdekor geschmückt waren. Opel gönnte der Berlinetta besondere Stoffe: kein Schlingenteppich wie im L-Modell, sondern einen Velours-Teppichboden, hochflorig, sodass die zarten Füßchen von Madame sich barfuß darin schmiegen können, auch die Hutablage ist damit bezogen. Sitze und Kopfstützen mit einem heimeligen Velours-Cordstoff, innen an den Türen Armlehnen mit Haltegriff, auf der Fahrerseite auch eine Türtasche. Dazu das Vierspeichen-Sportlenkrad und Quarzuhr, Kopfstützen, Dreipunkt-Sicherheitsgurte anstelle der Statikgurte, Halogen-Hauptscheinwerfer, automatische Scheibenwischerbetätigung in Verbindung mit der Scheibenwaschanlage, heizbare Heckscheibe, die Stahlsportfelgen mit Gürtelreifen 185/70 SR 13 trugen zusätzliche Chromzierringe. Von hinten, also via Heckschriftzug, sah man dem Manta seinen Adelsstand nicht an. Opel platzierte die »Berlinetta«-Schriftzüge an den Unterkanten beider Vorderkotflügel. Sehr gerne wurde der Manta Berlinetta mit aufpreispflichtigen Metalliclackierungen gekauft (während die sportlichen Typen eher in Signalfarben gefragt waren).

Damenauto: Weibliche Käufer stellten 35 Prozent Anteil am Manta Berlinetta. Damen fühlten sich vom Charakter des Wagens angesprochen und fanden ihn in seiner Aufmachung einfach schick.

Als der Manta Berlinetta ein Serienmodell war, ab Modelljahr 1974, kostet er mit 1,6-Liter-Motor 11.477 D-Mark und als 1900er 11.522 DM.

Von Spartakus bis Luxus. Eine Frage des Geschmacks

Im Modelljahr 1975 kletterte der Preis deutlich auf 13.510,20 beziehungsweise 13.602,20 DM. Nur der GT/E war mit 13.956,50 DM teurer. Viele Kunden, hauptsächlich Kundinnen, orderten die Dreistufenautomatik als Extra, und weil der Manta Berlinetta das Topmodell der Manta-Linie war, wurde er auch hauptsächlich mit dem stärksten Motor verkauft.

Ein bisschen Etymologie: Berlinetta

Berlinetta hat nichts mit Berlin zu tun. Wenngleich man im Spaß eine kleine Berlinerin durchaus »Berlinetta« nennen könnte. Aber das ist nur ein Wortspiel. Der Städtename Berlin ist slawischen Ursprungs und heißt »Ort im Sumpf«. Berlinetta hingegen kommt aus dem Italienischen und ist die Verkleinerung von Berlina, was ebenfalls italienisch ist und die Karosseriebauform dessen bezeichnet, was im Deutschen mit dem französischen Wort Limousine bezeichnet wird, also ein viertüriger Wagen. Berlinetta, die Verniedlichung, ist ein zweitüriges Coupé.

Opel verwendete die Wörter Berlina und Berlinetta zu frühen Manta-Zeiten, also in den 70er Jahren, als Typbezeichnung für die jeweils höchstklassigen Ausstattungsversionen. Die zwei- und viertürigen Limousinen gab es als Berlina (Kadett, Ascona, Rekord), den Manta als Berlinetta.

Tarragonarot ist auch deshalb die herausragende Berlinetta-Farbe, weil dieser Farbton als einziger ausschließlich für dieses Modell erhältlich war. Die Kombination aus Tarragonarot und dem dunkelroten Vinyldach ist einfach unerhört. Zumindest in Europa. In den USA war das alltäglich in der Vinyldach-Hochphase.

Englisches Berlinetta-Werksfoto vom November 1972, also vom Berlinetta-Sondermodell. Die Briten mögen derartige Luxuscoupés besonders. Sie sahen im Manta eher den Grand Routier als den Sportwagen.

»Berlinetta« und die Hubraumangabe anstelle des typischen Rochens.

GT/E: Auf dem Kriegspfad

Bodybuilding für den Manta A: Mit dem GT/E erfüllte Opel dank Benzineinspritzung einen lange gehegten Wunsch der Manta-Fangemeinde. 105 PS Output, 188 km/h Vaumax und 11,5 Sekunden nullhundert. Damit war er gerade mal so schnell, wie er schon immer aussah. Zuvor war die mangelnde Leistung seine Achillesferse gewesen. Nur 90 PS aus 1,9 Litern zu Zeiten, als Ford im Capri nicht nur 108 Pferde aus einem 2,3-Liter-V6 holte, sondern längst auch den 2600 GT im Programm hatte, 125 PS stark, und als Krönung den RS 2600 mit satten 150 PS dank Kugelfischer-Einspritzung. Und dann war, ab dem Capri '73, auch noch der britische Essex-V6 mit prestigeträchtigen 3 Litern Hubraum und 138 PS lieferbar. Und der Manta? Der Turbo kam nicht über das Versuchsstadium hinaus, der Sechszylinder passte nicht unter die Haube.

Die ultima Ratio für Opel war die Benzineinspritzung, und im September 1973 drehte sich der Manta GT/E im gleißenden Scheinwerferlicht auf der IAA. Die technischen Unterschiede zum 1,9-Liter-Manta hielten sich in Grenzen: Statt eines Vergasers die Bosch L-Jetronic, 105 PS bei 5400 Touren, 153 Nm maximalen Drehmoments bei 4200 Umdrehungen. Der Manta GT/E war der erste serienmäßig mit der neuen elektronischen L-Jetronic von Bosch ausgerüstete Wagen. Ihre Besonderheit:
Zur Berechnung der benötigten Benzineinspritzmenge wird, neben der Motordrehzahl als Steuergröße, auch die Luftmenge erfasst, und zwar mit einem Luftmengenmesser. Die Einspritzventile werden elektrisch vom Steuergerät angetaktet, also die Masse der Einspritzventile wird zu- und abgeschaltet.

Lady in black: Opel engagierte Models in heißem Leder für die IAA-Präsentation im September 1973. Ihr Anblick half den Kunden, die lange Wartefrist bis zum Frühjahr 1974 zu überbrücken, als die Serienfahrzeuge ausgeliefert wurden.

Ein paar Winzigkeiten sind noch anders: Vorserienmodell des GT/E vom Dezember 1973.

Die Studie vor dem GT/E: Das ist der Manta GT vom Juli 1973, optisch wie der GT/E, aber noch mit Vergasermotor. Und mit »GT«-Emblem am Vorderkotflügel.

Außer den Stoßstangen kein Gramm Chrom. Tief herabgezogener Frontspoiler und volles Kriegsornat. Fototermin auf dem Händlerhof, zusammen mit Rekord D und Ascona A.

Kaum Veränderungen am Fahrwerk waren gegenüber dem SR nötig. Am Differenzialgetriebegehäuse flanschte Opel ein Schutzrohr an, in dem der letzte Teil der Kardanwelle verlief. Dieses Röhrchen rechtfertigte für Opel die aufwertende Bezeichnung der »Deichselachse«, um das Un-Wort der Starrachse vermeiden zu können. Denn andere hatten hinten längst einzeln aufgehängte Räder. Der Manta GT/E brachte durch seine 15 Mehr-PS ein sattes Plus an Fahrspaß. Er basierte auf dem SR, trug dieselben 185/70 SR 13-Reifen auf 5,5Jx13-Stahlsportfelgen, auch zweifarbig silbern/mattschwarz lackiert, aber ohne dessen zusätzlichen Chromzierring. Überhaupt Chrom: Der GT/E trug nahezu keinen. Waren bei allen anderen Mantas die Türgriffe verchromt, so lackierte sie Opel beim GT/E schwarz, es gab keinen Radlauf- und Schwellerchrom, keine glänzenden Zierleisten rund um Front- und Heckscheibe, die Seitenscheiben waren schwarz eingefasst (Ausstellfenster hinten optional). Selbst das an anderen Mantas übliche, verchromte Opel-Zeichen auf dem Kofferraumdeckel wurde weggelassen, und der Rochen am vorderen Kotflügel war ebenfalls mattschwarz statt poliert, darunter übrigens kein »1900«-Emblem, dafür ein »GT/E«-Schriftzug.

Der Innenraum war sehr sportlich und orientierte sich ebenfalls am bekannten Manta SR. Unter »sehr sportlich« verstand man in den 70er Jahren in erster Linie eines: schwarz. Alles innen war schwarz, die Sitze (Stoffbezug, gegen Aufpreis Kunstleder), die optionalen Recaro-Schalensitze, der Teppichboden und sogar der Dachhimmel, wie beim SR. Mit ihm teilte sich der GT/E auch das schwarze Zweispeichen-Sportlenkrad, die drei Zusatzinstrumente unterhalb des Armaturenbretts, die Kopfstützen und die Türinnenverkleidungen, bei denen das sonst übliche Chromleistchen weggelassen wurde. Der GT/E hat als einziger Manta einen Tacho bis 220 km/h.

So schwarz der Innenraum war, so bunt waren die Karosseriefarben. Opel offerierte zum Modelljahr 1974, also ab August 1973, neue Signalfarben, die allesamt für den Manta GT/E zur Verfügung standen und neben Silbermetallic die populärsten GT/E-Farben sein sollten: Signalrot, Signalblau, Signalgrün und Signalgelb. Darüber hinaus waren folgende Töne für den Manta GT/E lieferbar: Pastellblau, Pastellgrün, Pastelltürkis, Pastellbeige, Limonengrünmetallic, Ocker, Bronzemetallic, Polarweiß, Kardinalrot, Silbermetallic. Und dann natürlich die Kriegsbemalung: an der Flanke ein breiter schwarzer Dreifach-Streifen, die Motorhaube und das Heckabschlussblech mattschwarz lackiert, ein breiter schwarzer Doppelstreifen auf dem Frontspoiler, der ebenfalls ein GT/E-typisches Attribut ist. Dazu ein schwarzer Sportaußenrückspiegel, Nebelscheinwerfer optional. Die Kriegsbemalung kombi-

Von Spartakus bis Luxus. Eine Frage des Geschmacks

Signalgrün. Kein Vergaser. Dafür eine elektronische Bosch K-Jetronic. 105 PS aus 1,9 Litern Hubraum. Im Hintergrund ein gelber Manta SR und ein Rekord C.

Erkennungsmerkmal Heckblech: Nur beim GT/E ist es schwarz eingefärbt. Beim SR nicht.

nierten die Kunden fast ausschließlich mit den Signalfarben und dem silbernen Metallicton. Grundsätzlich konnte man den GT/E auch ohne Streifen und mattschwarze Karosserieelemente bestellen. Wenige, diskrete Kunden taten es. Denn ohne das schwarze Make-up sah man dem GT/E kaum seine 105 PS an. Man musste schon ein Kenner sein, um die kleinen Spezifika und den Frontspoiler richtig einordnen zu können - zumal ein Frontspoiler an jedem Manta rasch nachgerüstet werden konnte.

Die wilde Dekoration testete Opel frühzeitig an einem Wagen, der Manta GT genannt wurde. Er sah genauso aus wie der spätere GT/E, hatte aber noch einen Vergaser unter der Haube. Dieser Wagen wurde vor den Werksferien im Juli 1973 fertig gestellt. Im September 1973 wurde der GT/E dann auf der IAA präsentiert, geschmückt mit hübschen, blonden Girls in hautengem, winzigem Lederkleid mit Opel-Zeichen auf der Brust und langen Lederstiefeln bis zum Knie. Das passte zum Auto und das gefiel denjenigen, denen der Opel Manta GT/E ohnehin Freude bereitete. Sie konnten ihn ab März 1974 kaufen, für 13.168 D-Mark. Automatik offerierte Opel nicht, und überhaupt war die Aufpreisliste überschaubar. Sicherheitsgurte 67 DM, Verbundglasfrontscheibe 106 DM, heizbare Heckscheibe serienmäßig. Dann war der GT/E sicherheitstechnisch komplett. Wer ein Schiebedach wollte, bekam es für 470 DM, und die Optik veränderte das (nur in Schwarz erhältliche) Vinyldach für 250 DM. Nur zwei Jahre lang blieb der GT/E in Produktion. 1974 wurden 2832 Fahrzeuge in Europa-Spezifikationen hergestellt, es gab noch keinen USA-Export (daher nur 4 Wagen im USA-Livrée). 1975 waren es 2416 für Europa und immerhin 7009 mit US-Spezifikationen. Insgesamt baute Opel 5248 Manta GT/E (von denen 3737 in Westdeutschland zugelassen wurden). Das war sehr wenig im Vergleich zu den insgesamt 498.553 Opel Manta A.

Nun sah er also schnell und stark aus, der Manta GT/E. Aber waren 105 PS denn viel in seiner Zeit? Zur Einordnung: Der Opel konkurrierte in erster Linie mit dem Ford Capri. Ford war ebenso wenig wie Opel dafür bekannt, besonders leistungseffektive Motoren zu bauen. Um die Leistungsfähigkeit des Manta zu beurteilen, ist eher ein Vergleich mit anderen Vierzylindern geeignet.

Simca hatte einen Vierzylinder mit Vergaser im französischen Chrysler 180 und 2 Litres. Schon der 1,8 Liter leistete 100 PS, der 2 Litres sogar 110. Alfa Romeo holte in der Alfetta aus 1,8 Litern Hubraum satte 121 PS. So gesehen: Der Manta GT/E war zwar der stärkste Manta. Aber stark, für einen 1,9-Liter-Wagen, war er in der Tat nicht. Opel bewarb ihn mit starken Worten und lobte seine starke Leistung. Dabei war sie allenfalls durchschnittlich.

Alles schwarz: GT/E-Interieur mit serienmäßigen Vordersitzen, keine Recaros. Gut zu sehen die fehlende Chromzierleiste an der Türinnenverkleidung und die drei Zusatzinstrumente unterhalb des Armaturenbretts.

Kapitel 4

Es sieht gut aus. Es sieht schnell aus. Es sieht sportlich aus. So sportlich, dass es zum Inbegriff der automobilen Sportlichkeit wurde: die mattschwarze Motorhaube. Nur ein Styling-Gag? Oder steckt ein tieferer Sinn dahinter? Ja, es steckt ein Sinn dahinter! Es war fast eine Selbstverständlichkeit, es wurde nicht hinterfragt: Als Opel 1970 die Sportversion des Manta A brachte, den Manta SR, trug er eine mattschwarze Motorhaube. Wobei diese Aussage nicht ganz korrekt ist: Mattschwarz ist der komplette, ebene Vorderteil der Karosserie, über die eigentliche Haube hinausgehend, also auch ein Streifen der beiden Vorderkotflügel, das Windleitblech bis hin zur Windschutzscheibenunterkante und ein Bereich vor der Haube - nicht ganz bis zum Kühlergrill reichend. Beim Manta A GT/E sieht es ähnlich, aber nicht gleich aus: rechts und links ist die Haube die Begrenzung für den mattschwarzen Part, die Vorderkotflügel sind ausgenommen, der schwarze Teil also etwas schmäler als beim SR.

Die Presse sprach etwas despektierlich von »Kriegsbemalung«, und so manch seriösem Autokäufer war die SR-Dekoration, zumal mit Seitenstreifen verbunden, tatsächlich etwas zu viel des Jugendlichen, des Aggressiven. Das war schon zuvor so, beim Commodore A GS/E, und es galt auch für die Konkurrenz à la Ford Capri. Deshalb boten die Autofirmen an, die Fahrzeuge auch ohne mattschwarze Hauben zu bekommen. Manch ein Käufer votierte dafür. Die meisten nicht. Für sie waren die schwarzen Hauben Selbstzweck und Symbol zugleich, und der ein oder andere mag seinen Manta sogar nur deshalb in der stärksten Version gekauft haben, weil er hier am meisten Mattschwarz erhielt. Ungefähr gleichzeitig mit der Mode des Vinyldachs und der im angloamerikanischen Sprachgebrauch so genannten »go-faster«-Streifen endete auch jene der schwarzen Motorhaube, um 1980. Späte Manta B GT/E trugen sie nicht mehr, und zum Schluss gab es die schwarze Bemalung nicht mal mehr gegen Aufpreis.

Als Mode bei sportlichen Straßenautos setzte die mattschwarze Haube Mitte der 60er Jahre ein, und sie kam (natürlich!) aus den USA, sie kam von den Muscle Cars. Aber auch die erbten sie irgendwoher. Woher? Und warum? Ganz einfach! Sie kam tatsächlich aus dem Motorsport, ebenso wie die mattschwarzen statt verchromten Scheibenwischerarme. Beide Attribute dienten dazu, dass der Pilot bei tief liegender Sonne nicht geblendet werden sollte. Man erinnert sich an den Physikunterricht in der Schule: Einfallswinkel gleich Ausfallswinkel. Steht die auf- oder untergehende Sonne sehr tief, strahlt aber schon prächtig, so kann die Situation eintreten, dass sie auf die Motorhaube strahlt, reflektiert wird und den Fahrer dadurch erheblich blendet. Aus der Praxis bekannt, auch bei Motorsportlern, die im Gegensatz zum »normalen« Autofahrer tunlichst nicht die Augen zukneifen oder für einen Moment schließen sollen. Also überlegte man sich, wie man dieses Naturphänomen entschärfen könnte und kam zur logischen und konsequenten Erkenntnis, die Motorhaube matt zu lackieren. Der Farbton Schwarz wäre nicht mal unbedingt nötig gewesen, jeder andere matte Ton hätte es auch getan. Aber schwarz sieht nun mal gut aus.

Lederdächer, Coachlines und rote Schriftzüge

Der typische Manta A SR: das L-Paket kombiniert mit dem SR-Paket, der schwarze Bereich so breit wie die Windschutzscheibe. Inkonsequent sind die silbernen Wischerarme bei frühen Modellen.

»Manta« rot und »SR« rot. Das Kürzel steht für »Sport« und »Racing« oder »Rallye«, wird jedenfalls landläufig mit Sportlichkeit konnotiert.

Rot sieht auch gut aus. Rot ist feurig. Rot ist sportlich. Rot fällt auf und sticht von allen anderen Farben ab. Ende der 60er Jahre begann die Mode, ein sportliches Modell mit einem roten Akzent auszustatten. Opel tat es am Manta mit dem »SR«-Schriftzug. So richtig sportlich wurde Rot aber erst etwas später, beim Golf GTI mit seiner roten Grillumrandung.

Bei Opel gab es nur kleine rote Akzente, am Manta und Ascona ist das »SR«-Emblem rot ausgelegt, bei frühen Mantas auch der »Manta«-Schriftzug. Zuvor schon gab es Opel-Wagen mit diesen Attributen, das »GS/E«-Emblem beim schärfsten aller Commodore A beispielsweise, auch beim Opel GT war das Logo rot unterlegt. Die beiden stammen aus den End-60ern. Und sie erbten diese Eigenheit von der Konzernmutter, die Mode stammt ebenfalls aus den USA, aus der Muscle-Car-Ära.

Dabei ist die Farbe Rot als solche eigentlich gar nicht sportlich. Keine Farbe ist sportlich. Eine Farbe ist eine Farbe. Der Mensch in seinem Kulturkreis ist es, der ihr irgendwelche Eigenschaften zubilligt. Und im automobilen Bereich wird in der westlichen Welt Sportlichkeit mit roter Farbe gleichgesetzt. Der Mythos Ferrari dürfte daran schuld sein, dass die Farbe Rot, speziell das italienische Rosso Corsa, also das Feuerrot, zum Synonym für automobile Sportlichkeit wurde.

Eigentlich nicht sportlich, sondern eher elegant hingegen war das Vinyldach. Es bestimmte die automobilen 70er Jahre und war auch eine Mode aus den USA, die nach Europa überschwappte. Kaum ein Luxusextra war umstrittener. Opel als Kind amerikanischer Eltern schwamm voll auf der Welle mit und bot das Vinyldach für fast jeden Typ an, natürlich auch für den Manta. Kaum ein Luxusextra polarisierte mehr als das Kunstlederdach. Die einen Kunden liebten es, die anderen lehnten es kategorisch ab. Und es gab Nationen, die es mehr liebten als andere.

Vinyl eignet sich für den Bezug von Autodächern, weil es einfach einzufärben und widerstandsfähig gegenüber den meisten Stoffen ist, denen ein Auto normalerweise ausgesetzt ist. Obendrein ist es schwer entflammbar und wird von Sonnenlicht nahezu nicht angegriffen. Vinyldächer bleichen auch in sehr sonnigen Klimazonen nicht aus.

Anfang der 60er Jahre kam die Mode der mit Kunstleder bezogenen Autodächer in den USA auf. Opel gehörte zu den ersten, die das Vinyldach in Europa populär machte (Serie 1964 am Diplomat A V8). Ende der 60er war die Mode vollends in Europa angelangt, und vor allem die europäischen Filialen amerikanischer Autohersteller boten es an. Ab seinem ersten Tag im September 1970 war der Opel Manta A optional damit lieferbar. Das Topmodell Manta Berlinetta trug sein Kunstlederdach

Nicht nur der sportliche Manta SR glänzte mit roten Schriftzügen, auch die luxuriöse Berlinetta trug sein »1900«-Logo mit rotem Hintergrund. Denn Opel verstand den Manta als generell sportlichen Wagen, nicht nur in der SR-Version.

Lederdächer, Coachlines und rote Schriftzüge

In Nahaufnahme: Der ungleich starke Doppelstreifen, das schwarze Kunstlederdach und seine verchromte Abschlusszierleiste. So wollten es die Deutschen Anfang der 70er Jahre. Die deutschen Autobauer mit Wurzeln in den USA kamen diesem Wunsch nach einem Muscle Car en miniature als erste nach. Und auch ein Opel Manta A 1.9 SR in Gelb mit schwarzem Vinyldach, mattschwarzer Motorhaube und schnellen Seitenstreifen war zumindest ansatzweise ein kleines Muscle Car - zumindest optisch.

So viel Chrom wie möglich an der Berlinetta, um die Radläufe, am Türschweller, als Zusatzschmuck der Sportstahlfelgen, dazu das Vinyldach: Das definierte den optischen Luxus.

sogar farblich auf den Karosserielack abgestimmt, es gab für ihn (und nur für ihn!) Vinyldächer in dunkelrot, blau, braun und silbergrau. Auch der Manta B trug während seiner frühen Jahre gerne ein Vinyldach. Nach seinem großen Facelift im Mai 1982 war es nicht mehr lieferbar. Denn gegen Ende der 70er Jahre geriet das schwarze Dach zunehmend aus der Mode, und spätestens 1980 verschwand es aus den Aufpreislisten. Das Vinyldach ist voll und ganz eine Erscheinung der 70er Jahre. Das zumeist schwarze Vinyldach ist ein speziell zugeschnittener Kunstlederüberzug für das Dach, im Normalfall dreiteilig, und Nähte trennten die drei Teile dekorativ voneinander. Die A-Säule wurde meistens nicht vom Vinyl bedeckt. Denn bei einem Cabriolet ist der Windschutzscheibenrahmen ja auch in Wagenfarbe lackiert oder verchromt. Und das Vinyldach hatte die ursprüngliche Absicht, optisch das geschlossene Stoffverdeck eines Cabriolets zu imitieren. Darum war es anfangs in den USA auch nur für Coupés lieferbar und galt als sportliches Zubehör. Limousinen kamen erst später in den Genuss, und fortan galt das Kunstlederdach weniger als sportliches, sondern mehr als Luxusextra. Generell wurde es in den USA als Retrotrend beworben und sollte an die Kutschenbauzeiten erinnern. Gleichsam war es in den USA auch eine wehleidige Reminiszenz an aus Sicherheitsgründen nicht mehr angebotene Cabriolets. Mit Vinyldach sah ein Coupé ganz einfach nach Cabriolet aus. Der dritte Aspekt, womöglich die hauptsächliche Triebfeder für das Vinyldach in Europa, war die würdige Nachfolge für die Zweifarbenlackierung, die in den 60er Jahren auslief.

Die Motorpresse bewertete Vinyldächer durchgehend negativ. Denn Autotester sind zumeist keine Ästheten, sondern Techniker. Und ein Ingenieur sieht im Vinyldach zusätzlichen Ballast und die negative Eigenschaft, dass sich der Fahrzeuginnenraum durch das schwarze Dach im Sommer mehr erhitzt als ein hell lackiertes Autodach. Diese Argumente sind nicht zu widerlegen, lassen aber einen Ästheten kalt, der seinen Wagen gerne zweifarbig sehen möchte. Das Vinyldach streckt die Optik, wirkt exklusiv, zeigt, dass der Autobesitzer sich Extras leisten kann, und obendrein hat es den Vorteil, pflegeleicht zu sein. Ein Autodach zu polieren, ist eine anstrengende Sache. Ein Vinyldach musste nie poliert werden. Wer sein Vinyldach besonders liebte, pflegte es mit schwarzer Schuhcreme.

Feine Flankenzierstreifen gab es von fast allen Autoherstellern, sie sind diskret und doch effektiv. So schmal sie sind, so viel bewirken sie für die Optik. »Zierstreifen«, das deutsche Wort, ist allgemein und nicht autospezifisch. Für Zierstreifen auf Autos verwendet man besser das englische Wort »Coach Line«. Denn es sagt viel mehr. Die »Line« ist die Linie, der Streifen, das ist klar. Aber »Coach« bedeutet Kutsche und sagt aus, woher die Coach Line kommt - nämlich aus Kutschenbauzeiten. Aus der Kutsche entwickelte sich das Automobil. Kutschen waren aus Holz und waren lackiert, von Hand. Und verziert. Mit Streifen, den Coach Lines. Ebenfalls von Hand. Es waren ganz bestimmte Kunstmaler in der Firma, welche die Kutschen baute, die das konnten. Denn ein Coach Liner, also einer, der Coach Lines malte, machte das freihändig - ohne Abkleben, ohne Schablone. Einfach nur mit ruhiger Hand, hoch konzentriert und mit Schwung. Die Coach Lines überlebten die

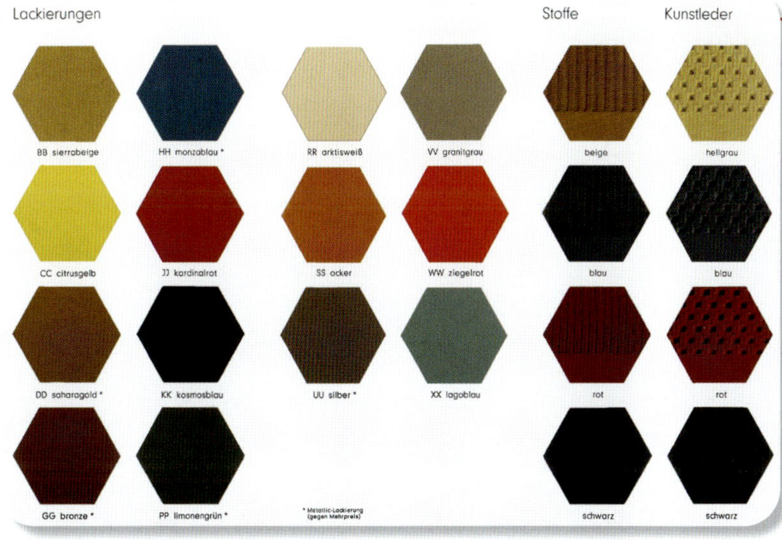

*Opel bot für den Manta anfangs 14 Außenlackierungen an, darunter fünf Metallictöne (diejenigen mit dem * hinter der Farbbezeichnung). Alle waren für Manta und Manta L lieferbar, für den SR hingegen nur zehn Farbtöne (nicht Sierrabeige, Kosmosblau, Granitgrau und Lagoblau). Im Bild die erste Manta-Farbkarte vom August 1971.*

Kutsche, und von der einfachen Linie wurde daraus in den 20er und 30er Jahren die doppelte Linie. Immer noch lackiert, aber nicht mehr freihändig, sondern mit Hilfe von Abklebungen oder im Sprühverfahren, dann mit Schablonen. Die Chromzierleiste löste diese Kunst der lackierten Coach Lines nach dem Krieg ab.

Ende der 60er Jahre kamen sie wieder, die Coach Lines, parallel zu den sportlichen Rallyestreifen. Aber sie sollten eben nicht sportlich, sondern elegant sein. Grob gesagt: Der Rallyestreifen war dick und fett, die Coach Line zart und fein - aber die Übergänge waren fließend. Und beide wurden auf ganz neue Art und Weise angebracht: Als Aufkleber am Fließband. Der geklebte Streifen schwappte Ende der 60er Jahre aus den USA nach Europa über: ein einfaches und nicht allzu teures Mittel, um eine gehobene von einer Standardversion zu unterscheiden. Der Basis-Manta hatte nichts, der Manta L einen zarten Doppelstreifen. Und mit der Dicke und der Zahl der Streifen ließen sich richtige Hierarchien innerhalb einer Modellpalette nach außen dokumentieren - in einer Zeit, als die Chromzierleiste in ihrer Endphase der Ablösung harrte. Mitte der 80er war die Mode wieder vorbei. Aber zu Zeiten des Manta A war die Coach Line schwer en vogue.

Zu Manta-Zeiten waren »Metalliclackierungen gegen Aufpreis« selbstverständlicher Bestandteil der Opel-Aufpreisliste. Aber kurz zuvor waren sie alles andere als selbstverständlich, sondern ein ungeheurer Luxus. Opel gehört zu denjenigen Autoherstellern, die sehr spät Metalliclacke anboten. Der erste Opel, der in Silbermetallic erhältlich war, war das Rekord P II Coupé von 1961. Die Hauptkonkurrenten Ford und Volkswagen zeigten sich da innovationsfreudiger. 1954 bot Ford erstmals zwei Metallicfarbtöne für den Taunus an. VW folgte ein Jahr später. Damalige Metalliclacke waren (natürlich!) lösungsmittelhaltig, und es waren Einschichtlacke, also ohne versiegelnde Klarlackschicht. Ein Metalliclack musste also durch regelmäßiges Polieren bei Laune gehal-

Lederdächer, Coachlines und rote Schriftzüge

Namen sind Schall und Rauch: Zwischen Pampasgrünmetallic und Limonengrünmetallic gab es keinen sichtbaren Unterschied. Im Bild ein 1972er Manta L, im Hintergrund ein Steinmetz Commodore A. Das Foto verwendete Opel für seinen jährlichen Wandkalender.

Automatic.

Die Opel-Dreigang-Vollautomatic gibt Ihnen noch mehr Manta-Reisesportvergnügen. Weil die Frage — Schalten, ja oder nein — Ihnen überlassen ist. Einmal beim Wegfahren den Kraftknüppel auf die Position D (Dauerstellung) stellen, und Sie können das Schalten bis zum Fahrtende vergessen.

Mit „Kick-down" beeinflussen Sie den Schaltvorgang. Zum schnellen, sicheren Überholen tritt man das Gaspedal scharf durch, die Automatic schaltet auf den nächst niedrigen Gang zurück und spurtet.

Stellung P — Parken	Die Hinterräder sind blockiert. Der Motor kann angelassen werden.
Stellung R — Rückwärts	
Stellung N — Neutral	Auch zum Anlassen des Motors.
Stellung D — Dauerstellung	Vom Abfahren bis zum Ankommen.
Stellung 2 — Steigung	1. und 2. Gang. Damit sind Sie schnell über den Berg.
Stellung 1 — Last	Nur 1. Gang. Braucht man

nur sehr selten. Zum Beispiel, wenn es einmal sehr steil wird. Das Öl der Automatic wird durch die Kühlflüssigkeit gekühlt und braucht nur alle 40.000 km gewechselt zu werden.

Der Automatik widmete Opel eine komplette Seite im Manta-Prospekt, hier die Ausgabe vom September 1971.

ten werden. Der metallische Schimmer wurde durch die Beigabe von winzigen Aluminiumspänen erzeugt. Zweischichtmetalliclacke, die witterungsbeständig waren, kamen in großem Rahmen erst Mitte der 60er Jahre auf, in den 70ern hatten sie einen Marktanteil von rund einem Drittel und heute mehr als die Hälfte. Früher waren Metalliclacke teurer als Unilacke, weil sie im Zweischichtverfahren (matter Metalliclack, darüber glänzende Klarlackschicht) aufgetragen wurden und es ging die Mär um, dass Metalliclacke wegen ihrer Zweischichtigkeit einen besseren Rostschutz bedeuteten (was nicht stimmte).

Schon die erste Manta-Farbkarte weist unter 15 möglichen Außenfarben sechs Metalliclacke auf, Monzablau, Saharagold, Bronze, Costaricabraun, Pampasgrün und Silber. Im Folgejahr wurde Pampas- gegen Limonengrün getauscht, Costaricabraun fiel weg, der Metallic-Aufpreis betrug damals 130 D-Mark. Der Farbton Silber gönnte sich 1972 eine Auszeit und kam erst 1973 für die Berlinetta und 1974 für den GT/E wieder. Die letzte Manta-A-Farbkarte vom August 1974 weist 13 Farben auf, darunter fünf Metalliclacke (Monzablau, Saharagold, Bronze, Limonengrün und Silber), die Berlinetta gab es in den Metallictönen Bronze, Monzablau und Silber, für sie lieferte Opel farbige Vinyldächer.

»Steigen Sie auf Automatic um!«

Mit Slogans wie »Steigen Sie auf Automatic um!« bewarb Opel in den frühen 70ern das automatische Getriebe - vor allem bei Fahrzeugen der unteren und Mittelklasse. Auch den Manta gab es mit Automatik, und er hatte mächtig damit zu tun, mit dem Klischee aufzuräumen, die Automatik sei unsportlich.

Anfang der 70er Jahre wurde die Automatik zunehmend populär, auch jenseits der elitären Mercedes-Klasse. Die Kunden waren es zwar gewöhnt, im Getriebe zu rühren und sie kamen sich dabei sehr sportlich vor. Aber immer mehr sprachen sich die Vorteile der Automatik herum, und gerade Opel gehörte zu den Vorreitern, auch Wagen in der Kadett-Klasse automatisch anzubieten. Man hatte gegen das so genannte Zehn-Prozent-Vorurteil anzukämpfen: Die Automatik kostet zehn Prozent mehr Geld, der Drehmomentwandler frisst zehn Prozent Leistung und der Verbrauch steigt um zehn Prozent. Die Hersteller wollten die Automatik demokratisieren und eben nicht elitär positionieren. Sie wollten die Automatikgetriebe in großer Stückzahl verkaufen. Denn nur dann rechneten sich die hohen Entwicklungskosten, nur dann konnte die Automatik zu »sozialverträglichen Preisen« angeboten werden und nur so wurde sie populär. Denn neben dem »Zehn-Prozent-Vorurteil« gab es eben noch ein weiteres, nicht technisch begründetes Vorurteil in den Köpfen der meisten. Und das lautete: Wer einen Automatik-Wagen fährt, könne nicht schalten. Dagegen mussten die Hersteller ankämpfen. Und das gelang ihnen nur, indem sie viel argumentierten, viel investierten und versuchten, möglichst viele Automatikwagen unters Volk zu bringen.

Der Kunde musste also bearbeitet werden. Opel hatte Anfang der 70er Jahre seine eigene Strategie. Beliebt waren die Automatikgetriebe in den Großen Opel. Ab Rekord abwärts war die Automatik damals noch

Ein Manta und Automatik ist ein Widerspruch in sich, wenn man den Manta primär als sportlichen Wagen sieht, aber es passt ausgezeichnet für denjenigen zusammen, der den Manta als bequemen Reisewagen betrachtet.

nicht populär. Opel druckte deshalb spezielle Prospekte einzig für das Automatikgetriebe. Gefertigt wurden die Automatikgetriebe im GM-Werk im französischen Strasbourg. Anfang der 70er startete Opel mit einer Offensive in Sachen Automatik in der kleineren Klasse, den Holiday-Sondermodellen, die im Frühjahr 1972 auf den Markt kamen, darunter auch der Manta (siehe Kapitel 5). Sie waren eindeutig dazu auserkoren, die Automatik salonfähig zu machen.

Zunächst bot Opel aber die Dreistufen-Wandlerautomatik ganz normal und als aufpreispflichtiges Extra im Manta an, seit Beginn der Serienfertigung im September 1970. Gleich im ersten Prospekt wurde sie beworben und gleichzeitig ein wenig erklärt. Denn schalten konnte damals jeder, aber vor der Automatik hatte der Durchschnittsfahrer denjenigen Respekt, den alles Unbekannte zollt. Unwissende ängstigte vor allem das Kriechen des Automatikwagens, wenn der Fahrer in Fahrstufe D nichts tut - also auch nicht die Bremse drückt. Sie befürchteten, beim Warten an der Ampel dadurch auf den Vordermann aufzufahren. Der Tenor bei Opel liegt auf der Einfachheit: »Einmal beim Wegfahren den Kraftknüppel auf die Position D stellen, und Sie können das Schalten bis zum Fahrtende vergessen«, schreibt Opel und verwendet dabei das herrliche Wort »Kraftknüppel« für den Automatikwählhebel. Und natürlich wird im Manta-Prospekt, der ja auf eine »sportliche« Kundschaft (oder eine, die sich als sportlich dünkt) zielt, nicht vergessen, diesen Aspekt zu erwähnen: »Sportliche Fahrer nutzen die Automatik auch sportlich aus. Mit Kickdown beeinflussen sie den Schaltvorgang. Zum schnellen Überholen tritt man das Gaspedal scharf durch, die Automatic schaltet auf den nächsten niederen Gang zurück und beschleunigt den Wagen.« Natürlich wird »Automatic« mit »c« am Ende geschrieben, denn das klingt ausländisch und ist somit schick. Und, wenn man es genau überlegt, ist es auch nicht die Automatik, die den Wagen beschleunigt, sondern es ist wohl eher die Motorkraft. Aber egal. Es ging darum, einen vermeintlich komplizierten Vorgang einfach zu erklären.

Die sechs Stufen der Automatik beschriftete Opel auf eigene Art, nicht nach internationalen Gepflogenheiten: »P« (Parken), »R« (Rückwärts«, »N« (Neutral«) und »D« (Drive) schon, aber die Stufen »2« und »1« benannte Opel mit »S« und »L«, also »Steigung« und »Last«. »Steigung« bedeutet nach Opel-Duktus erste und zweite Fahrstufe (also nicht die dritte), mit »Last« benennt Opel die Stellung, die ausschließlich die erste Fahrstufe zulässt. Mit Ausnahme des kleinsten Motors, des 1200ers, gab es alle Manta-Motoren in Kombination mit der Automatik, selbst einen hoch sportlichen GT/E konnte man schalten lassen. 1971 verlangte Opel für die Automatik 875 D-Mark Aufpreis, 1975 waren es 1012 D-Mark. Es stimmte schon, zumindest preislich, das Zehn-Prozent-Vorurteil.

Typischer Aspirant auf eine Automatik: Manta Luxus mit Vinyldach im Besitz einer Dame mittleren Alters. Sie ist sportlich, was sich durch ihren Wagen und ihr Hobby manifestiert, aber liebt auch die Bequemlichkeit, die ihr die Automatik bietet. Ihr Anorak farblich passend zum Auto. Bewusster Chic oder reiner Zufall?

Das Loch im Manta-Dach: Für die Optimisten ist es Sonnenschein pur, die Pessimisten fürchten Undichtigkeiten, Rost und Sonnenbrand.

Das Loch im Dach

Für die einen bedeutet das Schiebedach Erfüllung und Glück, sie kaufen kein Auto ohne. Die anderen befürchten Undichtigkeiten und Sonnenbrand auf der Glatze. Sie kaufen kein Auto mit Schiebedach. Dennoch hält sich das Loch im Dach, seitdem Autos Dächer haben. Nachkriegsneukonstruktionen waren selbsttragende Limousinen, und wenn der Auto fahrende Mensch mehr Licht und Luft im Inneren verspüren wollte, benötigte er ein Loch im Dach. Die beiden Firmen Golde und Webasto stellten Stoffschiebedächer her, welche eine sehr große Öffnung im Dach freigaben. Mitte der 50er Jahre kamen erste Stahlschiebedächer auf, wesentlich kleinere Öffnung im Dach, ein in Schienen geführtes Blechteil konnte nach hinten gekurbelt werden. Später wurde es elektrisch betrieben. Es gab Windabweiser zur nachträglichen Montage, in den frühen 70ern brachte Webasto das Stahlkurbeldach, das nicht nur nach hinten geschoben, sondern auch leicht aufgestellt und in Schräglage arretiert werden konnte, es verhinderte bei Autobahnfahrten das typische »Wummern«. Bald folgten Glasschiebedächer.

Das Hauptproblem war stets der Wasserablauf in den Rinnen rund um das Schiebedach. Um es ablaufen lassen zu können, gibt es einige Öffnungen, die in lange Schläuche münden. So wird das Wasser ab-

Die einen sprechen von optimieren, die anderen von ruinieren: Aufgebrezelter Manta A mit Ronal-Kleeblatt-Felgen und nachträglich eingebautem Glas-Hebedach. Das war die Todsünde der frühen 80er: Mit der Blechschere ein Loch in die Dachhaut geschnitten und ein Glashebedach eingebaut. Das ging ambulant, während des Familienwocheneinkaufs am Samstagvormittag.

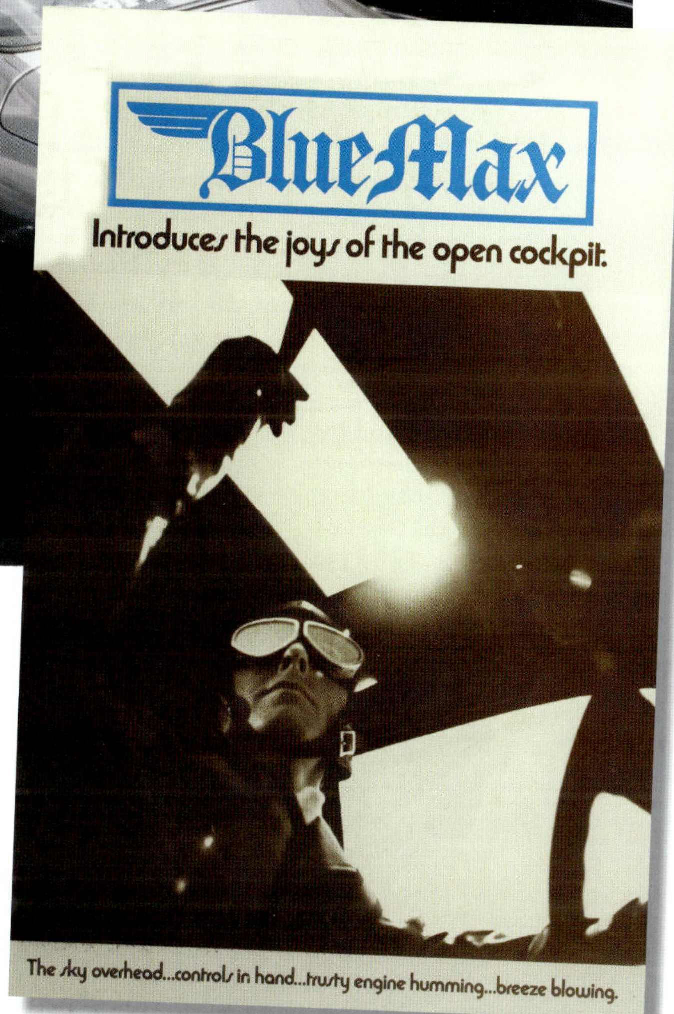

Serien-Manta mit Schiebedach: Das US-Sondermodell Blue Max »introduces the joy of the open cockpit«.

geführt. Diese Öffnungen verstopfen gerne, vor allem bei Laternenparkern, Schiebedächer sind ein Quell des Rostes und auch für nasse Innenräume verantwortlich. Deshalb lehnen sie manche Autofahrer kategorisch ab. Fast jedes Auto konnte in den 60ern, 70ern und 80ern mit einem Stahlkurbeldach gegen Aufpreis geordert werden, auch der Opel Manta. Beim Manta A betrug der Aufpreis 442,50 D-Mark im Januar 1972, lieferbar für alle Modelle. Das Schiebedach gab es auch in Verbindung mit dem Vinyldachbezug. Weil das Aufbringen eines Vinyldaches bei einem mit Schiebedach ausgestatteten Wagen aufwändiger ist, war der optionale Kunstlederbezug dann teurer (233,70 DM ohne, 285 DM mit Schiebedach). Der Einbau eines Schiebedachs im Manta bedeutet nicht nur ein Loch in der Dachhaut und die Montage der Gleitschienen. Es bedeutete auch, dass die Blechverstärkungen der Dachhaut entsprechend versetzt werden mussten.

Lederdächer, Coachlines und rote Schriftzüge

Die Schuhe des Manta

Heute sind die Räder eines Autos für viele fast wichtiger als das Auto selbst. Sie sind ein Statussymbol. So krass war es zu Zeiten des Manta A nicht. Aber Räder waren schon immer wichtig. Nicht jede Manta-A-Version hatte ihre eigenen Felgen. Opel kombinierte munter. Aber es gab doch etliche unterschiedliche Felgen in Serie, immer Stahlfelgen. Serienmäßig trug kein Manta A Alus.

Der Basis-Manta und der Manta in L-Ausstattung teilten sich Kronprinz-Stahlfelgen mit acht Luftlöchern, jeweils mit einer Chromradkappe geschmückt, beim Manta L zusätzlich am äußeren Felgenrand ein Zierring. Die ersten Manta SR trugen Stahlsportfelgen mit 15 runden Löchern in 5 und 5,5 x 13-Größe. Sehr ähnliche, aber nicht identische Felgen gab es auch beim Opel GT und beim Rallye Kadett. Keine große Chromradkappe, dafür eine kleine Zentralradkappe, welche die Radnabe und die Radmuttern abdeckt. Diese Felgen hatten nur sehr kurze Zeit Bestand, vom Serienstart im September 1970 bis März 1971. Dann bekam der SR seine eigene Felge, die es gegen Aufpreis auch für den Manta Luxus zu kaufen gab. In Manta-Kreisen bekam sie den Namen OSSF (= Opel Sportstahlfelge). Sie ist silbern lackiert und hat mattschwarz ausgelegte Flächen, Größe 5,5 x 13, vier Langlöcher. Ergänzt wurde diese Sportstahlfelge im August 1973 von einer weiteren Sportstahlfelge mit acht Löchern, ebenfalls silbern lackiert mit mattschwarzen Flächen, und die beiden Felgenarten kann man beim flüchtigen Hinschauen leicht verwechseln. Neben dem SR und als Option auf dem Manta L wurde auch der Manta Berlinetta damit ausgestattet, ebenso wie der GT/E ab März 1974.

Die Manta-Felge mit der kürzesten Bauzeit: Die Stahlsportfelge mit 15 Rundlöchern und Zentralradkappe auf den allerersten Exemplaren des Manta SR zwischen September 1970 und März 1971.

Alufelgen gab es nie serienmäßig, sehr wohl aber als Zubehör, und zwar ebenso werksseitig wie als „after-market"-Zubehör. Opel bot werksseitig „Füchse" an, also Felgen von der Otto Fuchs KG in Meinerzhagen, ganz edle Felgen, weil sie geschmiedet und nicht gegossen sind. Die „Füchse" gab es ab 1974 als werksseitiges Extra, in der ersten Serie bis 1975 mit rundem, danach mit eckigem Felgenhorn. Diese Felgen hätten ursprünglich das Sondermodell Black Magic schmücken sollen. Doch die Kalkulatoren empfanden die Alus auf dem Sondermodell als zu teuer, und so trug der Black Magic die Achtloch-Sportstahlfelgen in glänzendem Schwarz. Als Werksextra ließen sich die bestellten und gelieferten Fuchs-Felgen wohl nicht so zügig wie erhofft abverkaufen, und so wurden die Bestände abgearbeitet, indem Opel sie der 1000er-Serie des Kadett C GT/E verpasste.

Nicht ab Werk gab es die klassischen ATS-Alufelgen, die heute unter dem Begriff „ATS-Klassik" bekannt sind, weil es sie nach wie vor fabrikneu zu kaufen gibt. Für diese 6 x 13-ATS-Felgen erteilte Opel ab Januar 1976 eine Freigabe, sie konnten also auf (gebrauchten) Manta A montiert werden. Ebenfalls für den Manta freigegeben waren die so genannten Ronal-Kleeblatt-Felgen in 5,5 oder 6 x 13, offiziell von Opel angeboten wurden sie allerdings nie.

Auf den ersten Blick ist die jüngere Sportstahlfelge ab August 1973 mit der älteren leicht zu verwechseln, denn der Unterschied liegt im mattschwarz ausgelegten Bereich: vier Löcher statt acht. Abgebildet das Rad eines Manta SR von 1974.

Der SR, optional der Manta L, bekam ab März 1971 die Sportstahlfelge mit den acht Löchern und Nabenkappe, in Serie silbern lackiert und mattschwarz ausgelegt. Am besten zu erkennen ist die Felgenstruktur am Sondermodell Swinger, weil hier die Felge in Wagenfarbe lackiert ist.

Die Standardfelge für den Basis-Manta und den Manta Luxus, eine Neunloch-Felge mit Chromradkappe, beim Manta L (Bild) mit zusätzlichem Zierring an der Felgenaußenseite.

Serienmäßig trug kein Manta A Alufelgen. Aber in seinem letzten Produktionsjahr waren Füchse als Werkszubehör lieferbar - jene Fuchs-Felgen, die ursprünglich das Sondermodell Black Magic zieren hätten sollen. Im Bild sind sie an einem Kadett C montiert und weiß lackiert.

Kapitel 5

Manta S
1.6 l-S-Motor. Das Top-
ungewöhnlichen Opel S
reifen 165 SR 13 zX, Sp
Sportlenkrad, heizbarer
verstärkter Drehstromlich
Die Eleganz dieses weiß
schicken, mehrfarbigen
strichen.
Und das alles zu einem
dem liegt, was Sie sonst
bezahlen müßten!
Nur
DM 10.900.- a.W.*
* unverbindliche Preisempfehlung

Kein Opel-Sondermodell war bunter als die Swinger-Modelle vom Januar 1975. Und kein Manta schwärzer als der GT/E Black Magic. Mantas, die zwar dem Fließband entsprangen, aber doch anders waren als reine Fließband-Mantas: die Sondermodelle.

Der Trend zu Sondermodellen setzte Ende der 60er Jahre ein. Zuvor war eine Absatzförderung quasi unnötig gewesen. Ab dem Wirtschaftswunder in den 50er Jahren und in der ersten Hälfte der 60er, als die Wirtschaft weiter boomte und die Westdeutschen auf einem sehr hohen Niveau lebten, verkauften sich Autos in der Bundesrepublik Deutschland von selbst. Ausgerechnet in der Zeit, als der »Vater des Wirtschaftswunders«, Ludwig Erhard selbst, Kanzler war, 1966/67, erlebte die Bundesrepublik ihre erste Wirtschaftsdelle. 1967 gab es erstmals kein Wirtschaftswachstum, die Arbeitslosenquote stieg auf 2,2 Prozent, die Preise gingen in die Höhe, Kredite wurden teurer, Investitionen gingen deshalb zurück, die Bundesregierung beschloss ein Sparprogramm. Die Autohersteller mussten reagieren. Nicht alle. Denn nicht alle waren betroffen. Am meisten betroffen waren Opel und Ford, und Opel kurbelte den Verkauf mit 10.000 standardisierten Rekord C in Creme oder Siriusblau an. Dieser Festival-Rekord vom November 1967 dürfte wohl das erste oder eines der ersten Werkssondermodelle in großer Stückzahl gewesen sein.

In den frühen 70ern setzte der Sondermodell-Boom ein. Besonders komplett oder besonders preiswert ausgestattete Fahrzeuge sollten den Absatz in Zeiten dümpelnder Konjunktur, aber auch im verkaufsschwachen zweiten Lebenszyklus eines Automodelllebens ankurbeln. Einen Höhepunkt erlebten sie in den Jahren 1973 und 1974, als der Automobilverkauf wegen der Ölkrise und deren Folgen ins Bodenlose stürzte. Seitdem sind spezielle Auflagen ein fester Bestandteil im Programm der Massenhersteller. Dem Wunsch der Käufer nach Individualität folgend, legten die Anbieter fortan großen Wert darauf, dass ihre Stückzahlen klein sind und somit Exklusivität garantieren. Aber es ist hierbei, wie bei den meisten Limitierungen: Das Versprechen der Exklusivität ist eine hohle Phrase. Die Hersteller wissen genau, wie viele Fahrzeuge einer Art sie verkaufen können, und genau so viele produzieren sie - das war damals so und das ist heute so.

Sondermodelle sind also limitierte Auflagen, die sich von der Serie unterscheiden. Das Wort umfasst ein breites Spektrum, vom ganz normalen Fließbandauto mit drei Extras zum günstigeren Preis bis hin zu individuell aufgemachten Wagen in Speziallackierungen, deren Farbton und/oder spezifische Ausstattung normalerweise weder gegen Geld noch gute Worte zu haben sind.

Lecker, lecker: Der Manta Berlinetta

Die Vorgabe kam aus den USA. Dort cruiste man in den 70er Jahren mit maximal 55 Miles per Hour (= 88 km/h) auf schnurgeraden und ewig langen Highways. Um das auszuhalten, benötigte auch der stoisch-gelassen eingestellte Fahrer ein Maximum an Aufenthaltsqualität in seinem Wagen, einfach Luxus. General Motors, gleichsam Opel-Eigentümer und Opel-Importeur für die USA, reagierte. Der Manta, in den USA

Jenseits der Großserie: Sondermodelle

Im November 1972 erschien der Manta Berlinetta als Sondermodell, und aus ihm sollte wegen des großen Erfolges ein Serienfahrzeug zum Modelljahr 1974 werden. Der luxuriöseste und eleganteste Manta A aller Zeiten.

Der Blaue Max, das US-Sondermodell, diente als Blaupause für die Berlinetta, und ihm widerfuhr die gleiche, glorreiche Zukunft: Auch er wurde zum festen Bestandteil der US-Manta-Palette, als Opel Manta Luxus.

Eines der wenigen, zeitgenössischen Werksfotos zeigt den Manta Swinger als Vorserienmodell. Gut zu sehen sind die Klammern am Türschweller, welche die Schwellerzierleiste befestigen sollten. In der Serie trug der Manta Swinger keine Schwellerzierleiste.

und Kanada von Buick-Händlern vertrieben, wurde als superluxuriöses Sondermodell Blue Max angeboten, eine Version, die kein Äquivalent in Europa fand. Opel sah zunächst auch keinen Grund, ein solches zu lancieren, denn die Straßen- und Lebens- und Fahrverhältnisse hier waren und sind einfach anders. Und doch - wieder schwappte eine Mode über den großen Teich. Aus einem Sondermodell für die USA wurde ein solches für Europa, und daraus wiederum wurde die luxuriöseste Ausstattungsvariante, die dauerhaft im Programm bleiben und später sogar den Manta B begleiten sollte.

Bei Buick gab es zum Modelljahr 1972 das Sondermodell Blue Max. Ein klug gewählter Name, denn »Blue« bezog sich auf den Außenlack und »Max« als Abkürzung für Maximilian ist ein typisch deutscher Vorname. Und das Attribut »made in Germany« hatte in den USA damals (wie heute) eine sehr positiv konnotierte Bedeutung. Sowohl GM als auch Ford (beim Capri) nutzten dies weidlich in der Werbung aus, »made in Germany« stand gerade im automobilen Sektor für hohe Qualität, für Ingenieurskunst, für Effektivität und für gutes Design. Der Blue Max wurde ausschließlich in Stratosblaumetallic geliefert und hatte ein ebenfalls blaues Vinyldach, was damals in den USA als unabdingbarer Ausdruck des Luxus' gesehen wurde. Gepaart wurde das edle Äußere durch eine blaue Innenausstattung in speziellem Zwirn (Cordstoff), sämtliche lieferbare Extras wie Schiebedach und Reifen mit weißen Flanken sowie, ganz wichtig für die USA, ein Automatikgetriebe. Sehr zum Bedauern der Amerikaner gab es keine Servolenkung. Aber es gab eben generell keine für den Opel Manta. Der Blue Max war ein riesiger Erfolg für GM: 2000 Exemplare, und Buick hätte viel mehr verkaufen können.

Der Blue Max war die Blaupause für das europäische Sondermodell Berlinetta, das ebenfalls später den Weg ins reguläre Programm finden sollte. War der Blue Max ausschließlich mit dem 1,9-Liter-Motor und Automatik lieferbar gewesen, so bot Opel die Berlinetta in Europa mit 1,6 oder 1,9 Litern an, serienmäßig Viergang-Schaltung, die Automatik auf Wunsch. Ansonsten wurde das Blue-Max-Rezept schlichtweg kopiert: Alle Extras, innen und außen besonders fein gemacht, und der italienische Namenszusatz wertete den Manta zusätzlich auf. Lieferbar war das Berlinetta-Sondermodell in den Farben Bronzemetallic, Monzablaumetallic, Silbermetallic, Kosmosblau und Tarragonarot mit jeweils zur Außenfarbe passendem Interieur und Vinyldach und etlichen Extras zusätzlich zur L-Ausstattung wie Cordsitzbezüge, besonders hochwertiger Teppichboden, Holzimitation an den Türinnenverkleidungen und Stahlsportfelgen.

Willkommen im Swinger-Club!

Eine ganz besondere Reihe an Sondermodellen kreierte Opel im Januar 1975 mit den Swinger-Typen. Sie umfassten den Kadett C, Ascona A und Manta A, wobei der weitaus größte Teil der Swinger-Modelle Kadetten waren - und diese waren auch besonders schwungvoll gestaltet. Es gab den Kadett in zwei ziemlich spektakulären Dekors in Gelb mit grünen Staffelstreifen und »Opel-»-Schriftzug über die Motorhaube und die Seitenpartie sowie in Weiß mit orangefarbenem Sonnendesign an den Flanken. Der Ascona A war ebenfalls extravagant mit einem breiten, orangefarbenen Seitenstreifen an der Oberseite der Wagenflanke, der Streifen rund 20 Mal unterbrochen, nach hinten wurden die Einzelteile immer dünner, so dass sie bei flüchtigem Blick nach hinten geradezu ausliefen. Der Manta Swinger, stets Polarweiß lackiert, war nicht ganz so abenteuerlich gestaltet. Er hatte lediglich einen farbigen Dreifachstreifen an der Lichtkante, abgestuft in Gelb, Orange und Rot. Alle Swinger-Fahrzeuge hatten in Wagenfarbe lackierte Felgen, was sehr außergewöhnlich aussah. Auf den ersten Blick war klar, dass sie etwas ganz Besonderes darstellten. Auf Wunsch offerierte Opel die Swinger-Modelle auch ohne Dekoration und in Signalfarben, dann mit silberfarbenen Felgen. Diesen »abgespeckten« Swinger-Modelle sah man den Sondermodell-Status nicht an.

Angeboten wurde der Manta Swinger zwischen Januar und Mai 1975. Danach konnte man mit Glück einen auf dem Gebrauchtwagenplatz finden, hier für 6500 D-Mark angeboten. Sondermodelle hatten eine kurze Halbwertszeit. Sie starben rasch aus.

Zusätzlich zum auffallenden Äußeren offerierte Opel den Swingern zahlreiche Extras. Der Manta, ausschließlich mit dem 1,6-Liter-S-Motor mit 80 PS ausgestattet, erhielt die Stahlgürtelreifen in den Dimensionen 165 SR 13, die ohnehin zu den Sportstahlfelgen gehörten, eben diese speziellen Felgen in Karosseriefarbe, ein Sportlenkrad (bekannt aus SR und Berlinetta), heizbare Heckscheibe und verstärkte 45-Ah-Drehstrom-Lichtmaschine. Der Manta-Swinger-Preis: 10.900 D-Mark.

Sondermodelle wie die Opel Swinger waren damals eine reine Zeiterscheinung. Sie bevölkerten eine Zeitlang das Straßenbild, dann verschwanden sie und blieben nur auf Fotos in Erinnerung. Denn den Status des Sondermodells behielten sie nicht unbedingt ihr Autoleben lang. Spätestens nach einer Neulackierung war ihre Besonderheit weg, die bunte Streifendekoration. Manchmal schon früher, nach einem Unfallschaden beispielsweise. Denn Opel bevorratete natürlich nur eine kleine Zahl an Dekorsätzen, und wenn die aufgebraucht waren, waren

Opel hat in seiner »Asservatenkammer«, also im eigenen Klassiker-Fundus, einen schön restaurierten Manta Swinger, dem zu seinem Glück aber fehlt, dass die Sportstahlfelgen weiß lackiert werden. Außerdem stimmen die Farben der Zierlinien nicht. Alle sind rot. Sie müssten aber oben gelb, in der Mitte orange und unten rot sein.

sie eben aufgebraucht. War danach ein neuer Kotflügel oder eine neue Türe von Nöten, so musste zumeist die komplette Streifendekoration daran glauben. Denn die Streifen waren ja nicht lackiert, sondern aufgeklebt. Sie ließen sich mit Hitze (Fön!) entfernen, danach mussten Klebereste wegpoliert werden und der Lack darunter sah gut aus. Autolackierer waren in den 70er Jahren ganz vertraut mit dem Job, aufgeklebte Dekorationen zu entfernen.

Als die Swinger-Modelle Anfang 1975 auf den Markt kamen, gab es einen regelrechten Ideologiestreit innerhalb der Opel-Klientel. Die Adepten des Zeitgeistes fanden sie klasse und kauften sie gerne. Ein Swinger war quasi ein Statement zur Buntheit, und die 70er Jahre waren, rein farblich gesehen, sehr bunt. Gleichsam haftete den Sondermodellen im Allgemeinen und den Opel-Swinger-Modellen im Speziellen, eben wegen ihrer exzessiven Dekoration, auch eine Aura des Unseriösen, des Billigen an. Wer einen Manta Berlinetta in Metalliclackierung fuhr und den bunten Manta Swinger des Nachbarn sah, argwöhnte, der Swinger-Besitzer könne sich niemals eine seriöse Berlinetta leisten, sondern sei auf Sonderangebote angewiesen. Und der Manta-Swinger-Fahrer seinerseits sah im Berlinetta-Fahrer einen konservativen Spießer, der sich auf seinen prall gefüllten Geldbeutel etwas einbildete.

Der Voodoo-Manta

Ein Sondermodell auf Manta-A-Basis allerdings gibt es noch, das ebenso nachhaltigen Eindruck machte wie der Swinger: der Manta A GT/E Black Magic vom April 1975, der absolute Voodoo-Manta in den Farben des Infernos, Opels Schwarze Magie.

Wenn Opel einen Wagen kreiert, der in Serie produziert werden soll, so muss er »den meisten« gefallen. Er darf kein reines Nischenfahrzeug sein, denn Opel ist ein Großserienhersteller. Die Produktion muss sich also lohnen. Die Farbpalette wird sorgfältig ausgewählt, sodass sie den erwarteten Geschmack des Kundenkreises trifft. So viele Käufer wie möglich sollen den Wagen in derselben Farbe kaufen. Die Extras sind auch genau ausgewählt, damit ihr Einbau den Fließbandablauf nicht durcheinander bringt. Großserie eben. Die Individualität bleibt dabei auf der Strecke. Anders sieht die Situation am Band aus, wenn ein Sondermodell geschaffen wird. Hier ist die Auflage limitiert, was Individualität garantiert, aber die Individualität beschränkt sich darauf, wie Opel

Die ersten Black Magic trugen schwarz lackierte Stoßstangen. Das sah gut aus, aber Lack auf Chrom ist keine dauerhafte Sache. Das erkannte Opel bald und beließ die Stoßstangen im Chromzustand. Pressefoto vom März 1975, einen Monat vor Start der Sonderserie. Hier trägt der Black Magic die ursprünglich für ihn bestimmten Fuchs-Alus und voluminöse Zusatzscheinwerfer. Außerdem waren beim Vorserienmodell auch die Sitzflächen der Rücksitzbank mit orange-gelb-rotem Schottenmuster bezogen.

Das passt zum Wagen: Die Lady im schwarzen Kleid, mit einem schwarzen Panther an der Leine. Das weckte Phantasien, die nicht immer jugendfrei waren. Der Black Magic auf dem Werbeplakat entspricht dem Serienzustand.

sich die Individualität vorstellt. Die Fahrzeuge der gesamten Sondermodellauflage sind identisch, aber eben anders als das normale Fließbandfahrzeug. Und dann gibt es Fahrzeuge, die so anders sind als alle anderen Fließband-Mantas, dass von ihnen eine richtige Begeisterung ausgeht. Sie faszinieren und gehen weg wie warme Semmeln, denn sie treffen den Kundengeschmack mitten ins Herz.

Der Manta GT/E Black Magic war black, nomen est omen. Schwarz war eine Farbe, die nicht im Opel-Manta-Programm enthalten war. Nun ist Schwarz nicht irgendeine Autofarbe, und heute hat sie einen ganz anderen Stellenwert als Mitte der 70er Jahre. Heute ist Schwarz ganz normal, neben Silbermetallic, Anthrazitmetallic und Weiß die beliebteste Autofarbe, Mainstream eben. Vor fast einem Vierteljahrhundert war das anders. Damals waren Staatslimousinen und Bestattungswagen schwarz. Und allenfalls einige übrig gebliebene Wagen aus den 50er und frühen 60er Jahren. Ansonsten war Schwarz bei einem Neuwagen, zumal bei einem sportlichen, ziemlich unerhört und eine Gegenbewegung zum Zeitgeschmack, der damals orange, knallgelb, rot und froschgrün war. Um einen schwarzen Wagen fahren zu können, musste man sich trauen. Gerade im ländlichen Bereich wurde das sogar als Provokation gesehen.

Der Manta A GT/E als Provokation? Warum nicht! Ein auffälliger Wagen, ein betörender Wagen, ein faszinierender Wagen, trotz Schwarz ein bunter Vogel, ein Statement für: Ich bin anders als die anderen. Wer einen Manta GT/E fuhr, hatte kaum ein Problem, eine attraktive Beifahrerin zu finden. Aber bei demjenigen, der im Black Magic vorfuhr, standen die Ladies geradezu an. Black Magic bedeutete damals den Testosteron-Manta. Dementsprechend gab es auch Leute, die ihn nicht mochten. Sie mussten ja nicht einsteigen. Aber sie ärgerten sich, wenn ihre Tochter einstieg.

Der Nachfolger war heiß erwartet im Jahre 1975, und Opel peppte die Manta-A- und Ascona-A-Modelle mit diversen Sondermodellen auf, um gegen die im letzten Baujahr stets sinkenden Verkaufszahlen anzukämpfen. Im April 1975 erschien Black Magic, die Schwarze Magie. Schon der Name provokant: Schwarze Magie bedeutet Verbotenes, Böses, bedeutet, Schaden anzurichten, negative Gedanken und Emotionen, Voodoo, Rituale, Opfer - ein negativ konnotiertes Wort, das gerade dadurch anziehend wirkt. Für 14.145 D-Mark gab es einen Manta GT/E komplett in hochglänzendem Schwarz. Die mattschwarze Motorhaube des Serien-GT/E wurde übernommen, nicht aber das mattschwarze Heckblech. Das glänzte auch. Die typischen, schwarzen GT/E-Seitenstreifen trug der Black Magic nicht, dafür dreifarbige Zierstreifen an denselben Stellen (Oberkante der Flanken, Frontspoiler), fünffach gestaffelt in den teuflisch-höllisch anmutenden Farben Rot, Orange und Gelb. Das sah in Kombination aus wie das Inferno in Reinkultur! Dazu glanzschwarz lackierte Sportstahlfelgen, wie sie auch der SR trug, aber nicht zweifarbig silber/mattschwarz abgesetzt. Den Felgenaußenrand schmückte ein Chromzierring, der die Felgen breiter wirken ließ, als sie tatsächlich waren. Bereifung wie üblich, Pirelli 185/70 HR 13. Die ersten Black Magic hatten verchromte Serienstoßstangen, die schwarz lackiert wurden. Das war nicht dauerhaft, die Farbe blätterte rasch ab. Opel montierte deshalb beim großen Rest der Auflage verchromte Stoßstangen, je nach Verfügbarkeit mit oder ohne Gummistoßleiste. Innen zwei spezielle Recaro-Sportsitze in Schwarz (wie die gesamte Innenausstattung), aber die Sitzflächen speziell für den Black Magic in Schottenmuster in Orange/Gelb/Rot, passend zu den Zierstreifen. Die Rücksitzbank serienmäßig, schwarzes Kunstleder, keine Farbe auf den Sitzflächen. Ansonsten lieferte Opel den Black Magic mit einem Blaupunkt-Radio Typ Mannheim aus und montierte eine Teleskopantenne auf dem vorderen, rechten Kotflügel. Rund 850 Exemplare entstanden im Frühjahr 1975. Er gehört zu den letzten Manta A, im August 1975 endete die Produktion.

Die Sportstahlfelgen in Schwarz mit verchromtem Zierring sahen gut aus. Aber ursprünglich war anderes geplant gewesen: Alufelgen. Ganz besondere, von Fuchs. Alufelgen waren noch in den 60ern ein reines Rennwagenattribut. Geringes Gewicht zur Verringerung der ungefederten Massen versprachen sie, denn die Radaufhängungen waren damals aus Ruhrstahl. Serienwagen trugen keine Alus und auch nicht die damalige Alternative, Magnesiumfelgen. Sie hatten allenfalls speziell gestylte Sportstahlfelgen ohne Radkappen. Und das galt auch noch in den frühen 70ern. Der Opel Manta, sein Hauptkonkurrent Ford Capri und alle Mitbewerber in diesem Segment sind beredte Zeugnisse dafür. Doch der Opel Manta A wäre fast in den Genuss gekommen, als Black Magic Füchse tragen zu dürfen. Aber nur fast. Seine Schuhe waren bereits eingekauft, aber er durfte sie nicht tragen. Dieses Privileg war einem anderen Opel vergönnt.

Der erste deutsche Serienwagen mit Leichtmetallfelgen war der Porsche 911 S ab Herbst 1966. Er trug »Füchse«, also Aluminiumfelgen der Otto Fuchs KG in Meinerzhagen. Nicht gegossen, sondern geschmiedet. Der zweite deutsche Serienwagen, der hoch genug positioniert wurde, um in den Adelsstand eines Alufelgenträgers gehoben zu werden, war der Mercedes 300 SEL 6.3 ab Ende 1969. Opel schuf das Design für die Manta-A-Alufelge für den Black Magic und beauftragte Fuchs mit einer Serie geschmiedeter Alufelgen. Doch dann kamen die Controller zu Wort und ihr Ruf war laut: Zu teuer, riefen sie, als die Sonderserie nochmals durchkalkuliert wurde. Deshalb keine Füchse für den Black Magic, auch nicht die Zusatzscheinwerfer, die unter die Stoßstangen hätten montiert werden sollen. Doch die Füchse waren bestellt und bereits geliefert. Was damit tun? Opel entschied sich, sie als Zubehör anzubieten und später auf den Kadett C GT/E zu montieren, und dies bei der Kalkulation des Verkaufspreises von vorne herein zu berücksichtigen. Und so trägt der heißeste Kadett jene Füchse, die ursprünglich für den Manta Black Magic vorgesehen waren.

Die Holidays waren Opel ein Prospektblatt wert, mit Ascona in Ocker, Kadett in Ziegelrot und Manta in Citrusgelb.

It's Holiday Time!

»Holiday« heißt auf englisch »Urlaub«. So viel englisch kann jeder. Opel konnte seine Sonderserie vom Frühjahr 1972 also getrost so nennen, jeder potenzielle Käufer verstand, was gemeint ist. Die Holiday-Sonderserie ab Februar 1972, ungefähr ein Jahr lang im Opel-Angebot, bestand aus drei Autos: Manta A, Ascona A und Kadett B (also vergleichbar zur späteren Swinger-Sonderserie). Für Manta und Ascona war dies die erste Sonderserie, der weitaus ältere Kadett B hatte schon einige hinter sich. Eine Konnotation zwischen den Autos und ihrer Bezeichnung ist nicht offenbar, denn die Besonderheit der Fahrzeuge hatte keinen Bezug zur Urlaubsreise.

Die Sonderserie Holiday drehte sich um das automatische Getriebe. Es gab die drei Holiday-Modelle auch mit Schaltung, aber da betrug die Ersparnis gegenüber dem Serien-Pendant nur 500 D-Mark. Erwarb man den Kadett, Ascona oder Manta Holiday mit Automatikgetriebe, so sparte man 700 D-Mark. Das war ein Argument, denn der Aufpreis für die Automatik, ganz normal bei einem Serienfahrzeug geordert, betrug damals knapp 900 D-Mark. Das heißt, der Käufer bekam die Automatik, wenn er die

Opel Holidays – Opel Holiday Automatics

Sie können zwischen sechs Ausführungen wählen: Kadett Holiday, Ascona Holiday, Manta Holiday; Kadett Holiday Automatic, Ascona Holiday Automatic und Manta Holiday Automatic.
Alle diese Modelle bieten die vorteilhafte Kombination einer umfangreichen Ausstattung mit wertvollen Extras und gleichzeitig beträchtlicher Ersparnis. Bei den drei **Opel Holidays** (mit Sportschaltung) sparen Sie jeweils DM 500.- während bei den **Opel Holiday Automatics** (mit Opel-Dreigang-Vollautomatic) die Ersparnis sogar DM 700.- beträgt. Diese Beträge müßten Sie zusätzlich aufwenden, wenn Sie sich einen Opel Holiday bzw. einen Opel Holiday Automatic selbst zusammenstellen würden.
Hier die einzelnen Modelle mit ihrer Ausstattung im Detail:

Kadett Holiday/Kadett Holiday Automatic

Es sind die beiden preiswertesten Modelle dieser Holiday-Serie. Den **Kadett Holiday** erhalten Sie in der 2türigen Luxusausführung mit dem 1.1 Ltr.-Motor, 50 PS. Der Kadett Holiday ist mit Scheibenbremsen vorn, Bremskraftverstärker und Sportschaltung ausgerüstet.
Den **Kadett Holiday Automatic** gibt es dagegen mit dem 1.2 Ltr.-S-Motor, 60 PS. Seine wichtigste Sonderausstattung: die Opel-Dreigang-Vollautomatic. Er hat serienmäßig Scheibenbremsen vorn und Bremskraftverstärker sowie Stabilisatoren vorn und hinten.
Bei beiden Modellen drei Farben zur Auswahl: ziegelrot, ocker, arktisweiß. Über 2 Millionen bisher gebauter Kadett haben die Beliebtheit dieser Wagen bewiesen. Mit folgender Zusatzausstattung wird Ihnen der Kadett Holiday oder der Kadett Holiday Automatic noch mehr Freude machen: heizbare Heckscheibe · 35 Amp.-Drehstromlichtmaschine · 2 Halogen-Nebelscheinwerfer · Nebelschlußleuchte · Gürtelreifen 155 SR 13 · Dreipunkt-Sicherheitsgurte.
Kadett Holiday: DM 7658.35 a.W.
Kadett Holiday Automatic: DM 8226.35 a.W.

Ascona Holiday/Ascona Holiday Automatic

Die großzügige Ausstattung des Ascona ist bei den Holiday-Modellen noch reichhaltiger. Ausgangsbasis ist die 2türige Luxusausstattung mit dem 1.6 Ltr.-S-Motor. Er leistet 80 PS. Serienmäßig mit Scheibenbremsen vorn und Bremskraftverstärker.
Die Farben: ziegelrot, citrusgelb, ocker. Mit Recht heißt es von diesem relativ neuen Mitglied der Opel-Familie: „Mit jedem Kilometer wächst die Freundschaft". Um so mehr mit dieser Zuatzausstattung: heizbare Heckscheibe · 35 Amp.-Drehstromlichtmaschine · 2 Halogen-Nebelscheinwerfer · Nebelschlußleuchte · Gürtelreifen 165 SR 13 · Sportfelgen · Radzierringe · 2 aufsteckbare Kopfstützen · Dreipunkt-Sicherheitsgurte vorn · Opel-Dreigang-Vollautomatic (beim Ascona Holiday Automatic).
Ascona Holiday: DM 9090.10 a.W.
Ascona Holiday Automatic: 9794.85 a.W.

Manta Holiday/Manta Holiday Automatic

Es sind die Spitzenmodelle der Holidays. Die 2türige Luxusausführung ist mit dem 1.9 Ltr.-S-Motor, 90 PS ausgestattet. In den Farben: ziegelrot, ocker und citrusgelb. Natürlich sind sie serienmäßig mit Scheibenbremsen vorn und Bremskraftverstärker ausgerüstet.
Der Manta sieht aus wie er ist: schnell, elegant, sportlich und sicher. Das Vergnügen, diesen Wagen zu fahren, wird durch die Holiday-Ausstattung noch gesteigert: heizbare Heckscheibe · 35 Amp.-Drehstromlichtmaschine · 2 Halogen-Nebelscheinwerfer · Nebelschlußleuchte · Gürtelreifen 165 SR 13 · Sportfelgen · Radzierringe · 2 aufsteckbare Kopfstützen · Halogen-Fernscheinwerfer · Dreipunkt-Sicherheitsgurte · Opel-Dreigang-Vollautomatic (beim Manta Holiday Automatic).
Manta Holiday: DM 9945.00 a.W.
Manta Holiday Automatic: DM 10649.75 a.W.

Jetzt kommen Sie besonders günstig in den Genuß der vielen Automatic-Vorteile. Die bewährte Opel-Dreigang-Vollautomatic gehört zu den besten in Europa. Sie schaltet schneller als der schnellste Sportfahrer, seidenweich, kaum spürbar und schont den Motor.
Sie fahren entspannter, haben stets beide Hände am Lenkrad und können sich ungestört auf das Verkehrsgeschehen konzentrieren. Steigen auch Sie auf Automatic um!

Technische Daten:
Werte für 2türige Luxusausführung

	Kadett	Ascona	Manta
Wagenabmessungen			
Länge über alles in mm	4182	4180	4343
Breite über alles in mm	1573	1632	1632
Höhe über alles in mm	1400	1385	1355
Gewichte Schaltgetriebe/Automatic			
Leergewicht in kg	755/810	945/965	960/980
Zulässiges Gesamtgewicht in kg	1160/1205	1365/1385	1325/1345
Kraftstoffverbrauch nach DIN 70030 in Ltr./100 km (Super). Schaltgetriebe/Automatic	7.9/9.0	9.2/10.3	8.5/9.7
Fahrwerte Schaltgetriebe/Automatic	50/60 PS	80 PS	90 PS
Höchstgeschwindigkeit in km/h Schaltgetriebe/Automatic	130/135	155/150	170/165
Beschleunigung von 0-100 km/h in sec. Schaltgetriebe/Automatic	21.5/23.0	14.5/16.0	13.0/14.0

Im Sinne des technischen Fortschritts behalten wir uns vor, in der laufenden Produktion Verbesserungen ohne besondere Ankündigung durchzuführen. Änderungen der Farben und von Einzelheiten der inneren und äußeren Ausstattung vorbehalten. Die in diesem Prospekt beschriebenen Modelle und Ausstattungen sowie Farben- und Polster-Kombinationen sind teilweise nicht in allen Export-Ländern lieferbar. Sonderausstattung nach der jeweils gültigen Preisliste gegen Mehrpreis. Nachdruck, auch auszugsweise, nur mit Genehmigung der Adam Opel AG.
Adam Opel Aktiengesellschaft, Rüsselsheim/Main

Die Holidays von Opel gibt es nur in begrenzter Stückzahl. Deshalb noch vor der Urlaubsreise zum Opel-Händler!

Wieviel wollen Sie sparen – DM 500.- oder DM 700.- ?

OH 472/200

»Wie viel wollen Sie sparen - 500 oder 700 D-Mark?«, fragte Opel im Holiday-Sonderprospekt vom Februar 1972. Eine fast schon provokante Frage!

Der Manta Plus zu Minus-Preisen: Werbung von 1973 für ein typisches Sondermodell, dem dieser Status nie anzusehen war und das nicht in die Manta-Annalen einging.

Jenseits der Großserie: Sondermodelle

Die Nebelscheinwerfer mussten einem Frontspoiler aus dem Zubehörmarkt weichen, die Stahlsportfelgen mit frisch polierten Zierringen trägt er nach wie vor mit Stolz: Manta Holiday in Ocker, der schon ein paar Jährchen auf dem Buckel hat, aber immer noch sehr gepflegt ist.

Vieles ist Optik, vor allem die verfremdende Lackierung. Mit der Gummiumrandung der Front tat Opel beim ESV-Manta das, was Renault in der Serie beim Manta-Konkurrenten R15/R17 realisierte.

Es geht nicht um Schönheit. Es geht um Sicherheit. Sehr ungewöhnliche Manta-A-Anmutung, fast wie eine Gummi-Bullbar am Heck. Wie provisorisch das ist, wird dadurch verdeutlicht, dass der Gummiwulst die äußere Rückleuchte zwar nicht verdeckt, es aber unmöglich macht, das Glas zu wechseln.

anderen Holiday-Extras mit einrechnete, kostenlos. Denn der Manta Holiday trug noch so manch anderes an Bord, für das der freundliche Opel-Händler sonst einen gehörigen Aufpreis verlangte. Der Holiday basierte auf der Luxus-Ausstattung mit 90-PS-Motor. Als Extras hatte er an Bord: heizbare Heckscheibe, 35-Ampère-Drehstrom-Lichtmaschine, Halogen-Fernscheinwerfer, zwei Halogen-Nebelscheinwerfer plus eine Nebelschlussleuchte, jeweils unter den Stoßstangen montiert, Gürtelreifen der Größe 165 SR 13 auf Sportstahlfelgen mit Radzierringen (also die SR-Felgen), innen aufsteckbare Kopfstützen für die Vordersitze und Dreipunkt-Sicherheitsgurte. Und natürlich die Automatik! Als Schalter kostete der Holiday 9945 D-Mark, mit Automatik kam er auf 10680 DM. Nur bei der Außenfarbe musste sich der Holiday-Käufer beschränken, es gab ausschließlich Ziegelrot, Ocker und Citrusgelb, keine Metallicfarben, kein Vinyldach.

Ein weiteres Sondermodell war der Manta Plus (auch Ascona Plus) von 1973, ein typisches Sondermodell mit etwas Zusatzausstattung zum Spezialpreis. 9785 D-Mark kostete der Manta Plus mit 1,6 Liter-Motor, basierend auf der Grundausstattung, das Plus waren Stahlsportfelgen und einige weitere Extras, lieferbar in den vier Signalfarben Rot, Gelb, Grün und Blau.

Das letzte Sondermodell auf Basis des Manta A (und Ascona A) ist der Sommer Bazar 75, erschienen im Mai 1975, also zwei Monate vor Produktionsauslauf. Ein Manta L mit Sportstahlfelgen in den Signalfarben Rot, Gelb, Grün und Blau, dekoriert mit einem doppelten, schwarz gerasterten Seitenstreifen.

Manta OSV: Safety first!

Kein Sondermodell, aber ein besonderes Modell. Niemand konnte es kaufen. Eine Sicherheitsstudie auf Manta-A-Basis im Nachklang der autoindustriellen Sicherheitskonferenzen: der Manta OSV. Im Rahmen der weltweiten Sicherheitsdiskussion, ausgehend von Ralph Naders anklagendem Buch »Unsave at any Speed« von 1965, widmeten sich die Autokonzerne gezwungenermaßen zunehmend dem Insassen-

Restomod: Ein Sondermodell, weil Opel ihn schuf

Restomod ist der absolute Trend in der Tuningsszene. Der Begriff setzt sich zusammen aus »Restaurierung« und »Modifikation« (natürlich englischen Ursprungs, »Restauration« und »Modification«). Restomod betrieb auch Opel, elektrifizierte einen Manta A und applizierte dem Jordan/Gallion-Styling von 1969/70 einige moderne Applikationen, inklusive viel zu großer Räder. 2019/2020 betrieb Opel geschickte Öffentlichkeitsarbeit und stellte das Resultat peu-à-peu mit immer neuen »Teasern« (Appetithäppchen) vor, nicht die getane Arbeit nach Fertigstellung auf ein Mal. Das Fahrzeug wurde auf GSe getauft, Elektromotor mit 147 PS und Vierganggetriebe mit zuschaltbarem Automatikmodus. Dazu modernistische Spielereien wie Schriftzüge, die durch iQR-Codes dargestellt werden. Wie seinerzeit mit dem Experimental-GT, testete der heutige Opel-Mutterkonzern Stellantis mit dem Manta GSe, inwieweit das Publikum »reif« für einen Elektro-Manta sein könnte, angedacht für 2025. Erste Computerzeichnungen sehen diesen rein elektrischen Zukunfts-Manta aber nicht als Coupé, sondern als Crossover. Näheres weiß man nicht.

schutz und der Verkehrssicherheit. Auch die Politik wurde aktiv und erließ entsprechende Gesetze und Zulassungsbestimmungen, denen sich die Autohersteller unterwerfen mussten. Nach Naders Kritik bauten die Amerikaner jahrelang keine Cabriolets mehr, und der US-Markt war für importierte Roadster tabu. Ebenfalls auf Naders Initiative zurückzuführen ist, dass die Stoßstangen aller in den USA angebotenen Wagen auf gleicher Höhe sein mussten und leichte Crashs schadlos wegstecken konnten.

Internationale Sicherheitskonferenzen der Autoindustrie knüpften an Naders Argumenten an, die Firmen wetteiferten mit einander teilweise widersprechenden Sicherheitskonzepten. Das Ergebnis waren die Experimental Safety Vehicles (ESV) der Jahre 1970 bis 1975. Die Konferenzen hatten das Ziel, das Auto bis zum Jahr 1981 sicher zu machen und definierten hoch gesteckte Anforderungen, welche die 15 teilnehmenden Autokonzerne peu-à-peu mit ihren Sicherheits-Concept-Cars zu erfüllen versuchten. Opel, bei den ESV-Konferenzen nur das »kleine

Vergleicht man die Lady auf der Black-Magic-Annonce von 1975 mit jener, die den Elektro-Manta 2021 schmückt, so wird evident, dass nicht nur Autos, sondern auch junge Damen der Mode unterliegen.

Detailansicht. So würde ein Manta A heute aussehen, wenn er noch neu gebaut würde. Aber er wird nicht mehr neu gebaut. Muss er also so aussehen, als würde er?

Anhängsel« von GM, beteiligte sich mit zwei ESV-Fahrzeugen, einem halbherzig zum Gummipanzer umfunktionierten Manta A namens ESV 007 und dem OSV 40 auf Kadett-C-Basis. Der Manta ESV 007, gelb lackiert mit vielen mattschwarzen Akzenten und ohne jedweden Chromschmuck, sah optisch aus wie ein Kandidat für einen Crashversuch (und letztlich war er ja auch etwas in der Art). Der Stoßstangen beraubt, verpassten ihm die Opel-Ingenieure vorne und hinten massive Gummiwülste rund um die Front- und Heckpartie, die optisch Anleihen an Bull Bars nahmen.

Die Sicherheitskonferenzen ebneten den Weg für etliche, spätere Innovationen, so ABS, Gurtstraffer, Gurtkraftbegrenzer, Airbag und Seitenaufprallschutz. Viele in den 70er Jahren in Angriff genommene Innovationen wurden erst im folgenden Jahrzehnt zur Serienreife entwickelt.

Von Opel 2022 publizierte Computeranimation eines potenziellen Elektro-Manta ab Mitte des Jahrzehnts, ein Crossover mit coupéhaften Zügen und angedeuteten vier Türen. Die einzige Gemeinsamkeit zum Manta, die erkennbar ist, ist der Name.

Kapitel 6

Nicht nur die Käufer in den USA ticken anders als in Europa. Auch die Gesetzgebung und Straßenzulassungsordnung ist nicht vergleichbar. US-Exportmodelle europäischer Fahrzeuge unterscheiden sich stets sehr von den Heimatversionen, und beim Opel Manta A war dies nicht anders. Opel-Fahrzeuge wurden von 1957 bis 1975 in den USA über die Buick-Vertriebsorganisation verkauft. Dem ohnehin sehr amerikanischen Rekord PI folgte der PII, der den US-Geschmack nicht besonders traf. Dann kamen der Kadett A, der sich dem Superstar VW Käfer halbherzig entgegensetzte, und der Kadett B, der sich in seiner US-Version optisch immer mehr vom Original entfernte. Die letzten Kadett B zeichneten sich durch denselben Kühlergrill aus, der hierzulande den Olympia A schmückte. Wie in der Heimat, positionierte Buick den Opel Ascona oberhalb des Kadett in den USA, der Name Ascona allerdings blieb ihm dort verwehrt. Die Limousine war der Opel 1900, der Caravan hieß 1900 Wagon. Ein großer Erfolg in den Vereinigten Staaten waren der Kadett C und der Opel GT, und ebenfalls auf satte Stückzahlen kam der Manta A alias Opel 1900 Sport Coupé. Dort konkurrierte er, wie zuhause, mit dem Ford Capri, in den USA von Lincoln-Mercury-Händlern verkauft.

Die USA-Versionen unterschieden sich von den europäischen durch zahlreiche Modifikationen. Einige davon entsprachen dem US-Geschmack, andere kamen gesetzgeberischen Auflagen nach. So hatten die US-Opel Sealed-Beam-Scheinwerfer und Seitenmarkierungsleuchten, Meilen-Tachos und Zweikreis-Bremsanlage, die Motoren entsprachen den dortigen Abgasvorschriften, die Reifen hatten Verschleißanzeiger, es gab einen Diebstahlschutz-Summer, Pflicht waren vordere Kopfstützen, verklebte Verbundglas-Frontscheiben, Sicherheitsgurte, alle Innenraumteile mussten aus nicht brennbaren Materialien sein, die Türen und A-Säulen waren wegen des Seitenaufprallschutzes verstärkt, die legendären US-Stoßstangen ab 1974 obligat, ebenso wie am Armaturenbrett oder an der A-Säule innen zusätzlich angebrachte Chassis-Nummern. Eher Geschmackssache waren spezielle Farb- und Ausstattungsvarianten (Weißwandreifen und Vinyldächer). Eine rein amerikanische Sache war das aufgeklebte Holzdekor an den Flanken des Opel 1900 Sport Wagon, das Opel beim Ascona Voyage anfangs auch in Europa durchzusetzen versuchte, aber völlig erfolglos.

Nur der Manta A wurde in die USA und nach Kanada exportiert, nie der Manta B. Alle USA-Fahrzeuge stammen aus dem Werk Antwerpen. 175.454 Wagen gingen zwischen 1970 und 1975 über den Großen Teich und wurden von Buick-Händlern vertrieben und gewartet. Opel waren somit quer durchs Land gut verfügbar, denn Buick-Händler gab es allerorten. Zunächst wurde der Name Manta im Buick-Duktus nicht verwendet - wenngleich ein »Manta«-Schriftzug anstelle des stilisierten Rochen am Vorderkotflügel prangte. In der Werbung und im Buick-internen Sprachgebrauch lief die Modellfamilie als Opel 1900 Sedan, Wagon und Sport-Coupé. Es gab ausschließlich den 1,9-Liter-Motor, für dortige Marktbesonderheiten (Benzinqualität, Abgasvorschriften) überarbeitet und nur 78 PS stark. Geschuldet war dies dem in den USA verbreiteten bleifreien Sprit, und Opel musste

Livin' in America: Der Manta als Exportschlager

Opel 1900 Sport Coupé von 1971: Reifen mit aufvulkanisierten weißen Ringen, seitliche Strahler an den Vorderkotflügeln und Kennzeichen in US-typischer Größe. Seitlich am Vorderkotflügel, wo bei Europa-Mantas der Rochen prangt, steht beim US-Modell »Manta«.

Das Jahr 1974 stand beim Manta im Zeichen der Energie absorbierenden Stoßstangen. Schön ist anders, die Linienführung wird dadurch schwer beeinträchtigt. Aber Gesetz ist Gesetz.

Ein Prospekt für drei Karosserieformen. 1974 sprach Buick vom Manta, 1900 Sedan und Sportwagon. Aus letzterem wurde 1975 der Manta Sportwagon.

die Verdichtung reduzieren (7,6 : 1), andere Ventilsitze im Zylinderkopf, automatischer Ventilspielausgleich und anderer Vergaser.
Evident sind Detailmodifikationen am Heck. So saß das Kennzeichen unter der Stoßstange, zwischen den Rücklichtern prangte ein Opel-Signet. Damit die Kennzeichenbeleuchtung nach unten strahlt, wurde die hintere Stoßstange umgekehrt montiert. Das alles war schon bei der Karosserieentwicklung berücksichtigt worden, denn von Anfang an stand fest, dass es eine US-Exportversion von Manta und Ascona hatte geben sollen. Diese beiden waren die ersten Opel, die nach den strengen Maßgaben der US-Sicherheitsvorschriften konstruiert worden waren. Denn ab ihrem Produktionsstart Ende 1970 musste jeder Neuwagen diese Standards einhalten. Sonst wäre er in den USA nicht zulassungsfähig gewesen. Die Sicherheitsvorschriften besagten, dass alle ab Januar 1970 neu zugelassenen Wagen das Überleben des Fahrers bei einem Frontalcrash bei 60 mph (100 km/h) oder bei einem Seitenaufprall bei 40 mph (65 km/h) garantieren mussten. Diese Vorgaben mussten auch die Importeure erfüllen. Entsprechend konstruierte Opel die Sicherheits-Fahrgastzellen und die Lenksäule, die Türen trugen Schutzprofile wegen des Seitenaufpralls, entsprechende Crashtests wurden vollzogen und mussten nachgewiesen werden. Davon profitierten generell alle Manta/Ascona-Fahrer, wenngleich Europa-Autos keine verstärkten Türen aufwiesen. Die ersten Fahrzeuge kamen im November 1970 in den USA an, wo sie von Vertretern der Behörden akribisch untersucht wurden. Knapp 200 für die Sicherheit wichtige Teile hatten die Kontrolleure nach MVSS-Bedingungen (Motor Vehicle Safty Standards) zu kontrollieren. Sie hatten Beanstandungen, die nachgebessert wurden. Die Musterzulassung war seit Sommer 1970 in Bearbeitung. Mitte November erteilten die Behörden ihr Plazet für den Vertrieb von Manta und Ascona in den USA. So ganz reibungslos verlief der Start also nicht.
Der Manta verkaufte sich von Anfang an gut, der Ascona weniger. Das lag daran, dass er den Kadett B in den USA zwar hätte ersetzen sollen, aber eben nur ergänzte, der Kadett blieb das Einsteigermodell in das Buick/Opel-Programm mit seiner 1,2-Liter-Maschine. Ascona und Manta bedienten die 1,9-Liter-Klasse. Interessanterweise verkaufte sich der Ascona als Limousine weniger gut denn als Kombi. Die Amerikaner lieben ganz einfach ihre Station Wagons, in jeder Wagenklasse, und speziell der Ascona Voyage mit Vinyldach und Holzimitatfolie an

Cover des Buick/Opel-Hauptprospektes, Manta, 1900 Sedan und Sportwagon: Das 1975er Opel-Programm in den USA, die Autos nicht nur mit optischen US-Spezifikationen unterwegs, sondern auch mit Einspritzung und Kat.

Specifications

Engine Facts

Type: electronic fuel-injected, cam-in-head, in-line 4
Bore and stroke (in.) 3.66 x 2.75
Piston displacement: 1.9 litres
Head and block material: cast alloy iron
Compression ratio: 7.6:1
Installed horsepower at engine rpm: 81 at 5,000 (77 at 5,000 in Calif.)
Installed torque (lb.-ft. at engine rpm): 96 at 2,200 (95 at 2,200 in Calif.)
Recommended fuel: non-leaded

Manual Transmission Facts

Forward speeds: 4 (fully synchronized)
Ratios: 3.43 (1st), 2.16 (2nd), 1.37 (3rd), 1.00 (4th), 3.32 (reverse)
Lubricant capacity (pt.): 2.3
Clutch type: dry disc, single plate
Total spring load (lb.) (Maximum): 1345
Outside/Inside diameter (in.): 8.03/5.16

Automatic Transmission Facts

(available on all Opel models)
Type: 3-speed w/torque converter
Ratios: 2.40 (1st), 1.48 (2nd), 1.00 (3rd), 1.92 (reverse)
Maximum ratio at stall: 2.1
Total oil capacity (pt.): 4.9

Chassis & Body Facts

Body/frame: unit steel
Wheelbase: 95.7-in.
Brake type: 9.6-in. front disc, 9.0 x 2.0-in. rear drum; vacuum-assisted
Swept area, sq. in.: 304.6
Steering type: rack and pinion
Turns, lock-to-lock: 3.75
Turning circle: 34.4-ft. (1900 Sedan & Sportwagon), 34.7-ft. (Manta)
Front suspension: upper A-arms, lower transverse arms, coil springs, tube shocks, stabilizer bar
Rear suspension: live axle, upper and lower trailing arms, coil springs, tube shocks, Panhard® rod, stabilizer bar

Wheel & Tire Facts

Wheels: 4-spoke steel disc, 13 x 5.5
Tires: Steel-belted radial ply, 165 SR x 13

Dimensions. (in inches)

SPORTWAGON
Length: 170.2 Width: 64.3
Height: 55.1 Curb wt.: 2276-lbs*
Cargo floor length: 62.6
Head room: (f) 38.3 (r) 35.8
Leg room: (f) 41.9 (r) 30.7

MANTA
Length: 176.1 Width: 64.3
Height: 53.3 Curb wt.: 2232-lbs*
Trunk capacity: 11.5-cu. ft.
Head room: (f) 37.4 (r) 36.6
Leg room: (f) 41.9 (r) 28.5

1900 SEDAN
Length: 170.0 Width: 64.3
Height: 54.8 Curb wt.: 2203-lbs*
Trunk capacity: 10.8-cu. ft.
Head room: (f) 38.2 (r) 37.3
Leg room: (f) 41.9 (r) 30.5

*Add 19-lbs. for Calif.

A B D C E

Standard equipment

A Opel instrument cluster (tach not available on Manta & 1900 Sedan)
B Steel-belted radial tires
C Sport wheels
- 1.9 litre cam-in-head engine
- 4-speed manual transmission
- Bosch electronic fuel injection
- Power brakes with self-adjusting front discs
- Foam-padded bucket seats
- Reclining front seat backs
- Adjustable head restraints
- Lane change feature in turn signal
- Clutch adjustment warning light
- Carpeting
- Floor console
- Passenger assist straps (rear)
- Hidden storage compartment & snap-in cargo floor carpeting (Sportwagon only)
- Flow-through ventilation (Manta & 1900 Sedan)
- Dual headlamps (Manta only)

Available equipment

D Sun roof (Manta only)
E 3-speed automatic transmission
- Air conditioning (Dealer-installed)
- Tinted windshield
- Electric rear window defroster
- Black vinyl top (Manta only)
- Transistorized radio (Dealer-installed)

GM

Buick Motor Division, General Motors Corporation, reserves the right to make changes at any time, without notice, in prices, colors, materials, equipment, specifications, and models, and also to discontinue models. Some of the equipment shown or described throughout this piece is available at extra cost.

Opels are sold and serviced by a network of Buick-Opel dealers coast to coast.

BUICK'S OPEL

Dedicated to the Free Spirit in just about everyone.

den Flanken war ganz nach deren Geschmack. Während der ersten beiden Jahre gab es zwei Manta-Versionen, das Opel 1900 Sport-Coupé (unserem L-Modell entsprechend) und den Opel 1900 Rallye (unser SR), beide fast immer mit Weißringreifen versehen.

Er appelliert an den »freien Geist in fast jedem«, der Buick-Opel-Prospekt von 1975. Die Sonderausstattungen (»Available Equipment«) unterscheiden sich nicht von den europäischen. Es gab zwar eine Klimaanlage, aber nicht ab Werk, sondern »Dealer-installed«.

Livin' in America: Der Manta als Exportschlager

Der blaue Max

»Blue Max« hieß das einzige Manta-A-Sondermodell, das in den USA und nur dort angeboten wurde. An ihm war alles blau: Karosserielack, Vinyldach und Innenausstattung. 1972 lancierte Opel für die USA den Blue Max, besonders fein ausgestattet in Stratosblaumetallic mit blauer Cord-Innenausstattung (»Corduroy Seats«), blauem Vinyldach, Schiebedach und Automatik. Auf das Schiebedach wies Buick/Opel besonders hin: »Blue Max introduces the joys of the open cockpit« und als Unterlinie auf dem Prospektcover: »The sky overhead...controls in hand...trusty engine humming...breeze blowing.« Automatik, feine Stoffe und Vinyldach, in Europa Luxusattribute, waren in den USA damals längst Selbstverständlichkeiten. Nicht aber das Schiebedach. Das empfand der US-Käufer als etwas Besonderes.

Der blaue Max fand als reguläres Modell seinen Platz in die US-Manta-Linie, und zwar zum Modelljahr 1973, in dem der Manta nun auch offiziell Manta heißen durfte. Dann bestand es aus Manta (unser Manta L), Manta Luxus (der ehemalige Blue Max, unsere Berlinetta) und Manta Rallye (unser SR). Das Modelljahr 1974 sah eine optische Veränderung: Den US-Sicherheitsbestimmungen folgend, erhielt der Manta voluminöse Stoßfänger, die einen Aufprall mit 5 mph (= 8 km/h) schadlos überstehen mussten. Diese Stoßfänger waren nicht rigide mit der Karosserie verbunden, sondern hatten ihrerseits kleine Dämpfer in jeder Halterung. Das hintere Kennzeichen fand sich nunmehr zwischen den Heckleuchten, rechts und links davon zwei separate Kennzeichenbeleuchtungen. Gleichzeitig wurde der zwei- und viertürige Opel 1900 Sedan (also Ascona A Limousine) wegen Erfolglosigkeit aus dem US-Programm gestrichen und der Caravan zum Manta Sportwagon befördert. Das bedeutet, dass es tatsächlich eine zweite Karosserievariante des Opel Manta gegeben hat, wenngleich nur in den USA: einen Kombi mit Namen Manta!

Jährlich schärfere Emissionsgesetze in den USA, speziell im Bundesstaat Kalifornien, kastrierten den 1,9-Liter-cih-Motor zusehends. 1974 brachte Bosch die elektronische L-Jetronic auf den Markt, und der erste damit ausgerüstete Wagen war der Opel Manta A GT/E. Das System wurde beständig verbessert - vor allem, um den Abgasgesetzen in den USA Stand halten zu können, und aus der L-Jetronic wurde bald die LU-Jetronic, wobei das »U« für »USA« steht wegen der dortigen, schärferen Abgasbedingungen. 1975 wurde der Katalysator in Nordamerika Pflicht, und die Abgasbestimmungen, je nach Bundesstaat

Handcolorierte Schwarzweiß-Illustration: 1973er Prospekt für das Sondermodell Blue Max in den USA. »Blue Max« wird in Frakturschrift geschrieben - was sich Amerikaner eben unter »deutsch« vorstellen.

unterschiedlich, waren in Kalifornien am strengsten. Um also in ganz USA vermarktet werden zu können, musste der US-Opel die Kalifornien-Bestimmungen einhalten. Mit Einspritzung und ungeregeltem Kat entwickelte der US-1,9-Liter 102 PS, doch ein geregelter Kat musste (zunächst in Kalifornien, dann USA-weit) her, und durch die Steuerung via Lambdasonde hatte der Motor dann nur noch 84 PS Output. In Kalifornien wurde die 84-PS-Version 1974 eingeführt, der Rest der USA freute sich ein Jahr länger über 102 Manta-PS.
Im letzten Modelljahr reduzierte Buick die Bestellmöglichkeiten und bot gut ausgestattete, aber vorkonfektionierte Fahrzeuge an, also Lagerwagen. Das lag daran, dass im Werk Antwerpen, woher alle für den US-Export bestimmten Manta und Ascona stammten, die Produktion der A-Modelle langsam auslief, die Zeichen standen auf Manta/Ascona B, die beide nicht mehr in die USA exportiert wurden. Die Entwicklungskosten für spezielle US-Versionen waren schlichtweg zu hoch, weil die dortigen Zulassungsbehörden nahezu unerfüllbare Anforderungen stellten. Anstelle des Manta B für die USA gab es dann einen stilistisch ziemlich ähnlichen und größengleichen Wagen aus dem Hause Chevrolet, den aus dem Chevrolet Vega entwickelten Monza 2+2, und der war made in USA und made for USA. Er drückte eindeutig dieselbe Formensprache aus wie der Manta B, verfügte aber über ein Fastback mit großer Heckklappe - letztlich also eher mit dem Manta B CC vergleichbar.

Diesen Manta gab es nie, aber es hätte ihn geben können: Stylingstudie auf Manta-A-Basis für die USA von 1974. Damals war dort das »halbe« Vinyldach, das nur die hintere Dachhälfte bedeckt, sehr in Mode, gepaart mit einem so genannten Opera-Window, also einem besonders kleinen hinteren Seitenfenster. Dieser Manta hätte den US-Geschmack sicherlich gut getroffen, aber die Investitionen, vor allem die strukturellen Eingriffe in die Karosseriestruktur wegen des kleinen Fensters, wären zu hoch gewesen - zumal der Manta A 1974 kurz vor der Ablösung stand.

Der blaue Max: »Blue Max« hieß die nur in den USA lieferbare 1973er Sonderserie, die danach ins Serienprogramm aufgenommen wurde.

Dieser Wagen hieß in den USA »Manta« und nur dort hieß er so und nur in den Jahren 1974 und 1975. Das ist ganz offiziell der Opel Manta Sportwagon. Jeder außerhalb der USA kennt ihn als Ascona Voyage.

Livin‘ in America: Der Manta als Exportschlager

General Motors verkaufte den Manta über die Buick-Händlerschiene, Ford bot den Capri via Lincoln/Mercury-Händler an. Im Bild der '73er Capri 2000 und 2800, der mit dem Manta A konkurrierte.

Opel entwickelte zwar eine US-Version des Manta B, aber es gab keinen US-Export. Statt dessen bot GM ein Eigengewächs in diesem Segment an, den Chevrolet Monza, der eindeutig dieselbe Formensprache spricht wie der Manta B.

Nach dem beidseitigen Modellwechsel von Manta A zu B und von Capri zu Capri II stellte GM den Manta-Vertrieb ein. Ford blieb dem Capri treu. Capri II im S-Trim von 1975 als JPS-Sonderserie.

Großbritannien: Der Anfang der Opelisierung

Die meisten Exportmärkte waren »normale« Märkte. Es gab kleine, regionale Besonderheiten, denen Opel, nicht zuletzt wegen der Zulassungsbestimmungen, nachkommen musste. Hier waren die Vorderblinkergläser weiß, dort die Scheinwerferstreuscheiben gelb, beispielsweise in Österreich und Dänemark bedurfte es kleiner seitlicher Zusatzblinker auf den Vorderkotflügeln, die Italiener beharrten auf ihrem zweizeiligen hinteren Kennzeichen. So speziell wie der nordamerikanische war kein anderer Markt. Aber der britische war auch besonders. Denn dort hieß die GM-Filiale Vauxhall, und wenn GM versuchte, mit einem Opel den Vauxhall-Managern in die Suppe zu spucken, reagierten diese verständlicherweise sauer. Der Manta war der Beginn der »Opelisierung« des britischen Marktes. Ab dem Manta musste Vauxhall Kröten schlucken und wurde in seiner Eigenständigkeit immer mehr zurückgedrängt.

Zwischen der deutschen und der britischen General-Motors-Filiale, Opel und Vauxhall, herrschte bis Ende der 60er Jahre eitel Sonnenschein. Denn der eine hatte mit dem anderen kaum etwas zu tun. Bis damals ließ die Konzernmutter ihren »Kindern« fast alle Freiheiten. Es gab ein paar Synergien unterm Blech, von denen beide profitierten und durch die niemand Schaden nahm. Nachdem Henry Ford offensiv damit begann, seine deutsche und englische Filiale zu synchronisieren und dazu 1967 eine beiden übergeordnete und sie koordinierende Filiale, nämlich Ford of Europe, gegründet hatte, zog General Motors nach. Das Resultat war eine absolute »Opelisierung« des Vauxhall-Programms gegen Ende der 70er Jahre, identische Fahrzeuge auf dem Kontinent und auf der Insel, die sich nur in Details und Typbezeichnungen unterschieden - und später nicht mal mehr dadurch.

Den Anfang dazu machte die GM-Direktive, dass Vauxhall das Duo Manta/Ascona auf der Insel zu vertreiben hatte - und zwar nicht als Vauxhall, sondern unter dem Namen Opel. Dafür liefen in Bochum rechtsgesteuerte Wagen vom Band, die sich durch nichts sonst von den kontinentaleuropäischen Modellen unterschieden. Sie trugen, wie alle Opel für den Export, einen »Opel«-Schriftzug rechts auf dem Kofferraumdeckel, was Opel-Wagen für den Heimatmarkt nicht nötig hatten.

So richtig ärgern sollte es die Vauxhall-Verantwortlichen nicht, denn gerade der Ascona bewegte sich in automobilen Regionen, die das Vauxhall-Programm Anfang der 70er Jahre nicht abdeckte. Das gleiche galt nicht unbedingt für den Manta, denn er schloss keine offene Nische im Vauxhall-Programm. Das Viva Coupé war zwar kleiner als er, aber Vauxhall brachte 1970 den Firenza mit anfangs 1200 und 1600 Kubik, später 1300 und 1800, und er zielte genau auf die Kundschaft, die auch der Manta A auf der Insel bedienen sollte. Aber GM dachte wohl, der Markt sei, gerade in Großbritannien, ohnehin hart umkämpft, und deshalb könnte ein weiterer Mitbewerber nicht schaden.

Für britische Käufer war es also eine Frage des Geschmacks, ob sie einen Manta A oder einen Firenza kauften, auch eine Frage der Individualität. Denn Opel-Fahrzeuge wurden anfangs nur von wenigen, ausgewählten und speziell geschulten Vauxhall-Händlern vertrieben. Ein Manta war also auf der Insel ein Fahrzeug für Individualisten - und

Selbstbewusst: »It's an Opel« titelt der britische Manta-Prospekt von 1971.

Opel auf der britischen Insel: Zwei Mal Luxus, Manta A und Ascona A: jeweils 1974er Modelle in Luxus-Ausstattung und mit dem Vinyldach versehen, das die Briten so liebten.

vor allem für Leute, die beim Autokauf nicht national dachten. Das war 1970 noch viel verbreiteter als heute. Und deutsche Autos hatten es in Großbritannien damals besonders schwer. Denn das Kriegsende lag gerade mal 25 Jahre zurück. Deutsche Autos hatten auf der Insel zwar den Ruf bester Ingenieursleistung, aber eben auch den Ruf, die Autos der Deutschen und somit der Bösen zu sein. In jedem englischen Fernsehkrimi fuhr der Ganove einen Mercedes, der gerne im Showdown geschrottet wurde. Das ging sogar so weit, dass sich die deutschen Krimi-Macher rächten und ihre Ganoven in Jaguar setzten, die ihrerseits den Film nicht überlebten. Zudem gab es ein rein logistisches Problem, denn die Briten arbeiteten damals mit Zollschrauben und nicht mit metrischem Maß. Werkstätten benötigten für kontinentaleuropäische Fahrzeuge komplett anderes Werkzeug. Das ist mit ein Grund, warum nur speziell ausgebildete Vauxhall-Händler die Opel verkaufen durften. Sie verfügten über entsprechendes Werkzeug.

Schon im Folgejahr weitete sich die Opel-Schwemme in Großbritannien aus, Vauxhall importierte ab 1971 das komplette Opel-Programm exklusive der großen Wagen (Admiral/Diplomat), teilweise in Versionen, die dem britischen Geschmack entsprachen. So gab es beispielsweise den Rekord C Caravan auf der Insel mit Vinyldach, der Manta SR hieß in Großbritannien »Manta Rallye«, den Rekord C und Commodore A gab es nicht als Zweitürer-Limousinen, und die Standardversion des Kadett B hieß »Kadett XE«, weil das nobler klang. Immer mehr Vauxhall-Händler wurden mit den Jahren auch Opel-Händler, weil es sich einfach herumsprach, dass Opel gute Autos baut, und dass sie made in Germany sind. Denn britische Wagen hatten in den 70er Jahren qualitativ keinen so guten Ruf. Die britischen Gewerkschaften waren sehr stark und die britische Automobilindustrie befand sich, überspitzt ausgedrückt, in den 70ern im Dauerstreik, was die Güte der Produktion schwer beeinflusste. Davon war zwar British Leyland am meisten betroffen, aber auch Vauxhall und Ford. Ford reagierte darauf damit, dass die hochwertigeren Fahrzeuge wie Granada und Capri gar nicht mehr in England vom Band liefen, sondern komplett aus Köln importiert wurden. British Leyland ging Pleite und musste verstaatlicht werden, um zu überleben. Und Vauxhall wurde immer mehr veropelt.

Die Opelisierung des Vauxhall-Programms nimmt 1971 Fahrt auf: Diese Opel wurden damals über Vauxhall-Händler verkauft. Der Basis-Kadett heißt Kadett XE, den Rekord Caravan gab es nur als Viertürer, dafür mit Vinyldach.

Kapitel 7

Manta und Tuning - in der allgemeinen Wahrnehmung gehören diese beiden Begriffe zusammen. Tatsächlich aber nicht, vor allem nicht in Bezug auf den Manta A. Natürlich wurde er getunt. Aber das Tuningklischee schlechthin war tatsächlich der Manta B. Die Gebrüder Steinmetz in Rüsselsheim waren die treibende Kraft bis zu ihrem Konkurs 1974, danach nahm Günther Irmschers Firma in Winnenden die Stelle als Opel-Haus-und-Hof-Tuner ein.

In den frühen 70ern waren der Rallye Kadett und der Manta die hauptsächlichen Objekte der Begierde unter den Opel-Sportfahrern. Von Anfang an hechelten die Manta-Kunden nach mehr Power, denn der Manta sah schneller aus als er war. Der 1900-S-Motor, unverändert aus dem Rekord übernommen, war mit seinen 90 PS zwar hinlänglich potent, aber kein Überflieger. Gerade bei ihm verlangten die Kunden nach mehr Kraft, und so bot Steinmetz schon früh eine Leistungskur auf 103 PS an - eine alltagstaugliche Viagra-Spritze mit TÜV-Segen. Auch für die kleineren Manta-Motoren hatte Steinmetz Zusatz-Pferde im Stall: Den 1200er kitzelte die Firma von 60 auf 70 oder 85 PS, den 1600er von 80 auf 90 oder 100 PS, jeweils mit Straßenzulassung. Machbar waren bis zu 170 PS. Aus dem 1900er schöpfte Steinmetz je nach Wunsch bis zu 121 PS ohne Hubraumvergrößerung, und bis über 200 PS leistete dieser Motor mit 2,3 Litern Hubraum. Die Potenzpille für all diese Leistungen waren klassisches Motortuning: Optimieren der Nebenaggregate, besondere Abgaskrümmer, andere Vergaser, gar eine Doppelvergaseranlage, spezielle Nockenwelle, härtere Ventilfedern, andere Zylinderkopfdichtung, spezielle Pleuel und Kolben, Trockensumpfschmierung und was auch immer einem Motor-Medizinmann einfällt - die Maßnahmen stiegen graduell je nach Tuningwunsch an. Parallel dazu optimierte Steinmetz das Fahrwerk entsprechend der Tuningstufe.

Nach dem Aus von Steinmetz trat die Firma Irmscher in deren Fußstapfen, einer der Gebrüder Steinmetz wechselte zu Günther Irmscher. Zunächst waren die Irmscher-Tuningsätze identisch zu denjenigen von Steinmetz, später, zu Manta-B-Zeiten, emanzipierten sich die Konstruktionen. Nach der Behandlung durch die fachkundigen Hände beider Opel-Tuner machte der Manta im Motorsport eine ordentliche Figur.

Der Blitzstart von Klaus Steinmetz

Der Arztsohn Klaus Steinmetz (1934-2009) hatte Benzin im Blut und studierte deshalb, zum Leidwesen des Vaters, nicht Medizin, sondern Maschinenbau. An der TU Stuttgart gründete er zusammen mit Kommilitonen eine Akademische Motorsportgruppe. Er studierte auch, und mit einer eigenen Erfindung in der Tasche, nämlich einer neuartigen Führung der Starrachse, hatte er einen guten Karrierestart. Noch während er seine Diplomarbeit verfasste, hatte Klaus Steinmetz bereits einen Job bei Porsche im Fahrversuch, später im Rennwagenbau. Über den Porsche 356 Carrera Abarth, der in Turin bei Abarth gebaut wurde, blieb Steinmetz dort hängen, zusammen mit anderen deutschen Fahrern bildete er bis 1966 die »deutsche Kolonie« bei Carlo Abarth. Dort wurden nicht nur Autorennen, sondern auch Rekorde gefahren, oftmals

Nicht viel anders als Serie im Steinmetz-Manta von 1972: Schalensitze, SR-Zusatzinstrumente - meist reichte dies.

Döner mit allem: Irmscher baute nicht nur Kundenautos auf, sondern unterhielt auch ein eigenes Werksteam. Teilweise holte Irmscher für die Marke Opel Punkte in Meisterschaftsläufen, wo das Opel-Werksteam versagte. Dieser 1972er Manta ist reinrassig und umfassend getunt: Karosserie, Motor, Fahrwerk. Dieter Fröhlich auf dem Salzburgring, am Ende Rang 5.

jagten sich Abarth und BMW die Rekorde im Tagestakt gegenseitig ab. Steinmetz kam in Kontakt mit den Münchnern und wurde Ende 1966 Leiter einer Rennabteilung, die erst noch aufgebaut werden sollte. 1968 stand das BMW-Werksteam unter Klaus Steinmetz und gewann den Tourenwagen-Europapokal gegen die favorisierten Porsche, und im Folgejahr auch. Der BMW 2002 tii war unschlagbar. Und die BMW Formel-2-Monoposto sorgten im Rahmenprogramm der Formel 1 immerhin für gehörig Unterhaltung. Dennoch war Porsche stärker und pumpte auch mehr Geld in den Motorsport als BMW. Zudem gab es damals den Trend, dass große Konzerne ihre Motorsportabteilungen ausgliederten, externen Spezialisten unterstellten. Hier kommt die Marke Opel ins Spiel, der Klaus Steinmetz die folgenden Jahre verbunden bleiben sollte. Aber als Externer. Nicht als Leiter einer offiziellen Opel-Rennabteilung. Denn die gab es damals noch nicht.

Es gab eine General-Motors-Doktrin, wonach sich weltweit keine GM-Filiale offiziell motorsportlich engagieren durfte. Opel hielt sich daran. Dennoch gärte es bei Opel, einige motorsportbegeisterte Ingenieure probten einen kleinen Aufstand. Sie wollten, dass Opel rennt, entwickelten gar in einer Guerilla-Aktion die »Schwarze Witwe«, einen hoch gezüchteten Rekord C, der Ende der 60er Jahre für Furore sorgte - weniger durch Erfolge, aber durch seine Anwesenheit und weil er ein Sympathieträger war. Immerhin konnte Opel nicht mehr umhin, zumindest eine Abteilung Sportbetreuung zu gründen, zur Unterstützung der Kunden. Denn Opel hatte zwischenzeitlich ein sportliches Image erlangt, ausgehend vom Monte-Carlo-Sieg eines Kadett B Coupés, der der Anschub zum serienmäßigen Rallye Kadett war, Henri Greder rannte in Frankreich auf Opel, Günther Irmscher rannte und siegte auch.

Zum 1. Januar 1970 gründete Klaus Steinmetz die Steinmetz-Automobiltechnik GmbH - mit der Erfahrung im Hintergrund, bereits bei Abarth und bei BMW eine Rennorganisation aufgebaut gehabt zu haben. Was er vorhatte: standardisierte Tuningkits für Opel-Fahrzeuge zu konstruieren, dafür mittels Motorsporterfolgen zu werben und obendrein die wohlwollende Unterstützung von Opel im Kreuz.

Das Rezept war so einfach wie das Konstruktionslayout eines Opel Commodore A: Ein Commo GS 2800 kostete damals gut 12.000 D-Mark, von Steinmetz bekam man den Umbausatz zum Gruppe-2-Renner für rund 16.000 DM. Ein Privatfahrer hatte also für 28.000 DM ein siegfähiges, bis zu 300 PS starkes Rennfahrzeug. Der Vertrag mit Opel sah vor, dass Steinmetz alle Informationen und fachliche Unterstützung seitens der technischen Abteilung bei Opel bekam und seiner-

90 PS hatte der Serien-Manta mit 1,9 Litern. Steinmetz kitzelte ihn in Straßenversion auf 103 oder 120 PS, je nach Vergaser. Nachdem Opel den Manta GT/E mit 105 PS in Serie brachte, war dies obsolet. Und dann gab es noch den Rennmotor, über 200 PS aus 2,3 Litern Hubraum (Bild).

seits zum Technologietransfer verpflichtet war. Als Markenfarben wählte er Gelb-Schwarz, bis dato noch von niemandem verwendet, und das Steinmetz-Muster mit den auf der Haube gepfeilten und an der Flanke fortgesetzten Doppelstreifen sorgte auch auf damals noch üblichen Schwarzweißfotos für einen Wiedererkennungseffekt.

Steinmetz verhandelte mit Rennfahrern, baute Pressekontakte auf und ließ - als erster in der Tuningbranche - einen Katalog drucken, in dem man sich durch sein Angebot blättern konnte. Die sportliche Invasion bei Opel, die den Imagewandel einläutete, waren die Modelle Rallye Kadett, Rekord Sprint, Commodore GS und GS/E, GT sowie Manta. Als Klaus Steinmetz seinen Tuningbetrieb eröffnete, waren, bis auf den Manta, all diese Fahrzeuge neu auf dem Markt. Und (fast) jeder Fahrer träumte davon, noch mehr PS unter der Haube zu haben, als Opel serienmäßig anbot. Steinmetz rekrutierte namhafte Techniker und Fahrer. Zunächst stürzte er sich auf den Opel Commodore A, doch los ging es mit heißen Kadetten, weil der »Commo« erst noch homologiert werden musste. In der 1971er Saison bestritt Steinmetz keine eigenen Rennen mehr, sondern betreute nur noch Kundenteams und konzentrierte sich auf Rundstreckenrennen, also Deutsche Rundstreckenmeisterschaft und Tourenwagen-Europameisterschaft, in der großen Division mit dem Commodore, in der kleinen mit dem Kadett und GT. Nicht nur die schweren Commodore, die leichten Kadetten und die Opel GT waren auf der Piste im Steinmetz-Livrée unterwegs, auch der Manta A. Zum Beispiel am 26. Juni 1971 bei den 24 Stunden vom Nürburgring: Peter Hoffmann/J. Breuer schafften Rang 4 auf ihrem privaten Steinmetz-Manta 1,9 SR. Nach 2787 km lag er nur zwei Runden hinter dem BMW-Führungstrio. Oder das Opel-Markenrennen auf dem Nürburgring als Rahmenprogramm der Formel 1, der AvD-Nürburgring-Pokal für Serientourenwagen und Serien-GT: Sieg für Klaus Miersch auf seinem vom Rüsselsheimer Opel-Händler Fröhlich gemeldeten Steinmetz-Manta 1900 SR. Derartige Rennsporterfolge, über welche die Motorpresse ausgiebig berichtete und die Opel selbst werbewirksam vermarktete, schafften Bekanntheit. 1971 war für Steinmetz eine gute Saison, aber 1972 sollte golden werden - und sie markiert den Start der DRM, der Deutschen Rennsport-Meisterschaft. Für 1973, die letzte volle Steinmetz-Saison, wurde auf Basis des Commodore B Coupé der Jumbo geschaffen, 3,6 Liter Hubraum.

Opel hatte selbst an einem Querstrommotor gearbeitet, dies aber aufgegeben und Steinmetz vollendete die Entwicklung der Zylinderköpfe, Ende 1970 lieferbar sowohl für den Sechs- als auch für den Vierzy-

Dahin gehört ein aufgeblasener Manta: Steinmetz-Manta 1975 im Fahrerlager. Dieser trägt auf dem Seitenstreifen einen Turbo-Schriftzug. Ein May-Turbo in einem Steinmetz-Manta.

Irmscher wusste seine Autos zu präsentieren und wusste, wo sich seine potenziellen Kunden am Sonntag aufhielten: So ganz nebenbei standen im Fahrerlager neben der Rundstrecke ein paar Irmscher-Manta und warteten darauf, gestreichelt zu werden. Foto Sommer 1974.

linder-cih-Motor, also auch das 1,9-Liter-Manta-Aggregat. In dieser Zeit waren auch Vierventil-Zylinderköpfe bereits en vogue, und Steinmetz-Ingenieure entwickelten zusammen mit Opel eine Konstruktion. Auch des Themas Turbo nahm sich Steinmetz an, unter freundlicher Zuhilfenahme der Kompetenzen des Schweizers Michael May. Zunächst entstand ein Turbo-GT, dann ein Turbo-Manta. Fahrwerk und Achsen erhielten ebenfalls eine Spezialbehandlung, etliche Teile wurden neu konstruiert, andere schwer modifiziert. So verfügte eine Opel-Starrachse Marke Steinmetz über doppelte Stoßdämpfer und ein Watt-Gestänge.

So wie die Mantas auf der Piste sollte der private auch aussehen, dachten die sportlichen Manta-Jünger und kauften die Karosserieanbausätze. Opel selbst hatte sie entwickelt, als man in Rüsselsheim über einen Sechszylinder-Manta der Gruppe 2 nachgedacht hatte (siehe Kapitel 2). Die Karosseriespengler von Steinmetz bauten sie handwerklich perfekt ein: Ein großer Teil des Kotflügels wurde mit einer elektrischen Blechschere herausgetrennt. Danach wurde die Kunststoff-Verbreiterung mit Kunstharz und mit Blindnieten angebaut und anschließend formschlüssig verspachtelt und geschliffen. Die Spoiler hingegen wurden bei Steinmetz selbst entwickelt und gebaut - gerade der Frontspoiler war eine komplexe Angelegenheit, weil er ja nicht an die Serien-, sondern an die verbreiterte Karosserie angepasst werden musste.

Opel Manta A/Manta A GT/E

Vergaseranlagen mit Europatest

85 08 150 TÜV-zulässige Flachstrom-Vergaseranlage (2 Solex DDH-Doppel), komplett einbaufertig, Mehrleistung 14 PS, 1900 ccm
85 08 160 TÜV-zulässige Flachstrom-Vergaseranlage (2 Solex DDH-Doppel), mit Rallye-Nockenwelle und Ventilfedern komplett einbaufertig, Mehrleistung 25 PS, 1900 ccm
85 08 155 wie Anlage 85 08 150, jedoch für Motor 1600 S

Fahrwerkteile

21 03 910 Bilstein-Rallye-Stoßdämpfer, vorn
21 04 911 Bilstein-Rallye-Stoßdämpfer, hinten
21 03 915 Bilstein-Renn-Stoßdämpfer, vorn
21 04 916 Bilstein-Renn-Stoßdämpfer, hinten
21 03 518 Koni-Stoßdämpfer, vorn
25 04 525 Koni-Stoßdämpfer, hinten
21 03 519 Koni-Stoßdämpfer Sport, vorn
25 04 526 Koni-Stoßdämpfer Sport, hinten
21 03 961 Stabilisator vorn, Ø 24
21 03 962 Stabilisator vorn, Ø 26
21 04 963 Stabilisator hinten, Ø 16
21 03 913 Lenkspurhebel für direktere Lenkübersetzung (Satz)

Weitere Fahrgestell-Spezialteile siehe unter „Ascona"; Bremsen-Umbausätze und -Einzelteile siehe unter „Ascona A"

Spezialzubehör Manta / Manta GT/E

80 09 116 Ölkühlanlage 16 R, ohne Thermostat
80 09 119 Ölkühlanlage 19 R, ohne Thermostat
80 09 200 Thermostat
80 09 450 Wasserkühler, Exportausführung

Felgen und Reifen

61 10 012 Stahlfelgen 6×13"
61 10 113 Alu-Felge Ronal 6×13" mit ABE
61 10 114 Alu-Felge Ronal 8×13" (Kotflügelverbr. erforderlich)
61 10 052 Alu-Felge ATS 6×13" mit ABE
61 10 054 Alu-Felge ATS 7×13" mit ABE (Kotflügelverbr. erforderlich)
61 10 055 Alu-Felge ATS 8×13" mit ABE (Kotflügelverbr. erforderlich)
65 00 140 Gürtelreifen 235/60 VR 13

Karosserieteile

25 01 070 Kotflügelverbreiterung, kompletter Satz
21 01 055 Radlauf-Abdeckblech, hinten links
21 01 056 Radlauf-Abdeckblech, hinten rechts
25 01 075 Frontspoiler (ohne Kotflügelverbreiterung)
25 01 076 Frontspoiler (mit Kotflügelverbreiterung)
95 17 001 2-Komponenten-Kleber (Mischung 1:1) 300 g
95 17 002 2-Komponenten-Kleber (Mischung 1:1) 2000 g

Überrollbügel, Lenkräder, Sitze, Gurte

25 01 012 Überrollbügel Rallye-Ausführung, TÜV- und ONS-zulässig
25 01 013 Überrollbügel Renn-Ausführung
71 18 365 Irmscher-Lenkrad, 365 Ø
71 18 073 Adapter für Manta
70 02 504 Irmscher-Schalensitz
70 02 110 Recaro-Idealsitz N, links
70 02 111 Recaro-Idealsitz N, rechts
70 02 312 Recaro-Kopfstütze
70 02 403 Konsole, links
70 02 404 Konsole, rechts
95 17 003 Britax-Hosenträgergurt
9517007 Automatik-Hosenträgergurt

Irmscher-Sicherheitsstreifen in Leuchtgelb

95 17 023 Irmscher-Seitenstreifen
95 17 024 Irmscher-Front- u. Heckblende

Auspuffanlagen

85 08 140 Sebring-Auspuffanlage mit ABE (nicht für GT/E)

Weitere Teile unter „Zubehör allgemein"

Bei Irmscher war der Manta A weit länger aktuell als bei Opel selber. Er war noch 1979 Bestandteil des Irmscher-Tuningangebots.

Im winterlichen Schmuddelwetter unterwegs. Das würde einem Steinmetz-Manta A heute nicht mehr widerfahren, 1979 aber schon, als das Foto aufgenommen wurde. Froschgrüne Lackierung und 8x13-ATS-Felgen mit 235/60 HR 13-Schlappen - dieses Gefährt ist alles andere als wintertauglich.

So fuhren sie dann in den 70ern auf der Straße herum, die Steinmetz-und Irmscher-Mantas: Breite Kotflügel, Ronal-Kleeblatt-Felgen, oftmals CB-Funkantenne und Lamellenabdeckung für das Heckfenster à la Lamborghini Miura.

Im Sommer 1973 war Klaus Steinmetz mit dem Jumbo-Commodore beschäftigt. Das hatte Steinmetz viel Geld gekostet. Neue Räumlichkeiten in Nauheim bei Groß-Gerau auch. Nunmehr war Steinmetz kein reiner Opel-Tuningbetrieb mehr, sondern importierte auch Chevron-Rennwagen, war offizieller Ferrari-Händler und hatte die deutsche Vertretung für den in Belgien bei Transeurop gebauten Manta TE2800 inne. Dann kam die Ölkrise im Herbst 1973. Und das war das Aus. Nicht nur, dass sich die Einstellung zum Auto änderte, weil Auto fahren plötzlich richtig Geld kostete. Die Oberste Nationale Sportkommission für den Automobilsport (ONS) verfügte auch im Dezember 1973, sämtliche motorsportliche Veranstaltungen bis auf Weiteres auszusetzen. Das generelle Verbot galt nur ein Vierteljahr, doch Einschränkungen im Motorsport blieben - auch international. Dass ein Tuning- und Rennbetrieb dies nicht überleben kann, ist klar.

Irmscher ist älter als Steinmetz. Zwei Jahre vor Klaus Steinmetz gründete Günther Irmscher (1937 bis 1996) seinen Tuningbetrieb. Er fing als Rallyefahrer auf einem NSU TT an, gewann 1965 die Deutsche Tourenwagen-Meisterschaft und 1967 die Langstreckenrallye Tour d'Europe. Ab 1968 startete er auf Kadett und Commodore. Günther Irmscher begann in einer Doppelgarage in seiner Heimatstadt Winnenden. 1970 bot ihm Opel einen Kooperationsvertrag an. Irmscher etablierte 1973 sein eigenes Rallyeteam und verpflichtete Piloten, die später teilweise in den Rallye-Olymp aufsteigen sollten, Achim Warmbold oder Sepp Haider, vor allem aber den Nachwuchsfahrer Walter Röhrl, der im Irmscher-Ascona A zusammen mit seinem Copiloten Jochen Berger viel beachtete Platzierungen erreichte. Das Duo wurde 1973 Vizemeister. 1974 nahm Opel die Motorsport-Zügel selbst in die Hand, kreierte das Opel-Eurohändler-Team und engagierte sich im Europa-Championat, nach wie vor mit Irmscher an seiner Seite. Ein weiterer Opel-Tuner war die Firma Transeurop Engineering des Vic Heylen im flandrischen Zolder, wo der Große Preis von Belgien in der Formel 1 ausgetragen wird. Heylen war auf sportliche Opel für Renneinsätze spezialisiert und implantierte den Commodore-2,8-Liter-Sechszylinder in den Manta A. Der erste war 1971 fertig, eine kleine Serie startete zwei Jahre später mit Unterstützung von GM Continental, also dem Werk in Antwerpen. Der Wagen hieß nicht Opel, sondern TE 2800 und hatte nicht nur einen 142 PS starken Sechszylinder unter der Haube, sondern auch entsprechende Technik unterm Blech, die der Leistung angepasst war. Seine

Lange vor der »Manta-Mania«, also schon zu Manta-A-Zeiten, schweißte Mantafahren zusammen. Einen Steinmetz-Frontspoiler tragen alle drei, die sich hier treffen, aber dicke Backen hat nur der Vordere.

Vic Heylens Tuningbetrieb Transeurop Engineering realisierte, was Opel aus gutem Grund nicht tat: Er implantierte dem Manta den 2,8-Liter-cih-Sechszylinder und schuf den TE2800.

Charakteristisch für den TE2800 sind nicht nur die Hutze und der spezifische Spoiler, sondern die Lackierung mit den schwarzen Flanken. Diese Zweifarbenlackierung kaschierte die umfangreichen Karosseriearbeiten für die Verbreiterungen.

optischen Merkmale: kastenförmig verbreiterte Kotflügel, Spoilerstoßstange und Kunststoffmotorhaube mit hoch gestellter Hutze und ATS-Alus in 7 x 13. Steinmetz und später Irmscher importierten den TE 2800 ab Anfang 1974 nach Deutschland, aber mit knapp 20.000 DM war er sehr teuer, und der mittlerweile erschienene, serienmäßige GT/E war auch nicht viel langsamer. 79 Exemplare sind offiziell gebaut worden, Manta-Kenner schätzen die tatsächliche Zahl auf 40 bis 50 Stück, heute absolute Liebhaberstücke.

Mister Broad macht Manta-Speed

Schnell, viel schneller als der Serien-Manta, war der britische D.O.T. Turbo Manta, 156 aufgeblasene PS, über Tempo 200 schnell und immer schwarz. Hinter ihm stehen zwei Männer, Tony Fall und Ralph Broad. Schnell machen wollten sie den Opel Manta, aufblasen dank Turbo-Technik, und sie schufen einen optisch sehr dezenten aber leistungsmäßig brachial starken Manta, den D.O.T. Turbo Manta. Tony Fall (1940-2007) war britischer Rallyefahrer, Gründer des englischen Dealer Opel Teams (D.O.T.) und zwischen 1978 und 1990 in Rüsselsheim als Nachfolger von Helle Bein der Teamchef von Opel-Motorsport. Unter Tony Fall etablierte der Ascona 400 seinen guten Ruf, mit ihm wurde Walter Röhrl 1982 Rallye-Weltmeister. Ralph Broads Firma Broadspeed war einer der meist angesehenen Tuner Großbritanniens in den 60er und 70er Jahren, zunächst für Ford, wo er dem Essex-V6 gewaltig auf die Sprünge half, später für British Leyland, wo er die mächtigen Jaguar XJ12C rundstreckentauglich machte, und dazwischen für Opel-England, wo er das Dealer Opel Team (D.O.T.), also die Opel-Rennabteilung leitete.

Ralph Broads Firma Broadspeed baute den D.O.T. Turbo Manta, Tony Fall vermarktete ihn und spezielle Vauxhall-Händler, die sich auf Motorsport spezialisiert hatten, also D.O.T.-Händler, verkauften ihn (so wie in Deutschland nicht jeder Opel-Händler automatisch auch Steinmetz- oder Irmscher-Tuningfahrzeuge im Angebot hatte). Der D.O.T. Turbo Manta war eine rein britische Angelegenheit, aber präsentiert wurde er auf dem Pariser Salon im Oktober 1974. 28 Fahrzeuge wurden gebaut, und alle sahen gleich aus. Basis ist ein Manta Berlinetta mit Stahlschiebedach und speziellem Frontspoiler, alle Fahrzeuge wurden schwarz lackiert und trugen ein schwarzes Vinyldach, dazu einen zarten, hellen Seitenstreifen mit kleinem »Turbo«-Schriftzug im hinteren Karosseriebereich. Der Innenraum ist in dunklem, burgunderrotem Stoff gehalten. Die SR-typischen drei Zusatzinstrumente am Armaturenbrett wurden modifiziert, anstelle der Zeituhr ist beim D.O.T. Turbo Manta eine Ladedruckanzeige für den Turbolader installiert. Der Wagen ist innen nicht auf Sportlichkeit getrimmt, da er auf der luxuriösen Berlinetta-Ausstattung basiert, also feine Stoffe, alles Ton in Ton gehalten, wie das bei der Berlinetta üblich ist, inklusive Holzimitation an Armaturenbrett und Seitenverkleidungen. Die »1900«- und »Berlinetta«-Schriftzüge blieben erhalten. Basis für den Turbo-Umbau ist der 1,9-Liter-cih-Motor, aber nicht die Europa-Version mit 90 Vergaser-PS, sondern die USA-Version mit geringerer Kompression. Broadspeed betrieb, abgesehen vom Turbo, klassisches Motortuning mit speziellem Zylinderkopf, Hochleistungsventilfedern, Spezialkolben - es ging darum, den Motor standfest zu machen für eine Umdrehungszahl von bis zu 7000 U/min (mit Drehzahlbegrenzer). Es blieb beim Vergaser (der D.O.T. Manta Turbo ist kein Einspritzer!), aber auch die Solex-Vergaseranlage ließ weitgehende Modifikationen über sich ergehen, außerdem Ölkühler und verstärkte Kupplung sowie im Zusammenhang mit dem Turbo eine weitgehend veränderte Abgasanlage. Schon mit den regulären Tuningmaßnahmen wäre der britische Manta ein schneller Manta gewesen. Aber den speziellen Kick erhielt er durch Einbau eines Holset 3LDG-Turboladers. Da-

Volume 1 Number 1 London Motor Show October 1974

D.O.T. DRIVER

OPEL DEALER OPEL TEAM

D.O.T.'S TURBO IS OPEL'S SHOW-STOPPER

Britain's newest motor sporting force – the Championship-chasing Dealer Opel Team – entered a fresh sort of competition this week: the London Motor Show. And immediately earned pride of place on Opel's glittering stand with a car that is a winner in every way.

It's the brand new, muscular Manta – a turbocharged version of the sporting Manta Berlinetta – specially developed in Britain for the British high performance enthusiast.

Fitted with a tailor-made Holset turbocharger – which boost performance by *75 per cent* to a staggering 156 bhp – the D.O.T. Turbo Manta has a top speed of 125 mph and accelerates from 0-60 mph in just 7.6 seconds. And if those figures surprise you, we should add that they are in tune with a high-powered team that was only formed *seven months ago.*

Yet today, the blue and yellow cars are challenging for two major Championships – – and have an outright win in the Burmah Rally; the Manufacturers' Team Award in the Welsh Rally, and class wins in the Martini International Trophy Race and the R.A.C. Tourist Trophy to their credit.

Passing on the performance

Every result has been analysed back at the Team's Yorkshire headquarters in case there was a technical lesson to be learned and passed on for the benefit of the everyday Opel owner.

And the first major, practical application of this knowledge is the D.O.T. Turbo Manta. It combines the highly praised qualities of the basic Opel with the sporting extras developed by Team Manager, Tony Fall, and the Team's 'horsepower' King, Ralph Broad.

Together they have produced a car which will out-accelerate a Dino Ferrari, cling to the road in true fashion and still maintain the standards of comfort to which the Opel owner is accustomed.

The two enthusiasts have incorporated an air spoiler to increase front-wheel adhesion; fitted wide 6J alloy wheels with Cinturato tyres to give even better road holding, and insisted that the front seats have rally-style integral head restraints.

Standard equipment includes a sun-roof, tinted windows front and rear and headlamp wash-and-wiper units.

The D.O.T. Turbo Manta will be offered only at D.O.T. dealerships and in one colour only – black with a vinyl roof and burgundy interior cloth trim. The cost: £3,492 – for a car that has been built for the enthusiast who wants the ultimate in performance, road holding and craftsmanship for everyday motoring.

Of course, it won't be long before D.O.T. are using turbochargers in competition. Says Tony Fall: 'It really does have a future because of the vast amount of torque you can get.

'You don't need high revs to get the power. We only use 5,500 revs on the Turbo Manta to get the full 156 bhp.'

All of which promises even more excitement – from a very high-powered team indeed.

Magnificent Manta – Tony Fall proudly presents the new Opel Turbo Manta

Präsentiert wurde der DOT Turbo-Manta im Oktober 1974, die Öffentlichkeit bekam ihn auf dem Pariser Salon zu sehen, wo dieser englischsprachige Einseitenprospekt verteilt wurde.

Black is beautiful: Alle Broadspeed-Mantas sind schwarz mit schwarzem Vinyldach, tragen Frontspoiler und Alufelgen. Abgesehen vom Spoiler und den Alus weist der Broadspeed-Manta keine Besonderheiten auf, außer seiner ungewöhnlichen Lackierung und dem zarten, weißen Seitenstreifen mit dezentem »Turbo«-Schriftzug. Das Pressfahrzeug trug Cimber-Alus, die Kundenwagen freuten sich über Fuchs-Felgen.

Das einzig »echte« Manta A Cabriolet

Karmann – mit diesem Namen wird landläufig der VW Karmann Ghia und das VW Käfer Cabriolet verbunden. Aber auch Rüsselsheimer Fahrzeuge bekamen im Osnabrücker Karosseriewerk ihre Außenhaut, vor allem Prototypen und Einzelstücke. Darunter der Manta A als Cabriolet. 1970 entwickelte der renommierte Karosseriekonstrukteur Johannes Beeskow (zuvor Rometsch in Berlin und Deutsch in Köln) bei Karmann das Opel Manta A Cabriolet mit einer hinreißenden Karosserie. Karmann schnitt nicht nur das Dach ab. Der Karmann-Manta war eine komplette Neukonstruktion mit völlig geänderter Linienführung im Heckbereich. Doch das eigentlich Aufwändige steckte dort, wo es niemand sah: Weitreichende Eingriffe in die Karosseriestruktur waren notwendig, um die offene Karosserie steif zu halten - denn bei einem selbsttragend konstruierten Fahrzeug dient das Dach der Steifigkeit. Einfach ist es, Längsstabilität herzustellen: Man verstärkt den Mitteltunnel und die Innenseite der Karosserieschweller. Schwierig ist die Querstabilität, denn da bleibt letztlich nur ein verstärkter Frontscheibenrahmen, wenn auf einen Überrollbügel verzichtet werden soll. Und Karmann wollte einen völlig offenen Manta schaffen. Das Resultat war herrlich, aber zu aufwändig, als dass sich eine Serie rentiert hätte.

Das Manta Cabriolet, ehedem Cremeweiß lackiert, blieb ein Unikat. Es existiert noch heute, nach einem ziemlich schweren Unfall restauriert und Blaumetallic lackiert, in den Händen eines engagierten Opel-Sammlers aus dem bayerischen Gauting. Im Gegensatz zu unzähligen do-it-yourself-Manta-Cabrios, die in den 80er Jahren entstanden und ziemlich windige Konstruktionen waren, ist dieser Karmann-Prototyp der einzig offizielle und somit »echte« offene Manta A, denn er wurde mit dem Anspruch auf Serienfertigung entwickelt. Aus Beeskows Feder stammen auch das Opel Diplomat A Coupé sowie offene Versionen von Opel Commodore A und Olympia A, ebenso ein Diplomat-A-Cabriolet-Prototyp. Auch eine Karmann-Kreation, wenngleich bei Fissore in Italien gebaut, sind die vier Diplomat B Cabriolimousinen.

Bescheiden schwarz-weiß gedruckt war das DOT-Blättchen, das 1975 für das »Turbo-Package« von Ascona B/Manta B warb. 156 PS im optisch serienmäßigen Manta B - eine reizvolle Vorstellung...! Hierbei handelt es sich nicht um eine Sonderserie, sondern »nur« um einen nachträglich einzubauenden Umbausatz, auch für Gebrauchtwagen.

Zeitgenössisches Karmann-Werksfoto, das den offenen Manta sehr sophisticat darstellt: Hübsche Lady, Sportflieger - das ist der Duft der großen weiten Welt. Nur das Wetter hätte beim Fototermin besser sein dürfen.

Im Profil gut zu sehen ist die veränderte Linienführung des Cabriolets gegenüber dem Coupé im Bereich des Kofferraumdeckels. Er verläuft beinahe flach.

durch sprintet der Turbo-Manta in 7,6 Sekunden auf Tempo 100 und seine Höchstgeschwindigkeit betrug 202 km/h. Das mag für heutige Verhältnisse nicht ungewöhnlich sein. 1974 war dies für einen Manta unerhört - ebenso, wie 156 PS unerhört waren. Zum Vergleich: Ein Werks-GT/E mit seinen 105 eingespritzten PS schaffte Tempo 190, absolvierte den klassischen Spurt in 11,5 Sekunden und bot dem Piloten nicht das unnachahmliche Gefühl, wenn der Lader nach dem Turboloch mit Vehemenz einsetzt und die Passagiere richtiggehend in die Sitze drückt.

Broadspeed baute nicht nur einen Turbolader ein, sondern modifizierte die Fahrzeuge umfänglich: größere vordere Scheibenbremsen, Scheinwerfer-Wisch/Waschanlage, Dreipunkt-Sicherheitsgurte, Alufelgen - abgesehen von der Neulackierung in Schwarz. Die ersten vier Fahrzeuge trugen 6x13-Alufelgen der englischen Firma Climber, mit denen D.O.T. offenbar unzufrieden war, die weiteren Wagen wurden mit deutschen Fuchsfelgen bestückt.

D.O.T. und Broadspeed kalkulierten mit 100 Umbauten, aber es wurden nur 28: ein Prototyp (der auf einem Manta SR basierte), fünf Vorführ- und Pressefahrzeuge (darunter eines mit Automatikgetriebe) sowie 22 Kundenfahrzeuge. Erstaunlich ist, dass davon 13 Exemplare, also fast die Hälfte, bis heute überlebt haben. Warum wurden es nicht mehr als 28? Natürlich wegen der allgemeinen automobilen Lage nach der Ölkrise, die den Markt für Sportfahrzeuge zusammenbrechen ließ, auch, weil das Verhältnis zwischen D-Mark und britischem Pfund importierte Fahrzeuge auf der Insel (zu) teuer werden ließ, selbstverständlich, weil der Manta GT/E in Serie gebaut und weit billiger angeboten wurde und, last but not least, weil die Entwicklungsarbeiten länger als erwartet gedauert hatten, der D.O.T. Turbo Manta also später als geplant erschien und der Manta A zu diesem Zeitpunkt noch gerade mal ein Lebensjahr vor sich hatte. Broadspeed bot den für den Manta A entwickelten Turbo-Umbausatz dann noch kurz für Ascona B/Manta B an, aber weil Ralph Broad ab 1975 für Leyland tätig war und Tony Fall nach Rüsselsheim wechselte, schlief das Projekt Turboaufladung für Opel in England ein.

Kein nachträglich aufgeschnittenes Manta A Coupé, sondern eine Eigenkonstruktion mit komplett neu gestalteter Hecklinie und neuem Kofferraumdeckel ist der Manta-A-Cabrio-Prototyp von Karmann. Das Unikat darf oft genug raus, sodass es in der Alt-Opel-Szene hinlänglich bekannt ist.

Umbausätze, um aus dem Manta A oder B ein Cabriolet zu bauen, gab es während der »Manta-Manie« in den späten 80er und vor allem in den 90er Jahre en masse. Doch diesen Fahrzeugen mit ihren abgeflexten Dächern sieht man den provisorischen Charakter zumeist an. So gab es beispielsweise einen nachträglich geöffneten Manta A von Hintermeier-Power in Kolbermoor. Der Bausatz für do-it-yourself-Blechbruzzler kostete in den 90er Jahren rund 6500 D-Mark. Hintermeier vertrieb den Bausatz, konstruiert wurde das Fahrzeug von Convertible Cars in Neustadt/Aisch.

Timmendorfer Strand: Premiere, Werbung und Fake News

Kapitel 8

Die Premiere des Teufelsrochen

Opel ließ sich die Manta-Präsentation etwas kosten. Der Timmendorfer Strand war auch 1970 schon ein teures und mondänes Pflaster. Rüsselsheim lud dorthin zur Premiere eines Fahrzeugs, das ein völlig neues Opel-Marktsegment abdeckte. Präsentiert wird jedes Auto. Und zwar mehrmals. Natürlich intern. Danach vor Journalisten. Die dritte Präsentation ist jene für die Öffentlichkeit auf Automobilmessen. Dazwischen gibt es, je nach Hersteller, noch weitere Präsentationen, beispielsweise für die Mitarbeiter des Werkes und die Händler. Anschließend sind diese gefragt, sie stellen den Neuen ihren konkreten Kunden vor Ort im Autohaus vor. Damit hat das Werk am wenigsten zu tun, wenngleich auch dieses Event marketingmäßig unterstützt wird.

Die Journalistenpräsentation gehört zu den wichtigsten. Denn von den Fachleuten der Presse hängt ab, wie über das Fahrzeug berichtet wird. Sie sind Meinungsbildner. Sie bilden die Meinung der Leser und damit der Käufer. Da darf sich ein Hersteller nicht lumpen lassen. Früher gehörte es zum Berufsbild des arrivierten Motorjournalisten, zumeist des Chefredakteurs, zu den wichtigsten Präsentationen zu reisen, teilweise an die schönsten Orte der Welt, die Hersteller waren da sehr einfallsreich. Man lud ein nach Nizza oder St. Tropez, in die schöne Schweiz, in der kälteren Jahreszeit auch gerne auf die iberische Halbinsel, wo es auch im Herbst noch schön warm ist. Die Einladung erfolgte persönlich, und der eingeladene Journalist wurde auch tatsächlich eingeladen, rundum-Wellness inklusive Anflug, volle Verköstigung vom Feinsten, Unterbringungen in den besten Häusern und ein absolut durchorganisiertes Programm, das nichts dem Zufall überließ. Und dazu die hübschesten Hostessen. Gearbeitet wurde auch. Die Journalisten bekamen die neuen Wagen aus berufenem Munde vorgestellt, führende und verantwortliche Ingenieure, Produktentwickler, Designer et cetera hielten Vorträge und standen Rede und Antwort, sie ließen sich interviewen und fotografieren. Und immer standen die neuen Autos herum, dominierend. Dann erfolgten Testfahrten, entweder durch landschaftlich reizvolle Gegenden oder über Adrenalin ausschüttende Rennstrecken, welche der Hersteller für ein Wochenende gebucht hatte. So lernten die Journalisten den Neuen kennen und berichteten danach wohlwollend.

So machten das alle. So machte das Opel. Nun ist es natürlich ein Unterschied, ob ein neuer Typ einer bestehenden Modellreihe folgt oder ob sich der Hersteller auf unbekanntes Terrain begibt und ein von ihm bisher nicht abgedecktes Marktsegment ins Visier nimmt. Das war beim Opel Manta so. Zuvor hatte Opel diesen Fall in der Nachkriegszeit nur ein Mal: Als 1962 der Kadett A präsentiert wurde, der »Käfer-Killer«, der erste Opel im Segment der kleinen Klasse. Und im Herbst 1970 beim Manta. Der Pressetext in der Einladung brachte es punktgenau zum Ausdruck: »Das Auto, das wir Ihnen heute präsentieren, stempelt kein anderes Modell zum alten Eisen, sondern gesellt sich zu unserem bisherigen Programm als wirkungsvolle Ergänzung und zur Deckung eines neu entstandenen Bedarfs.« 400 Journalisten aus dem In- und Ausland gaben sich die Ehre und folgten Opels Einladung, und im Mittelpunkt standen die Teststrecken »Maritim« und »Schweiz«. Die

Timmendorfer Strand: Premiere, Werbung und Fake News

Ohne Fotomodelle geht nichts: Professionelles Lächeln für den Manta, und Seemannskleidung hat bei einem Hersteller, dessen Vita ganz eng mit dem Opel Kapitän verbunden ist, eine besondere Bedeutung. Opel ließ sich die Manta-Präsentation etwas kosten und lud die Pressevertreter an den Timmendorfer Strand. Das war schon vor 50 Jahren ein teures Pflaster.

Manta SR vor dem Hotel Immenhof im Ostseebad Niendorf am Timmendorfer Strand an der Neustädter Bucht - sehr bekannt damals durch die populären Immenhof-Pferdefilme.

eigentlichen Veranstaltungen fanden im Kongresssaal des Maritim-Hotels statt. Nachdem das neue Sportcoupé einen maritimen Namen erhalten hatte, war für Opel schon mal klar, dass die Vorstellung eine ebensolche Verbindung herstellen musste. Der Ostseestrand lag nahe - auch räumlich: 600 km von Rüsselsheim entfernt, gut 400 von Bochum, und ein Vorteil für alle Beteiligten: Man spricht Deutsch.

Die Händler hatten das Erlebnis bereits hinter sich. Am 7. September 1970 präsentierte ihnen Opel den Manta (und natürlich seinen Bruder, den Ascona) in der Mainzer Rheingoldhalle. Bei der Händlertagung wurde, erstmals in der Opel-Geschichte, auch eine Großbild-Leinwand eingesetzt. Dieses Event für die Händler, garniert mit Reden, Häppchen, Hostessen und Show-Darbietungen, war quasi die Generalprobe für Timmendorf am 16. September 1970.

Der Timmendorfer Strand in den späten 60ern und frühen 70ern war mondän, aber nicht abgehoben, war eine Alternative zu Sylt. Die kilometerlangen Sandstrände der Lübecker Bucht vermochten es, die Seele hart arbeitender und gut Geld verdienender Deutscher baumeln zu lassen. Die Ostsee-Bäder boomten damals, das Wort der »Strandburgen« als Ableitung der »Sandburgen« war eine nicht ironiefreie Bezeichnung für den Massentourismus.

Ausschnittsbild der Manta-Flotte, die damals für die Pressevertreter bereit stand, alle mit dem Kennzeichen GG-DK … .

Bootsrumpf, Hose, Manta: alles rot. Zeitgenössische Aufnahme der Manta-Präsentation am Timmendorfer Strand, und der Manta L trägt sogar weiße Ringe an den Reifenflanken - eine Mode, die bei seiner Präsentation schon ziemlich am Ende war.

Ende der 60er war das Hotel Maritim in Timmendorfer Strand ganz neu, und dazu gehörte auch das Kongresshaus in unmittelbarer Nachbarschaft, der Festsaal mit Platz für 1200 Besucher, damals stattliche 8,1 Millionen D-Mark teuer. Es zog zahlreiche Prominenz aus Show und Politik an, es zog auch Opel zur Manta-Präsentation an. Es boomte, es zog die entsprechenden Kreise nach Timmendorfer Strand und sorgte dafür, dass diese Region einen richtig gehenden Höhenflug erlebte. Und das Flair eines Fischereihafens ist für Landratten sowieso einzigartig. Für die ersten Opel-Manta-Pressebilder bildete er den eindrucksvollen Hintergrund, zusammen mit Segelschiffen und Yachten.

Die dort anwesenden Mantas entsprachen in manchen Kleinigkeiten nicht dem Serienmodell, es waren Vorserienmodelle. Die Entlüftung an der C-Säule war natürlich in Wagenfarbe lackiert, ab April 1971 war sie einheitlich in Schwarz gehalten. Mit Weißwandreifen dürfte wohl kaum ein Serien-Manta ausgeliefert worden sein, und mit jenen Rotringreifen, die manche Manta SR in Timmendorfer Strand trugen, überhaupt keiner. Rotring-Reifen waren damals dem Rekord C Sprint vorbehalten und waren überdies eine sehr, sehr kurzlebige (US-)Mode. Produktionsbeginn war nach den Werksferien, die ersten Fahrzeuge standen am 25. September 1970 beim Opel-Händler.

Timmendorfer Strand: Premiere, Werbung und Fake News

Impressionen von der Ostsee: zeitgenössische Aufnahme der Manta-Präsentation. Und alle Fahrzeuge trugen hinten ein D-Schild.

Alles muss schön glitzern und blinken und scheinen: Am Vorabend der Presseeinladung wurden die nigelnagelneuen Mantas nochmals auf Hochglanz gebracht.

Fakten und alternative Fakten

Kaum war die pompöse Präsentation zu Ende, erwartete Opel nur Gutes seitens der Journalisten. Sie taten wie erwartet, testeten und lobten. Aber sie stellten auch kritische Fragen - wie das Journalisten nun mal zu eigen ist. Und eine davon nervte Opel permanent, immer wieder die bohrende Frage, warum Opel so spät auf den Ford Capri reagiert habe. Da ließ sich die Marketing-Abteilung alternative Fakten einfallen. Der Begriff der »alternativen Fakten« oder »Fake News« ist neu (im Duden erst seit 2017 enthalten), der Begriffsinhalt ist uralt. Gelogen wurde immer, die Wahrheit manipuliert oder beschönigt. Irgendwann ersonn die Marketingabteilung eine Opel-interne Sprachregelung, die den Manta älter machte als den Capri. Genutzt hat es wenig, geglaubt hat es kaum ein Journalist. Aber es wurde höflich wiedergegeben, zum Beispiel in der Motor Revue 7/1970 vom Herbst 1970 - also just zu dem Zeitpunkt, als Opel den Manta präsentierte. Dort stand auf Seite 3 geschrieben: »Der Manta ist Vorläufer einer neuen Reihe und offiziell nicht als direkter Capri-Konkurrent gedacht, denn er wurde laut Opel bereits konzipiert, als der Capri noch nicht erschienen war, ...« Eine gewagte Aussage!

Der Capri erschien im November 1968, der Manta im September 1970. Der Manta basiert auf dem Opel-Projekt 1450, als Kadett-B-Nachfolger gedacht und zum Ascona/Manta befördert. Natürlich datieren die frühen Überlegungen zu diesem Wagen viel weiter zurück als November 1968, als der Capri erschien. Aber auch dem Capri geht logischerweise eine Entwicklungszeit voraus. Und es gibt genügend Fotos, die belegen, dass die Coupéversion von Projekt 1450, also der spätere Manta, lange nach Erscheinen des Capri immer noch als Kadett/Olympia Coupé lief. Daraus folgt logischerweise, dass Opel erst nach dem Erscheinen des Capri aus dem Kadett-Nachfolger den Ascona und Manta schuf.

Die »alternativen Fakten«, die Opel damals aus der Not heraus schuf, waren einfach zu durchschauen, und Fachjournalisten sind keine Naivlinge. Die Opel-Meldung, der Manta hätte seinen Initialschrei (zumindest auf dem Papier) lange bevor der Capri erschien losgelassen, wurde damals sehr selten in der Fachpresse wiedergegeben - und wenn doch, dann durchaus mit einem ironischen Kommentar versehen.

Erste Jahre der Fotografie

Länger als die Mitbewerber setzte Opel auf gezeichnete Autoprospekte - bis in die 70er Jahre hinein. Die ersten Opel, die in deutschsprachigen Prospekten durchweg mit fotografierten Bildern beworben wurden, waren der Manta und der Ascona. Dann entsprachen zumindest die Dimensionen und Proportionen den Tatsachen.

Seitdem das Auto erfunden wurde, gibt es auch die Fotografie. Und dennoch bediente sich die Autowerbung der Fotografie erst mal nur sehr zögerlich. Progressive Firmen setzten Fotos in Werbeprospekten und Annoncen ein, die meisten aber nicht. Sie vertrauten auf die Zeichnung aus den Händen begabter Werbegraphiker. Auch Opel. Und Opel tat dies viel länger, als andere Hersteller es taten. Zwar sehr professionell und dem Zeitstil angepasst, aber eben immer in Form von Zeichnungen, teilweise noch bis in die 70er Jahre hinein. Als der Rekord D 1972 vorgestellt wurde, waren die Autos im ersten Prospekt noch gezeichnet, nur Ausschnitte oder technische Komponenten wurden als Fotografie dargestellt.

Die ersten Opel-Prospekte, die ausschließlich mit Fotos illustriert wurden, waren jene des Brüderpaares Manta/Ascona im Jahre 1970. Lediglich Röntgenbilder des Opel Manta wurden noch als Zeichnungen angefertigt, aber ansonsten waren die meist 16-seitigen Prospekte im Überformat komplett durchfotografiert. »Überformat« deshalb, weil sich Opel damals nicht für das gängige Din-A-4-Format (210 x 297 mm) durchringen konnte, sondern das Format 240 x 300 mm wählte. Das fügt sich in keine Regel und in keine Norm, machte sich durch seine

Ganz früher Manta SR in artgerechter Umgebung am Timmendorfer Strand. Die Mantas für die Pressepräsentation entsprachen in kleinsten Details noch nicht der Großserie. Es waren Vorserienfahrzeuge.

„Manta" nennt Opel sein neues viersitziges Coupé, das mit einem neuen 1,6 Liter-Vierzylinder-Motor von 68 oder 80 PS oder mit dem 1,9 Liter-Motor von 90 PS angeboten wird. Der Manta ist Vorläufer einer neuen Reihe und offiziell nicht als direkter Capri-Konkurrent gedacht, denn er wurde laut Opel bereits konzipiert, als der Capri noch nicht erschienen war, trotzdem trifft er die Interessenten sportlicher Limousinen, eine Käufergruppe, die sich regen Zuwachses erfreut.

FOTO: DR. SIMSA

Selten wurde die Opel-Meldung wiedergegeben, der Manta sei eben nicht als Reaktion auf den Ford Capri erschienen, sondern als Konstruktion viel älter. Die Motor Revue veröffentlichte sie in der Herbstausgabe 1970, zusammen mit einem Foto von Paul Simsa, das einen sehr frühen Manta mit Weißwandreifen, ein Vorserienfahrzeug, zeigt.

Das Auto im Studio bei perfekter Ausleuchtung aufgenommen, danach vor einen Hintergrund gesetzt, dessen Boden der konkrete Manta nie befahren hat. Das spart auch Geld, man muss für das Fotoshooting nicht an die Côte d'Azur oder an die Adria. Cover des Manta-Prospektes vom September 1971.

Größe wichtig und ärgert heute die Sammler antiquarischer Opel-Prospekte, weil sie nicht in Din-A-4-Normprospekthüllen passen.
Die seinerzeitigen Fotos waren allesamt schwer retuschiert, damals natürlich von Hand und analog. Die im Studio aufgenommenen Fahrzeuge wurden in einen ansprechenden Hintergrund gesetzt, die Farben herausgearbeitet, Details von Hand geändert. Teilweise wurden auch Autos im Retuscheverfahren modernisiert. Beispiel: Beim frühen Manta A war die Entlüftung in der C-Säule in Wagenfarbe lackiert, später mattschwarz. Dafür nahm man kein neues Foto. Hier war der Retuscheur gefragt. Das war ein Beruf, die Leute waren Profis. Sie bearbeiten entweder das Negativ/Dia oder das Positiv. Retusche ließ auch die Farben wechseln, Bestandsfarben konnten heller, dunkler oder intensiver erscheinen oder aus einem gelben wurde ein grünes Auto gemacht. Während die gezeichneten Fahrzeuge stets idealisiert dargestellt wurden, dynamischer, größer et cetera, bildet das Foto in den Manta-Prospekten die Wirklichkeit ab. Zumindest vermeintlich. Natürlich kann auch ein Foto lügen. Aber zumindest die Dimensionen und die Proportionen des fotografierten Manta im Opel-Prospekt entsprechen den Tatsachen. Und ob der Wagen nun tatsächlich vor der Traumkulisse parkt oder im Studio - wen interessiert's?!

Das Deckblatt des Manta-A-Prospektes vom August 1974. Hier sieht selbst ein fast Blinder, dass der Wagen eine Studioaufnahme ist und in die Landschaft hineinretuschiert wurde.

Mit fremden Federn geschmückt

Die Kombination aus sportlichem und sicherem Fahren verspricht der französische Reifenhersteller Kléber im Jahre 1973 und illustriert seine Annonce mit einem Opel Manta A in L-Ausstattung.

Fremdwerbung mit Opel - ein sensibles Thema. Zubehörhersteller schmücken sich mit fremden Federn und versuchen, den Glanz des Opel-Fahrzeugs auf das eigene Produkt zu projizieren. Opel freut sich darüber: Werbung für Opel auf Kosten anderer. Vergleichende Werbung war in Deutschland zu Manta-Zeiten verboten; falls doch ein Konkurrenzprodukt gezeigt wurde, musste es unkenntlich gemacht werden. Nicht verboten war damals allerdings, ein Produkt zusammen mit einem Fremdprodukt zu bewerben, wenn das eine mit dem anderen zusammenhängt. Ein Zulieferer der Autobranche darf mit einem Auto werben. Er musste sich allerdings die Frage selbst stellen, ob es klug ist, ein spezielles Auto auszuwählen, wenn er Teile für viele Marken herstellt. Wenn beispielsweise ein Reifenhersteller für seine Gummis werben möchte, so will er sie als Erstausrüster an möglichst viele Fahrzeughersteller verkaufen. Bewirbt er nun seinen Reifen auf der Felge eines Opel oder zeigt er sogar den kompletten Opel in der Werbung, so ist Opel erfreut, aber alle anderen sind verschnupft und überlegen sich, ob sie gerade mit jenem Reifenhersteller den Zuliefervertrag verlängern sollen. Eine Gratwanderung also...

Texaco nahm einen Opel Manta L als beispielhaften Wagen, obgleich an Texaco-Tankstellen natürlich Fahrzeuge aller Marken tanken sollen. Aber 1971, der neue Manta war in aller Munde, erschien den Texaco-Werbemannen eben dieser Wagen am besten geeignet.

Lediglich bei Schnitt- oder Röntgendarstellungen setzte Opel auch beim Manta noch auf Zeichnungen, wie hier im Prospekt vom Januar 1971. Theoretisch wäre das auch mittels Retusche mit Fotos möglich gewesen, aber sehr zeitintensiv und deshalb teuer.

Sehr sachlich: Opel-Werbung in der Motor-Revue vom Dezember 1970. Das konkrete Auto wird hochstilisiert zur »Manta-Formel«, also zum Genre-Begriff. So weit sollte es der Manta nie bringen.

Klaus Westrup: »Freude erst mit 90 PS«

Über 50 Jahre ist es her, dass Opel den Manta A am Timmendorfer Strand der Presse präsentierte und die Autotester der Fachzeitschriften den Wagen ausgiebig erprobten und ihre Erkenntnisse dem Lesepublikum vermittelten. Aus dem Archiv gekramt und wieder gelesen: Manta-Testberichte aus der Anfangszeit. In den 70ern war die Auto Motor Sport (AMS) in Westdeutschland die unbestrittene Nummer Eins der regelmäßigen Autozeitschriften, weit vor MOT und der Auto Zeitung. Was die AMS sagte, hatte Gewicht, die Leser kannten die Tester mit Namen und wussten auch, welcher Journalist welcher Marke gewogen war und welcher welche ablehnte. Damals wurde an Stammtischen und auf Schulhöfen über AMS-Berichte diskutiert. AMS bekam jede Neuheit als Erster.

Opel hatte den brandneuen Manta am 16. September 1970 der Presse präsentiert. Zuvor, in Heft 19 vom 12. September, druckte die AMS einen ersten Fahrbericht ab und titelte mit einem monzablauen Fahrzeug schräg von vorne. Ab Seite 40 dann ein Siebenseiter, teils mit doppelseitigen Farbfotos, verfasst von Klaus Westrup, der später Chefredakteur werden sollte, Fotos vom legendären Julius Weitmann. Der bis heute auf den Manta A bezogene Begriff »Caprifischer« war die Headline in genau dieser Vorstellung. »Caprifischer« ist ein schnulziger Schlager, ein Evergreen vor allem zu Zeiten, als die Italien-Sehnsucht der Westdeutschen am Größten war, und der Begriff traf die Absicht des Opel Manta voll ins Herz: Er fischte Kunden auf dem Terrain, das zuvor alleine dem Ford Capri gehört hatte.

Der Test fand also noch vor der offiziellen Vorstellung statt, AMS musste auf Vorserienfahrzeuge als Fotoobjekte zurück greifen. Westrup beginnt mit einer Marktanalyse, betont, dass Sportlichkeit vier Sitze haben müsse, sich der Opel GT deshalb nicht wunschgemäß verkaufe und dass entgegen sonstiger Gepflogenheiten Ford in diesem Segment mit dem Capri die Nase erfolgreich vorne habe. Familienähnlichkeit sieht Westrup nicht nur im Heckbereich mit GT-Allüren, sondern erstaunlicherweise auch von vorne. Er spricht von einem »Kadett-Gesicht mit Doppelscheinwerfern« und er erkennt »einen Schuß Rekord Coupé« und zwar »an der Stelle, an der sich das Dach zum Heck ergießt«. Das stimmt wohl, verglichen mit dem Rekord C Coupé, aber Fastbacklinien gleichen sich immer. Sonst wären sie keine Fastback-Linien. Dennoch bescheinigt er dem Manta Eigenständigkeit und Harmonie, »und das bei einer gewissen Zierlichkeit«. Innen lobt er zwar die Normalausstattung mit »gutbürgerlichem Lenkrad«, aber die »Rallye-Ausstattung«, wie Westrup den SR nennt, habe nützliche Extras, womit er die Zusatzinstrumentierung meint. Westrup nimmt Platz, freut

Titelheld: In voller Fahrt ziert der Manta SR das Deckblatt der Auto Motor Sport vom 7. November 1970. Im selben Heft wird auch der Opel Ascona detailliert vorgestellt.

Doppeldeutige Titulierung: »Jugendstil« ist natürlich eine kunstgeschichtliche Stilepoche. Aber eben auch der Stil der Jugend oder derer, die sich für jugendlich halten.

In der AMS-Ausgabe 19/1970, in welcher der Manta A das erste Mal getestet wurde, hatte die Redaktion Vorserienfahrzeuge zur Verfügung. Rotring-Reifen sehen saugut aus. Aber es gab sie nie für den Manta A. Damals kostete ein AMS-Heft 1,80 D-Mark.

sich über die Übersichtlichkeit, die nur nach hinten nichts taugt, und ärgert sich über »bemerkenswert schlecht gelungene Sitze«, die nur »vom Aussehen her einen vernünftigen und appetitlichen Eindruck« machten. Aber die Sitzposition bewertet er als gut. Allerdings nicht für die hinten Sitzenden, und klar sei, dass der Manta nur offiziell ein Fünfsitzer sei, de facto aber »ein geräumiger Zweipluszwei« mit großem Kofferraum.

Nichts gegen Großserienmotoren in einem Großseriencoupé: Schon der Capri belegt diese These, der Manta zieht nach und Westrup resümiert pragmatisch: »Diese Art Motorisierung hat Vor- und Nachteile, denn sie ist einerseits billig und problemlos, andererseits aber auch ohne jeglichen Reiz«. Im 1,6-Liter-Motor sieht Westrup keine wirkliche Neuerung, es ist das leicht hubraumreduzierte Rekord-1,7-Liter-Aggregat. Westrup lässt den Manta an und sein Ohr vernimmt »vertrautes Rekord-Geräusch«, und auch die Leistungsentfaltung sei ähnlich. AMS hatte einen 80- und einen 90-PS-Manta zur Verfügung, und was ständig wiederholt werden sollte, formulierte Klaus Westrup schon im ersten Test: Man muss »ohnehin sagen, daß der Manta erst mit dem 90 PS starken Antrieb Freude zu machen beginnt«, wohingegen »das Fahren mit bloßen 80 Pferden (...) mehr beschaulichen Charakter« habe. Westrup vermisst den sportlichen Sound eines Rallye Kadett. Diesem Aspekt wiederum stellt der Tester die Ausgereiftheit der Aggregate entgegen, was einen beruhigenden Effekt habe und seiner Meinung nach der Grund ist, warum »Opel vorerst vor einem wirklich starken Manta zurückschreckt«. Und Einspitzung oder Turbo hatte Opel damals nicht. Aber das letzte Wort, so Westrup, sei zu diesem frühen Zeitpunkt noch nicht gesprochen. Er sieht im Manta das Potenzial zur Mehrleistung, wenngleich zunächst nur für motorsportliches Engagement. Augenzwinkernd sagt er: »Schließlich gibt es ja die dem Hause (Opel, d.V.) verbundene Firma Steinmetz.«

Westrup dreht seine Runden, genießt den Manta, und mit jedem Landstraßenkilometer beklagt er mehr und mehr die fehlende Leistung: »Der Wunsch nach mehr Leistung wird umso stärker, je mehr man den Manta auf kurvenreichen Straßen bewegt hat« und schließt fast schon sarkastisch: »Von Übermotorisierung kann keine Rede sein.«

»Caprifischer« lautete die Headline des ersten Manta-Testes in der Auto Motor Sport, und diese Bezeichnung ist dem Opel Manta A bis heute geblieben. Die AMS hatte damals Vorserienwagen als Testfahrzeuge.

Er bejammert dies umso mehr, als der Opel Manta aus seiner Sicht hervorragende Fahreigenschaften aufweise, schnell und sicher sei, gutmütig »in schnellen Biegungen, die sich mit einem Minimum an fahrerischem Geschick und einem gleichzeitigen Maximum an Sicherheit umrunden lassen«. Die Fahrwerksabstimmung sei sorgfältig, gehöre »zum Unproblematischsten überhaupt«, ein weitgehend neutrales Kurvenverhalten, und dabei komme der Komfort auch nicht zu kurz - ganz im Gegensatz zu anderen sportlichen Opel: »Denn während bislang die gut liegenden Opel-Autos mit teilweise erheblichen Komfort-Einbußen aufwarteten, ist beim Manta erstmals ein bemerkenswert guter Kompromiß (...) entstanden.« Im ersten Fahreindruck geht Westrup nahezu nicht auf die Konkurrenzsituation zum Ford Capri ein, denn dies hebt sich die AMS logischerweise für einen Vergleichstest auf. Aber wenn er die Verkaufschancen des neuen Opel einzuschätzen versucht, erwähnt er den Kölner Mitbewerber doch: Opel sprach bei der Präsentation von einer Produktion von 500 Mantas pro Tag, und Westrup orakelt zu recht, dass »ein Großteil der potenziellen Käuferschicht (...) bereits versorgt (ist) - mit dem Capri.« Dennoch sieht er ein großes Käuferpotenzial, und dabei macht der Pragmatiker Westrup ein seltenes Späßchen: Opel werde den Manta gut verkaufen, und zwar »an Leute, die ihren Capri gerne von Opel hätten«. Klaus Westrup hatte den Manta A schon nach dem ersten Eindruck genau so klassifiziert und bewertet, wie er in der Folge stets gesehen wurde.

Statistik? Gar nicht langweilig!

Statistik ist langweilig? Stimmt nicht! Kommt zumindest auf die Statistik an. Zahlen über den Opel Manta geben viel Aufschluss - zum Beispiel darüber, warum der Jahrgang 1974 so selten ist. Fünf Jahre sind keine allzu lange Zeit für die Produktion eines Autos. Der Opel Manta A wurde so lange, genau von August 1970 bis Juli 1975, hergestellt. Aber in dieser Zeit geschah Entscheidendes: die Ölkrise. Und sie hatte sehr großen Einfluss auf die Produktionszahlen.

Die Ölkrise 1973/74 wurde durch den Jom-Kippur-Krieg im Oktober 1973 ausgelöst. Dieser Krieg war eine Antwort der Araber, um die Golan-Höhen zurück zu erobern, die Israel zuvor im Zuge des Sechstagekrieges an sich gerissen hatte. Die Organisation der Erdöl exportierenden Länder drosselte ihre Ölproduktion, um die westlichen Industriestaaten unter Druck zu setzen, weil diese in dem Krieg Israel unterstützen. Der Preis für ein Barrel Öl schnellte nach oben, von zunächst rund drei Dollar auf über fünf und im Verlaufe des Jahres 1974 auf zwölf Dollar. Öl wurde knapp und damit auch Benzin. Der Liter Super stieg innerhalb kürzester Zeit von 50 auf 80 Pfennige und kratzte teilweise an der Eine-Mark-Grenze. Die deutsche Bundesregierung unter Kanzler Willy Brandt reagierte darauf und verordnete Tempolimits (generell 100 km/h auf Autobahnen) und vier autofreie Sonntage. Das hatte zwar einen großen moralischen aber kaum einen wirtschaftlichen Effekt. Die zweite Ölkrise ereignete sich 1979 und betraf somit den Manta B. Der Rohölpreis erreichte nunmehr ein Rekordhoch von 38 Dollar je Barrel, der Liter Super kostete rund 1,50 Mark. Auch diesmal war der Grund politisch: Förderausfälle im Zusammenhang mit der Islamischen Revolution im Iran (Sturz des Schahs von Persien durch den Schiitenführer Ajatollah Khomeini). Davon hat sich der Erdöl- und damit Benzinpreis nie mehr erholt – bis heute nicht.

Als die Welt noch in Ordnung war, im Sommer 1970, startete der Manta furios und 1971 erreichte er eine Rekordmarke von 150.000 Exemplaren. In seinem zweiten vollen Jahr der Produktion, 1972, ging die Produktion auf rund 100.000 Autos zurück. Ganz normal, die erste Begeisterung war vorüber, die Zahlen pendelten sich ein. Taten sie aber nicht, denn im Folgejahr 1973 warf die Ölkrise ihre ersten Schatten voraus. Opel versuchte zu kompensieren, stellte nicht mehr nach Bestelleingang, sondern nach Prognose her - mit anderen Worten: Bochum produzierte auf Halde. 130.000 Mantas erblickten 1973 das Licht der Welt, aber nicht alle wurden verkauft. 1974 war das Tal der Tränen, nicht nur für den Manta, nicht nur für Opel, sondern für die gesamte Branche. Nicht mal 50.000 Manta A verließen das Werk. Für 1975 gibt es keine belastbaren Zahlen, denn der Manta A wurde nur während der ersten Hälfte gebaut, dann folgte der Nachfolger. Und Zahlen liegen nur für das Gesamtjahr vor.

Insgesamt baute Opel 498.553 Manta A. Aufgeteilt auf einzelne Motorisierungen: 35.399 Manta 1,2, 41.569 Manta 1,6 N, 99.375 Manta 1,6 S, 9.947 Manta 1,6 SR, 207.719 Manta 1,9 S, 92.284 Manta 1,9 SR und 5248 Manta 1,9 GT/E.

Fritz Reuter: »Den Geschmack des Publikums getroffen«

Ab September 1970 unterhielt Opel eine ganze Flotte an Test-Mantas, damit die ganzen europäischen Redaktionen bedient werden konnten. Die Opel-Pressestelle hatte im Herbst 1970 und bis hinein ins Frühjahr 1971 einiges zu koordinieren - zumal die Redaktionen nicht nur ein Auto wollten. Sie unterschieden zwischen Fahrberichten und Tests, manche wollten diverse Ausstattungsvarianten gegenüber stellen, andere benötigten den Manta für einen Vergleichstest, besonders mit dem Capri.

In AMS 23/1970 vom 7. November 1970 erschien ein großer, achtseitiger Test des Manta SR mit dem Titel »Jugendstil«, verfasst von Fritz Reuter. Er begann seinen Test mit allgemeinen soziologischen Ausführungen hinsichtlich des »Forever-young«-Trends: Nicht nur Teens und Twens nehmen für sich in Anspruch, jung, dynamisch, aktiv und sportlich zu sein, sondern eben auch Leute, welche längst nicht mehr in ihren Zwanzigern sind. In den 50er und 60er Jahren verhielt man sich altersgemäß, aber spätestens seit 1968 zählt ewige Jugendlichkeit zum modernen Leben - und das wird gerade von der Werbung stets suggeriert. Reuter: Dies lasse sich »nach außen hin verständlicherweise am besten durch das Auto dokumentieren, das man fährt.« Und, ganz klar, Reuter geißelt einmal mehr die lange Reaktionszeit Rüsselsheims auf den Capri: »Daß im reichhaltigen Opel-Programm trotzdem noch Platz ist für eine sportliche Zugnummer, bekamen die Rüsselsheimer Verkaufsstrategen spätestens durch die Zulassungszahlen des von der Kölner Konkurrenz lancierten Capri deutlich vor Augen geführt.« Und generell orientiert Reuter den Opel Manta beständig am Capri, der eben notgedrungen der Hauptkonkurrent ist und dem sich der Manta eins zu eins stellen muss - optisch, technisch, konstruktiv, dimensional. In der Vergleichstabelle werden dem Manta 1900 SR neben dem Capri 2300 GT auch andere gegenübergestellt: Kadett 1900 Rallye, Alfa Giulia Super, BMW 1600 und Fiat 124 Coupé. Der Manta sei »adrett gestaltet« und wirke zierlicher als der aggressive Capri, obgleich er tatsächlich sogar etwas länger ist. Pilot und Copilot sitzen bequem und große Fensterflächen garantieren gute Rundumsicht, nur nicht nach hinten, weil das Heck nicht einsehbar sei. Gute Noten für den Kofferraum: »Der Manta wird mit den meisten Verstauungsproblemen besser fertig als so manche kleine Limousine.« Hierin habe, so Reuter, der Manta die Nase vor dem Capri, aber er meint, der Manta als Bestandteil der Ascona-Linie lasse sich ohnehin besser mit dem Ford Taunus Coupé vergleichen als mit dem Capri, der ein eigenständiges Fahrzeug sei. Und mit dieser These hatte er gar nicht unrecht! Reuter sieht den Manta als das, was er ist und als was er ursprünglich gedacht war, nämlich die Coupéversion des Ascona, »wenngleich hier die Verwandtschaft durch die andere Namensgebung etwas verschleiert wird«.

Die SR-Ausstattung lasse »kaum Wünsche offen«, die »Komplettierung stellt (...) eine echte Bereicherung dar«, einwandfreie Bedienung, man komme mit dem Manta auf Anhieb zurecht, nur die Sitze seien etwas zu nachgiebig und böten nur mäßigen Seitenhalt. Ebenfalls Lob für die Verarbeitungsqualität, keine Kinderkrankheiten. Voll des Lobes ist Reu-

ter für den 1,9-Liter-cih-Motor, vieltausendfach im Rekord bewährt, leise und stark, eher elastisch als drehstark, mit vertrautem Klang, aber ohne sportliche Geräuschkulisse, Nerven schonend, wenig Vibrationen, und die Windgeräusche hielten sich auch im Rahmen. Auch mit dem Getriebe ist der Tester zufrieden, es lasse sich exakt schalten, nur die Abstufung sei nicht optimal, Reuter wünschte sich einen längeren zweiten Gang. Kritik an der Größe des Benzintanks: 48 Liter sind zu klein, der Aktionsradius betrage gerade mal 300 Kilometer. Immerhin verbrauchte der Manta 1900 SR im Testbetrieb durchschnittlich 13,4 Liter auf 100 Kilometer - Reuter ließ es offensichtlich krachen. Mit dem Fahrwerk ist er sehr zufrieden, ein »außerordentlich gut liegendes Auto«, das »auf wohlproportionierten Beinen steht«: 185er-Reifen wurden damals als Breitreifen und als sportlich gesehen. Reuter gehörte nicht zu jenen, die eine starre Hinterachse von vorne herein schlecht redeten, sondern ihr zubilligte, bei guter Abstimmung auch gute Fahrresultate zu liefern. Unter Autotestern stand er damit zwar nicht ganz allein, aber seine Kollegen forderten damals generell einzeln aufgehängte Hinterräder. Gute Noten auch für die Lenkung: Sie »macht den Manta handlich und wendig und trägt somit (...) nicht unerheblich zur Fahrfreude bei« und auch die Fahrwerksabstimmung sei ein »akzeptabler Kompromiß zwischen Straßenlage und Komfort«.
Reuter gefiel der Manta, sein Test fiel positiv aus: Er konstatiert Opel nicht nur, ein optisch schönes und technisch gutes Auto geschaffen zu haben, sondern auch, »den Geschmack des Publikums genau getroffen zu haben«.

Die begehrteste Version des Opel Manta war der 1,9-Liter-S mit 90 PS, meist in Verbindung mit dem L-Paket geordert. Über 200.000 Stück wurden gebaut. Dieses und das folgende Foto entstanden im Mai 2022 im sächsischen Hartmannsdorf.

Manta SR: Mit 1,6-Liter-Motor ziemlich selten, nur 9.947 Stück. Aber als 1900er mit 90 PS gab es von ihm 92.283 Exemplare.

In Sammlerkreisen wohl der Begehrteste: Der ein-Jahres-Manta, der GT/E, hier beim 50-Jahre-Jubiläumstreffen in Timmendorfer Strand im Jahre 2020. 1974 entstanden 2.836 Exemplare, bis zum Produktionsstopp waren es 12.261.

Einleitung

Der Opel Manta B: Kein Opel lebte länger

Ein völlig neuer Stil, ein Stufenheck statt des rassigen Fastbacks: Der Opel Manta B brach optisch mit der Tradition des Vorgängers, übernahm seine Mechanik jedoch nahezu ohne Änderungen. Er war nach wie vor sportlich, aber auch vernünftiger und sicherer - eben ganz im Stile der 70er Jahre.

Für die 70er war er vorgesehen und konstruiert. Niemand hätte dem Opel Manta B eine 13jährige Produktionszeit zugetraut, niemand hätte gedacht, dass er der letzte Heckmotor-Mohikaner im Opel-Programm sein sollte. Das kleine Facelift 1980 war vorprogrammiert, und dann hätte der Manta B abtreten sollen, als sein Bruder Ascona B ebenfalls in den Autohimmel kam und durch eine neue Frontantriebsgeneration abgelöst wurde. Doch der Manta weigerte sich 1982, zu sterben und freute sich, nunmehr emanzipiert vom Ascona, auf weitere sechs Jahre seines Daseins.

Noch während seiner letzten Lebensjahre, spätestens aber kurz nach Produktionsauslauf, wandelte sich sein Image vehement. Witze wurden über ihn gerissen, gar Filme über ihn gedreht, denn der Opel Manta B wurde zum symbolischen, automobilen Accessoire des Ruhrpott-Superproleten. Ganz Deutschland lachte über den Manta.

Zwischenzeitlich ist dieser Anti-Hype, den so mancher gar nicht als so sehr anti empfand, vorüber und der Opel Manta B änderte sein Image erneut, erfand sich neu - nun als arrivierter Klassiker und Bestandteil des Opel-Szene-Flash'. Mit einem Opel Manta, zumindest mit einem halbwegs serienmäßigen, muss sich niemand mehr schämen. Im Gegenteil. Er weckt gute und warme Erinnerungen an Zeiten, als das Auto Fahren noch Freude bereitete, die Marke Opel erfolgreich war und satte Marktanteile an den deutschen Neuzulassungen erzielte. Schlichtweg an Zeiten, als man auf einen Opel Manta stolz war. Und das kann man heute wieder sein, so man einen Klassiker besitzt: stolz auf den Opel Manta.

Premiere auf der IAA 1975: Blauer Manta GT/E und im Hintergrund ist das Concept Car GT2 zu sehen.

Alltagsszene bei Schmuddelwetter: Je später der Manta, desto größer die Wahrscheinlichkeit eines 2-Liter-Einspritzers. Später GT/E hinter Citroën CX bei herbstlichem Regenwetter in München, Rosenheimer Straße am Gasteig.

Alltagsauto im Winter, zusammen mit silbernem Golf I und zwei Renault 4. Als Winterauto dient heute kein Manta B mehr. 1981 schon. Warum auch nicht?

So fährt man Manta mit gerissenem Gaszug - auch eine Form der Handbedienung.

Kapitel 9

Stufenheck statt Fastback

Völlig anders. Ein radikaler Bruch mit der Vergangenheit. Keinerlei Familienähnlichkeit herrschte zwischen Opel Manta B und Manta A. Das lag an der Mode, aber auch an veränderten Parametern im Automobilbau. Der Opel Manta A erschien zwar 1970, war aber stilistisch ein Kind der 60er Jahre. Aus den USA war damals die Mode des Fastbacks gekommen, möglichst in Hardtop-Bauweise, also ohne fest stehende B-Säulen. Der Opel Manta A war eine Art Mixtur der besten Designelemente seiner Zeit (in der Kunstgeschichte nennt man das Eklektizismus), und deshalb sah er so gut aus. Aber diese Zeit war passé.

Opel musste den Manta B völlig anders gestalten und konnte den Vorgänger nirgends zitieren, denn all seine Tugenden waren die Mode von gestern. Das bringt die Schwierigkeit mit sich, dass keinerlei Familienähnlichkeit besteht, dass keine Evolution sichtbar ist, dass es keinen Wiedererkennungseffekt gibt. Wer als unbedarfter Betrachter den Manta B erstmals sah und an den Manta A gewohnt war, erkannte im neuen Modell keinen Manta. Der Kunde musste sich umgewöhnen. Opel hatte damals keine bei jedem Design stets wiederkehrende Erkennungsmerkmale wie zum Beispiel den eindeutigen Mercedes-Grill oder die BMW-Niere. Opel musste seinen Charakter quasi mit jeder Designgeneration neu erfinden (das ist bis heute so; es gibt kein definiertes Opel-Gesicht). Der Opel Manta trägt einen eindeutigen Charakter, aber langen Bestand hatte er stilistisch nicht. Zwar war der Manta B mit 13 Jahren Produktionszeit der bis heute am längsten gebaute Opel-Typ und der Betrachter gewöhnte sich deshalb sehr an dessen Design. Aber wesentliche Auswirkungen hatte seine Charakteristik, die abfallende Front ohne Kühlergrill in Verbindung mit den Breitbandscheinwerfern, nicht. Kein anderer Opel trug diese Merkmale, lediglich einige Fahrzeuge aus dem weltweiten General-Motors-Kosmos wie beispielsweise die englischen Vauxhall Magnum und Chevette oder das US-amerikanische Chevrolet Monza Coupé. Danach, mit dem Calibra, musste Opel das Genre des Sport-Coupés stilistisch wieder neu erfinden. Einen roten Faden gibt es nicht.

Es war Mitte der 70er Jahre ziemlich unerhört, dass ein Auto keinen Kühlergrill aufweist. Mutig von Opel! Landläufig definiert sich eine Automarke über den Kühlergrill, der zusammen mit den Scheinwerfern so etwas wie das Gesicht des Autos darstellt. Opel zog die Front nach unten, bis zur Stoßstange, die beiden Breitbandscheinwerfer rechts und links standen quasi als Solitäre. Seine Kühlluft holte sich der Manta B durch den riesigen Schlund unterhalb der Stoßstange. Diese große Öffnung wurde dezent gestaltet und optisch nicht betont. An diese ungewöhnliche Front mussten sich die Kunden erst mal gewöhnen. Opel erwartete natürlich, dadurch ein Trendsetter zu sein und hoffte auf Nachahmer. Es gab zwar welche, aber wenige - und wenn, dann nur im Bereich richtiger Sportwagen, was allerdings das Manta-Design adelte.

Der Mann mit unbekanntem Namen: Wayne Cherry

Fragt man einen Manta-Fan nach dem Designer des Opel Manta A, so kommt die Antwort wie aus der Pistole geschossen: Es war Charles

Diese Nase ist eine Droopsnoot und diese Nase ist britisch.

Design für die 70er: Der Manta hatte ein vorbildliches Styling, aber er war keines anderen Autos großes Vorbild.

M. »Chuck« Jordan, der den geplanten Nachfolger des Kadett B zeichnete, die gesamte Modellfamilie, aus der später der Ascona werden sollte. Dessen Coupéversion, der Manta A, erhielt eine andere Frontpartie, und die stammte von Jordans damaligem Assistenten George Gallion. Fragt man denselben Manta-Fan nach dem Designer des Manta B, so stockt er und überlegt. Ganz klar, 1973 war Henry Haga der Opel-Chefdesigner. Oder mag der Manta B doch eher eine Schöpfung seines kurzzeitigen Vorgängers David Holls gewesen sein? Oder war es jemand ganz anderer...? Es war jemand ganz anderer, und er saß nicht am Main und er war nicht Opel-Stylingchef. Er saß auf der britischen Insel, war Vauxhall-Stylingchef und heißt Wayne Cherry. Vom deutschen Opel-Chefdesigner David Holls stammt jener betörende Manta-Prototyp, der wie ein US-Muscle-Car aussieht, als Manta B hätte kommen können und noch heute in der Opel-Asservatenkammer steht. Und Henry Haga ist tatsächlich der Schöpfer des Manta B CC, also des Combi-Coupés mit großer Heckklappe. Aber das Manta-B-Design stammt tatsächlich aus England.

Opel und Ford sind beide Filialen amerikanischer Konzernmütter und wurden seit jeher ähnlich geführt. Aber Mitte der 60er Jahre gab es eine Zäsur bei Ford, auf die GM erst mit Verzögerung reagierte. Henry Ford II schuf in London eine übergeordnete Zentrale für seine beiden europäischen Filialen, Ford of Europe. So weit war GM mit seinen beiden Europa-Ablegern Opel und Vauxhall nicht. Im Gegenteil. GM favorisierte den eifersüchtigen Wettstreit beider, was den Ehrgeiz beflügeln sollte. Die »Opelisierung« des Vauxhall-Produktionsprogramms sollte erst später beginnen, dann aber vollständig.

Anfang der 70er Jahre gab GM ein neues Modell vor, im konkreten Falle den Opel Manta B, und beide Filialen, Opel und Vauxhall, mussten ihre Ideen einbringen. Also gab es Stylingvorschläge aus Rüsselsheim, wo damals zunächst David Holls und danach Henry Haga Chefdesigner war, und aus der Vauxhall-Zentrale in Luton, wo Wayne Cherry der Stylingabteilung vorstand. Beide wurden ausgearbeitet und GM vorgelegt. Die Herren in Detroit entschieden dann. Beim Rüsselsheimer Vorschlag zeigte ihr Daumen nach unten, Wayne Cherrys Manta-Entwurf wurde abgesegnet und realisiert. Dadurch erklärt sich auch, warum im Vauxhall-Programm der Manta-Bruder, der Ascona B, die gleiche Front trägt wie der Manta B und nicht die in Kontinentaleuropa übliche Ascona-Front. Der Ascona B trägt ein deutsches Design, gezeichnet von Erhard Schnell unter Henry Haga. In Großbritannien waren Limousine und Coupé näher verwandt als in Kontinentaleuropa: Bei Vauxhall tragen beide den Namen Cavalier, die Limousine ist der Cavalier Saloon, das Coupé heißt Cavalier Coupé. Die beiden Modellnamen »Ascona« und »Manta« bei Opel suggerieren mehr Unterschiede. Dabei ist das alles das gleiche, eben das GM U-Car.

Der Amerikaner Wayne Cherry war ein absoluter GM-Mann, sein komplettes Arbeitsleben von 1962 bis zu seiner Rente Ende 2003 verbrachte er dort. Zwischen 1965 und 1991 agierte er in Europa. Zunächst wurde er zu Vauxhall entsandt, wo er zusammen mit Leo Pruneau (dem Designer des Opel Admiral A und späteren Holden-Chefdesigner in Australien) zunächst die Styling-Studie Vauxhall SRV zeichnete. Das war

Die typische Front des Opel Manta B ist ein Erbstück der britischen General-Motors-Tochter Vauxhall. Zu deren lokalen Eigenheiten gehörte in den 70er Jahren die flach abfallende Frontpartie, quasi ohne ersichtlichen Kühlergrill, flankiert von Breitbandscheinwerfern: Im Bild das heiße Vauxhall Magnum Coupé (bis zu 2,3 Liter Hubraum, 132 PS) auf Basis des Viva, erschienen 1974 und Vorbild für den Manta B.

Ebenfalls Droopsnoot, ebenfalls GM, und er hat in gewisser Weise mit dem Manta B zu tun: Der Chevrolet Monza von 1975 wurde dazu erkoren, den Manta A im US-General-Motors-Programm zu ersetzen. Gleiche Formensprache, gleiche Frontgestaltung, gleich breiter und akzentuierter Überrollbügel. Rechts streckt ein Ascona A seine Nase ins Bild.

ein Fahrzeug, das niemand von Vauxhall erwartet hatte, mindestens so Aufsehen erregend wie die beiden Opel-Studien Experimental GT und Opel CD, die in derselben Zeit für Furore sorgten. Das gab seiner Karriere Schwung, 1971 war er Assistant Design Director bei Vauxhall

und der Lastwagen-Sparte Bedford. Dort entwickelte er das, was auch später den Manta B charakterisieren sollte: die »Droopsnoot«, wörtlich übersetzt »sinkender Rüssel«, freier übersetzt »Hängeschnauze«. Den Ursprung hatte die Droopsnoot in einer ganz speziellen und ziemlich heißen Sonderversion des Vauxhall Firenza namens Vauxhall Magnum. Der basierte auf dem Vauxhall Viva, und dieser wiederum war das britische Pendant zum Opel Kadett, also das Einsteigermodell in das Vauxhall-Programm. Diese Frontgestaltung übernahmen etliche Vauxhall-Modelle: zuerst der Magnum, dann die Chevette (unser Kadett C), natürlich der Cavalier (Ascona B und Manta B) und zuletzt der Carlton (unser Rekord E). Bis ins ferne Brasilien wurde die Droopsnoot exportiert, dortige Ableger diverser Opel-/Vauxhall-Wagen blickten ebenfalls in Wayne-Cherry-Manier in die Welt. Die Droopsnoot beflügelte seine Karriere weiter, 1975 wurde er Vauxhall-Chefdesigner und blieb dies bis 1983. Dann tat GM, was Ford längst vorgegeben hatte: eine Konsolidierung des Designs. Den jeweiligen Opel- und Vauxhall-Chefdesignern wurde eine übergeordnete Instanz als Korrektiv vor die Nase gesetzt, der Design Director of GM Europe, welchselber in Rüsselsheim saß. Und das war bis 1991 Wayne Cherry. Er restrukturierte die beiden Designzentren in Deutschland und England (was Ford bereits 1965

Wayne Cherry ist Mister Manta B, ist der Designer. Und für den Nachfolger Calibra legte er, zusammen mit Erhard Schnell, ebenfalls Hand an.

Ein Sketch, direkt aus Wayne Cherrys Händen: Der Vauxhall SRV (= Styling Research Vehicle), der Erstentwurf Cherrys für Vauxhall, begeisterte die Besucher auf der Londoner Earls Court Motor Show im Herbst 1970.

vollzog), und danach gab es kein deutsches und kein englisches Design bei GM mehr, sondern nur noch ein gemeinsames europäisches Design. Dabei machte er sich Freunde und Feinde im Konzern, Verlierer dieser Konsolidierung war eindeutig Vauxhall.

Cherry stand nie als Person im Vordergrund und inszenierte sich nicht wie so manch anderer Designer oder Manager. Sein Name ist weitgehend unbekannt, sein Schöpfungen sprechen für sich. Er sprach nie viel, und wenn, dann eher leise, ein versöhnlicher Typ. Eigentlich gar nicht amerikanisch. Vielleicht blieb er auch deshalb viel länger in Europa, als ursprünglich vorgesehen. Nach eigenen Aussagen gefiel es ihm hier besser als in seiner Heimat. Dennoch wurde er 1991 zurück in die Staaten berufen, nunmehr als Design-Oberer von Chevrolet, Geo und Saturn, im Folgejahr Design-Vizepräsident für General Motors weltweit. Das heißt, er zeichnete ab dann bis zu seiner Pensionierung sämtliche GM-Designs ab, vom kleinen Opel Corsa bis zum großen Cadillac und monströsen Hummer.

Das Manta Combi-Coupé, also der CC, ist hingegen eine deutsche Schöpfung, gezeichnet von Henry »Hank« Haga (1931-1988). Er war Chevrolet-Chefdesigner von 1963 bis 1974, also genau in der Muscle-Car-Ära, dann sechs Jahre bei Opel, danach zurück in die USA und dort Stylingchef für Chevrolet und Pontiac bis 1984, anschließend Chefdesigner im Advanced Concepts Center, zuständig für die Concept Cars. Bei Opel verantwortete er die Studie GT2 (auf Basis Manta B GT/E) sowie die Serienmodelle Manta CC, Senator/Monza A, Kadett D und Ascona C. Wohlgemerkt: Er verantwortete sie. Das heißt nicht, dass er sie selbst gezeichnet hatte. Aber der Manta CC und der GT2 entsprangen tatsächlich seiner Hand.

Der Überrollbügel nicht kaschiert, nicht versteckt, sondern betont, als Bestandteil des Styling. Das gehört, neben dem Charaktergesicht, zu den herausragenden Designmerkmalen des Manta B. Im Bild ein GT/E-Sondermodell namens Silver Manta.

Für den CC gilt dasselbe wie für das Stufenheck-Coupé: Der Überrollbügel in Form der breiten B-Säule ist Bestandteil des Gesamtkunstwerks.

Der Überrollbügel als Gestaltungsmerkmal

Auch die Seitenansicht am Manta B war völlig neu gestaltet worden, ohne irgendwelche Anleihen an den Vorgänger - dafür aber mit deutlicher Familienähnlichkeit zum Opel Rekord D und vor allem dessen Coupé-Version. Der Dachpavillon sportlich flach, die Scheibenneigung sehr stark ausgeprägt. Um dadurch nicht schießschartenartig-kleine Seitenscheiben in Kauf nehmen zu müssen, gestaltete Opel die Gürtellinie nicht horizontal durchgehend, sondern ließ sie im Bereich der Seitenscheiben nach unten abfallen. Dadurch hatte der Manta B, ebenso wie der Rekord D, vernünftig große Seitenscheiben, die eine gute Rundumsicht ermöglichten. Die beim Manta A sehr breite C-Säule, so gut sie aussah, schränkte den Blick nach schräg hinten ein. Beim Manta B war die C-Säule auffallend schmal.

Dafür war die B-Säule breiter als üblich. Das hatte aber einen guten Grund, einen Sicherheitsaspekt, und der wurde optisch betont. Die B-Säule war stabil, eine Art Überrollbügel. Um dies visuell zu unterstützen, wurde sie nicht etwa kaschiert, sondern hervorgehoben. Die B-Säule am Manta B ist mattschwarz und trägt ihre Breite mit Stolz. Opel wollte damit dem in den 70ern stark ausgeprägten Sicherheitsbedürfnis der Kunden nachkommen und seine Errungenschaften optisch herausstellen. Denn die Crux der Sicherheit eines Automobiles ist,

Männer bei der Arbeit: Blick in den Styling Room, seriennahe Studien ebnen den Weg zum Serienprodukt.

Beim Manta B legte Opel sehr viel Wert auf die Sicherheit, und der in die Karosserieform aktiv und nicht kaschiert integrierte Überrollbügel sorgte für viel passive Sicherheit. Opel schrottete so manchen Wagen im Dienste der Sicherheit. Und das automobile Häufchen Elend, das nach einer solchen Demonstration auf dem Prüffeld liegen blieb, wurde danach genauestens analysiert.

dass man sie nicht sieht. Es war ein Geniestreich Cherrys, dies ins Gegenteil zu verändern und beim Manta B den Überrollbügel zum weithin sichtbaren Gestaltungsmerkmal zu adeln. Das war quasi interdisziplinär: Der Designer legitimiert durch sein Tun den Job der Sicherheitsingenieure. What you see is what you get: Dieser Grundsatz ist entscheidend beim Autokauf. Schön soll das Auto sein, dem Kunden gefallen, seine Gefühle werden angesprochen, denn Autokauf ist in erster Linie eine emotionale Angelegenheit, keine vernünftige. Das Umdenken in Richtung Vernunft, Effizienz, Nachhaltigkeit, Energieersparnis war ein Prozess in den 70er Jahren, aber abgeschlossen ist er letztlich erst heute (und selbst heute noch nicht völlig). Dem Kunden kann in Prospekten mit warmen Worten die Sicherheit dargelegt werden, er sieht Zeichnungen der Knautschzone, Fotos absolvierter Crashtests. Aber er sieht die Sicherheit nicht konkret am Auto. Also mussten die Hersteller darauf kommen, Sicherheit sichtbar zu machen, erlebbar, spürbar.

Natürlich war das keine unerhörte Tat. Sichtbare Sicherheit hatte es schon zuvor gegeben, auch Sicherheit als Gestaltungsmerkmal. Beispiele dafür sind der Überrollbügel des Porsche 911 Targa, ebenfalls nicht kaschiert, sondern extra betont, auch die Schweden machten Sicherheit sichtbar. Der Saab und der Volvo entwickelten sich in den 70er Jahren von Jahrgang zu Jahrgang mehr hin zum leichten Panzerwagen - im völlig unmilitärischen Sinne. Sie trugen Stoßfänger aus Gummi, die alles andere als schön waren im Vergleich zu den zuvor verwendeten, konventionellen Chromstoßstangen. Aber durch diese massiven Gummiwülste symbolisierten der Saab und der Volvo dem Familienvater: Du tust etwas für die Sicherheit Deiner Lieben, indem Du ein solches Auto fährst.

Eine Mischung aus amerikanischer Aggression und italienischer Eleganz. Das einzige, was der Manta B von Holls' Studie erbte, ist die Form der Scheinwerfer und die Tatsache, keinen expliziten Kühlergrill zu haben.

Die Heckansicht beim Manta B ist die unspektakulärste Seite. Das Stufenheck passt zum allgemeinen Bild eines gefälligen Fahrzeugs, bei dem lediglich die Frontgestaltung polarisiert. Im Vergleich zum Vorgänger ist es eher bürgerlich als rassig. Aber der Manta B durfte nicht nur einer kleinen Anzahl von Menschen gefallen. Er war ein Großserienauto. Seine Aufgabe war, jedem zu gefallen.

Zu geil, um ein Manta werden zu dürfen

Zwischen Manta A und Manta B steht eine Designstudie, die kein Manta werden durfte. 1972 zeichnete der damalige Opel-Chefdesigner David Holls ein deutsches Muscle Car. Es hätte der Manta B werden können, wenn die letztendliche Entscheidung im amerikanischen Mutterhaus nicht zugunsten der Variante von Wayne Cherry gefallen wäre. Die faszinierende Manta-B-Studie, die 1972 entstand, entsprach hundertprozentig und alleine dem Geist David Holls', Opel-Designchef ab Juli 1971 und zuvor Assistent seines Vorgängers Charles M. Jordan, dem gestalterischen Schöpfer des Manta A. In seiner relativ kurzen Zeit als Opel-Designchef schuf Holls nur ein Serienfahrzeug, den Kadett C.

David Holls kam im Juni 1952 zu GM, damals noch unter der Design-Herrschaft von Harley Earl, und seine erste Aufgabe, die in die Realität umgesetzt wurde, war, das Emblem für den Cadillac Coupé de Ville zu entwerfen. Unter Earls Nachfolger Bill Mitchell war GM der unbestrittene Autodesignführer der westlichen Welt, und Mitchell verteilte die Kompetenzen: Chefdesigner bei Chevrolet wurde Irv Rybicki, bei Pontiac Jack Humbert, bei Oldsmobile Stan Wilen, Chuck Jordan bei Cadillac und David Holls erhielt Buick.

Zum Juli 1970 wurde er an die GM Overseas Operations abkommandiert und siedelte von Detroit nach Rüsselsheim um. Ein Jahr später war er Opel-Chefdesigner. Seine Zeit bei Opel genoss er, erinnert sich Holls, denn dort arbeitete er selbstverantwortlich. Seine Chefs waren weit weg, jenseits des Großen Teichs, und am Main war in Sachen Design niemand über ihm. 1974 wurde er von Henry Haga abgelöst und ging zurück in die USA, wo er sich um experimentelles Design kümmerte, also um die Concept Cars. Er kletterte die GM-Karriereleiter weiter aufwärts bis zum Director of Design. 1991 Ruhestand, im Juni 2000 starb David Holls mit 69 Jahren.

Die Manta-B-Studie ist noch heute in der Opel-Asservatenkammer erhalten. Sieht aus wie ein Auto, ist aber keines: Die Studie ist ein Modellauto im Maßstab 1:1, eine Außenhaut aus Kunststoff ohne Innenausstattung, ohne Technik. Dieses Modell kann nur eines: gut aussehen. Und das tut es! Man merkt Holls' Zeichenstift an, dass seine prägende Zeit jene war, als in den USA die Muscle Cars entstanden. Ein deutscher Opel Manta hätte niemals so muskulös, ja so sexy sein dürfen, wie ihn Holls zeichnete. Diese Studie war, um ein modernes und etwas vulgäres Wort zu gebrauchen, zu geil, um ein Opel Manta hätte werden zu dürfen. Dafür war der deutsche Autokäufer Mitte der 70er Jahre nicht bereit. Das ändert aber nichts daran, dass diese Schöpfung mit ebenso muskulösen, amerikanischen wie hocheleganten, italienischen Einflüssen nach wie vor ein Eye-Catcher ist, und wer sie sieht, bedauert, dass sie nicht zum konkreten Automobil geworden ist. Natürlich spielt, vor allem momentan, die Farbe eine große Rolle. Dieses unendlich tiefe, dunkle Rotmetallic ist seit einiger Zeit die absolute Trendfarbe in der Tuningbranche, und seitdem Alfa Romeo dieses Rosso Competizione Metallic in Serie lackiert, überschlagen sich die Fans vollends.

Dieses Heck - man stelle sich vor, das wäre der Manta B geworden. What a car! In den USA wären die Chancen, dass diese Studie zur Serienreife gelangt, damals höher gewesen. Aber nicht in good old Germany.

Ein amerikanisches Lächeln: David Holls (1931-2011) verfasste zusammen mit Michael Lamm das Standardwerk über amerikanisches Autodesign »A Century of Automotive Style«.

Kapitel 10

Er sah anders aus, der Manta B. Aber technisch war er weitgehend identisch zum Vorgänger, nur minimale Änderungen. Manta A und Manta B basieren auf derselben Bodengruppe, der so genannten General-Motors-H-Plattform, und dass der Radstand des Manta A von 2430 mm für den Manta B auf 2520 mm verlängert wurde, ist eine Marginalie.

Anfangs wurde der Manta B mit den gleichen Motoren aus der cih-Motorenfamilie bestückt, der 1,6-Liter-S-Motor leistete nun 75 statt 80 PS, sonst blieben die Leistungsdaten gleich: 1,6 Liter mit 68 PS im Manta 1.6 N, 1,9 Liter S mit 90 Vergaser-PS sowie im GT/E mit 105 PS dank Benzineinspritzung. Dann kam noch die normalbenzintaugliche Version des 1900ers hinzu, der 1,9-Liter-N mit 75 PS anstelle des 1.6 S. Die 1,9-Liter-Spitzenmodelle machten ohnehin den Löwenanteil der Manta-Verkäufe aus. Der 1,9-Liter-Vergaser mit 90 PS und der 1,9-Liter-Einspritzer aus dem GT/E mit 105 PS hatten 64 Prozent Anteil an den Manta-Verkäufen. Das heißt: Manta-Kunden standen auf Hubraum und Leistung.

Zwei Jahre später, zum Modelljahr 1978, stockte Opel den Hubraum des größten cih-Motors auf, nunmehr 2 Liter mit 100 PS, der Einspritzer im GT/E mit 110 statt 105 PS. Zum 2-Liter-Wagen befördert zu werden, war damals ein Meilenstein, weil es den Sprung von der Mittelklasse zur oberen Mittelklasse bedeutete. 2 Liter - das war schon was! Schon der Rekord D hatte die 2-Liter-Maschine, somit war es für Opel beim Manta kein konstruktiver Aufwand, sondern ein Griff ins Regal. Wichtig war dies auch im Hinblick darauf, dass Opel mit dem Rekord E kein Rekord Coupé mehr anbot (dafür den eine ganze Klasse darüber angesiedelten Monza). Mit dem Manta 2 Liter hielt Opel also die bisherige Rekord-Coupé-Klientel bei der Stange. 1979 kam die Normalbenzin-Version des 2 Liters (2.0 N) mit 90 PS als Ersatz für den gleich starken 1.9 S, der aber Super brauchte. Es war merkwürdig, dass Opel im Manta den 1.9 S noch ein Jahr länger im Angebot behielt und nicht sofort durch den gleich starken 2,0-Liter-N-Motor ersetzte. Begründet wurde dies mit mangelnden Fertigungskapazitäten, weil sich der neue Rekord so gut verkaufte.

Die Hubraumerhöhung des cih-Aggregats erfolgte über eine größere Zylinderbohrung, die bei den 2-Liter-Versionen nun 95 Millimeter beträgt und damit laut Opel-Technikern ein Limit erreicht hatte. Die Auto Motor Sport zitiert in Heft 4/1978 Werner Schwärzel, Leiter der Abteilung Motoren-Konstruktion und -Entwicklung bei Opel: »Eine weitere Erhöhung des Hubraumes ist ohne tief greifende Änderungen am Motorblock nur über eine Vergrößerung des Hubes realisierbar. Dadurch würde aber die Laufkultur der Motoren nachteilig beeinflusst.«

Der neue 2,0-Liter-S-Motor leistete 100 PS (Opel-Fallstromvergaser Varajet), der 2,0-Einspritzer kam auf 110 PS (Bosch L-Jetronic), und wie üblich profitierte der Manta durch die Hubraum- und Leistungserhöhung weniger in der Höchstgeschwindigkeit, sondern durch das Mehr an Drehmoment und somit Durchzugskraft. Der 2-Liter-GT/E beschleunigte laut AMS im vierten Gang von 40 auf 100 km/h in 17,4 Sekunden und ließ in dieser Disziplin sogar einen veritablen

Was für den A galt, galt auch für den B: Platz genug für einen Vierzylinder-cih-Motor. Aber nicht genügend für den länger bauenden Sechszylinder-Reihenmotor. Weil der Neue auf der gleichen Bodengruppe wie der Alte aufbaute, konnte das konstruktive Grundübel nicht beseitigt werden.

BMW 528i (18,3 Sekunden) hinter sich. Beschleunigung für den Standardspurt auf Tempo 100: 10,8 Sekunden die Vergaserversion, 9,6 der Einspritzer. Angenehm wurde allenthalben bewertet, dass der Adelsschlag zum 2-Liter-Auto nicht unbedingt mit einem merklichen Preisaufschlag verbunden war. Der 2-Liter-S kostete nur 180 D-Mark mehr als der verblichene 1,9-Liter-S. Nicht viel Geld für 10 Mehr-PS! Zum Modelljahr 1983 hatte der Einspritzer die neue Bosch LE-Jetronic, elektronische Zündung und Schubaschaltung.
Auch der 2,4-Liter-Vierzylinder aus dem Manta 400 basierte auf dem cih-Aggregat, aber mit Vierventiltechnik, und der Stabilität wegen verwendete Motorenkonstrukteur Cosworth dafür den stabileren Block des Opel-Dieselmotors.

Neues Kadett-Herz feiert Premiere im Manta

Für den Kadett D entwickelte Opel einen neuen Motor. Das 1,3-Liter-Aggregat als Schrittmacher für eine neue Motorengeneration mit Querstrom-Zylinderkopf und hydraulischem Ventilspielausgleich erlebte sein Debüt allerdings im Ascona/Manta B. Die Moderne er-

Grasgrün in dunkler Umgebung: Werbung für den 1978er Manta. Sportlichkeit und Platz müssen sich nicht ausschließen. Die Hubraumerhöhung von 1,9 auf 2 Liter wird nicht thematisiert.

Schön bunt: Schaustück der Vorderachse.

setzte Antiquiertes. Seit 1962 werkelte im Opel Kadett das »Nähmaschinchen«, und es war auch das Basistriebwerk für den Ascona und Manta B, mit 55 oder 60 PS. Es verschwand zuerst im Manta/Ascona Anfang 1979 zugunsten der Neukonstruktion.

Das neue Aggregat war auf dem Stand der Technik: Aus- und Einlasskanäle liegen sich im Aluminium-Zylinderkopf gegenüber (man nennt das Querstrom-Kopf). Das sorgt für zügige Gaswechsel und somit eine erhöhte Leistungsfähigkeit. Der Takt der Ventile wird über Schlepphebel von einer oben liegenden, fünffach gelagerten Nockenwelle mit Zahnriemenantrieb gesteuert. Bemerkenswert sind die so genannten Hydroströßel, über die bereits die cih-Motoren von Opel verfügen (eine typisch amerikanische Eigenheit). Sie bewirken einen hydraulischen Ventilspielausgleich, also muss man nicht nachjustieren, was der Wartungsfreundlichkeit zugute kommt.

Der Motorblock aus Gusseisen war eine völlige Neukonstruktion. Das Hub/Bohrungsverhältnis ist annähernd quadratisch, 75 mm Kolbendurchmesser und 73,4 mm Kolbenhub. Zunächst kam der Motor mit 1297 cm^3 Hubraum, mit deutlichem Potenzial nach oben. Es

Es ist eingeschenkt: Der Manta und die Technik

Fahrversuche eines Manta Berlinetta-Vorserienfahrzeugs auf dem Prüffeld in Dudenhofen.

Fast zu klein für den Motorraum: neues OHC-Aggregat mit 1,3 Litern im Manta für jene, denen es gleichgültig war, dass die Optik nicht mit den Fahrleistungen standhielt.

Angemessene Leistung: 1980 hielt der neue OHC-Motor mit 1,8 Litern und 90 PS Einzug. Er war so leistungsstark wie der 1900er-cih-Motor, der anfangs das Volumenaggregat im Manta war.

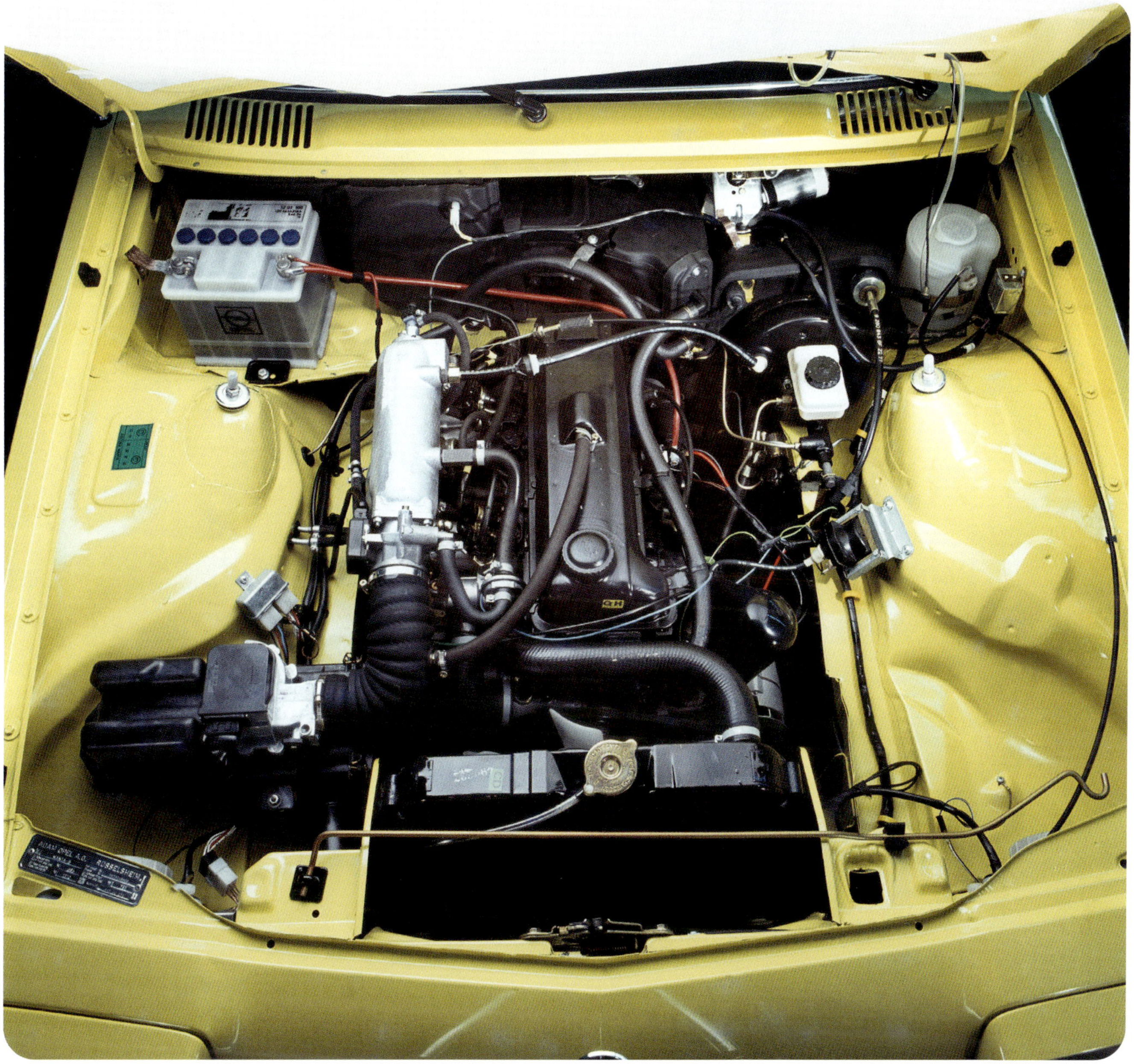

Neu zum Modelljahr 1978: Hubraumvergrößerung des cih-Motors von 1,9 auf 2 Liter. Im Bild der Motor des 2-Liter-GT/E, also des Einspritzers mit 110 PS.

ging Opel nicht um Drehzahlorgien und Leistungsfähigkeit um jeden Preis, ein Opel-Motor muss alltagstauglich sein. Der Neue erreichte mit Normalbenzin die Leistung des Vorgängers, für die dieser Super benötigte, nämlich 60 PS. Erkauft wurde das durch einen etwas höheren Benzinverbrauch. Dafür war der Manta 1.3 nun 150 km/h schnell statt 145 km/h als 1200er, und er brauchte eine Sekunde weniger für den klassischen Spurt auf 100, nämlich 18 Sekunden. Wahre Sportwagenwerte! Ab März 1979 war der neue OHC-Motor mit 60 und 75 PS im Ascona B/Manta B lieferbar - im Kadett D ab seiner Präsentation im August 1979. Schon ein Jahr später entfiel der kleine 1300er (60 PS) im Zuge einer Modellstraffung beim Manta, der 1,3-Liter mit 75 PS bildete nun die Basis. 1980 kam der gleiche Motor mit nunmehr 1,8 Litern Hubraum und 90 PS in den Manta (auch in den Rekord E2). 1986 strich Opel den 1300er ganz aus der Manta-Palette, und im August 1987 entschlief auch der Manta GT, die letzte Manta-Version mit dem 1800er-OHC-Motor. Ab dann gab es bis zum Produktionsstopp nur noch den Manta GSi und GSi Exclusiv mit 2-Liter-cih-Einspritzer und 110 PS.

Kapitel 11

Kontinuität nicht nur in Sachen Konstruktion, Technik und Motorisierung, sondern auch in den Ausstattungsversionen. Anfangs setzte Opel auf das bewährte Schema Basismodell (Manta N), Luxus (Manta L), Berlinetta, SR und GT/E. Das Basismodell war weiterhin eine kaum gekaufte und ungeliebte Version, der SR war weder Fisch noch Fleisch angesichts des GT/E, der ihn völlig kannibalisierte. Die Volumenmodelle waren Manta L, GT/E und als Luxusversion die Berlinetta.

Ohne jedweder Extras präsentierte sich das N-Modell, kein Zierstreifchen, kaum Chrom, einfachste Felgen ohne Radkappen, innen karg. Es gab ihn bis Dezember 1980, dann wurde er vom Manta GT/J abgelöst. Diesem ging das Sondermodell GT-J (mit Binde- statt mit Schrägstrich geschrieben) voraus, dem es, wie zu Manta-A-Zeiten der Berlinetta, gelungen war, vom Sonder- zum Serienmodell aufzusteigen. Der Opel Manta GT-J war ein Sondermodell, das im März 1980 erschien und so erfolgreich war, dass es im Januar 1981 ins allgemeine Opel-Manta-Programm aufgenommen wurde und das Manta-Basismodell ersetzte (nicht aber den SR, obgleich der GT/J ebenfalls sportiv aufgemacht war). Denn dieses sollte und musste attraktiver werden.

Opel argumentierte demographisch: Angesprochen wurden die zwischen 1955 und 1960 geborenen Baby-Boomer, aus denen in den 70ern der damals so genannte Schüler-Berg erwuchs und Anfang der 80er eine zahlungskräftige Gruppe von rund 12,3 Millionen junger Leute zwischen 20 und 25 Jahren, 21,4 % der Gesamtbevölkerung der Bundesrepublik. Das sind keine reichen Knäblein gewesen, sondern junge Leute mit abgeschlossener Berufsausbildung, die nicht all ihr verdientes Geld durch abendliches Ausgehen verschleuderten, die noch keine Familie hatten, die also Kohle im Beutel hatten. Opel wörtlich in der internen Argumentationshilfe für Opel-Verkäufer: »Durch sein Erscheinungsbild wird der Manta GT-J diejenigen Ihrer Kunden ansprechen, die sich bisher für den Rallye Kadett begeistern konnten.« Was bot Opel im Manta B GT-J: zunächst mal die halbe SR-Ausstattung, also die von Opel so genannte SR-Chassisausstattung. Denn die SR-Ausstattung für den Manta bestand aus zwei Teilen, Chassis mit verstärkten Federn, härter abgestimmten Stoßdämpfern, hinten verstärktem Stabilisator und reduzierter Lenkübersetzung, sowie Optik. Die Optik-SR-Ausstattung blieb dem GT-J verwehrt (aber einen go-faster-Streifen trug auch er), die Chassis-SR-Ausstattung hatte er. Dazu Frontspoiler, Engelmann-Sportspiegel, Halogenscheinwerfer, zweifarbige Stahlsportfelgen mit 185/70 R 13-Stahlgürtelreifen und sehr viel Mattschwarz statt Chrom, dazu aufgeklebte schwarze Seitenstreifen und geschwärztes Heckblech. Innen die aus dem SR bekannten Zusatzinstrumente (Drehzahlmesser, Voltmeter, Öldruckmesser), Sportlenkrad, Kopfstützen, Scheibenwischer-Intervallschalter, dann noch ein paar Goodies wie Halteschlaufen, Make-up-Spiegel in Beifahrersonnenblende, Aschenbecher. Als GT/J, also als Serienmodell, entsprach er dem Sondermodell GT-J, konnte aber mit Extras bestellt werden (z.B. Automatik, Sperrdifferenzial, Alus, Klimaanlage, Recarositze).

In Erinnerung blieb der Sonder-GT-J in Silbermetallic, denn so kommunizierte ihn Opel via Pressefotos, und in Rotorange, denn so war er im Prospekt abgebildet. Vom SR erbte der GT/J das schwarze Heckblech, und wie jeder frühe Manta B trug er rot eingefasste Rückleuchten. Im Bild ein 1980er Modell.

Eleganz statt Sportlichkeit: Manta L und Berlinetta

Am anderen Ende rangierte die Berlinetta. Mit dem L und der Berlinetta zielte Opel auf Menschen, die keine Sportfahrer waren, sondern eher Wert auf Eleganz legten, und gerade die Berlinetta war ein typisches Auto für Damen ab 30 in gehobenen Berufen, aber auch ein Wagen für ältere Ehepaare, deren Kinder außer Haus waren und die keinen viertürigen Rekord oder Commodore mehr brauchten. Gerne wurde die Berlinetta-Ausstattung mit Automatikgetriebe kombiniert. In der Werbung verwendete Opel einen unterschiedlichen Duktus für die Versionen. Der Sportfahrer wurde anders angesprochen als die Chefsekretärin oder Dozentin als Aspirantin auf eine Berlinetta. Das Wohlfühlambiente wurde betont, die Attribute zielten genau darauf ab: weich, gönnen, Ruhe, gepolstert, Opel sprach von der »Harmonie der Farben«, vom »vergnügen, mitzureisen«, von »bestechender Schönheit«. Damit lockt man keinen GT/E-Fahrer! Sehr wohl aber die betuchte Dame und den arrivierten Herrn. Die Berlinetta- baute auf der Luxus-Ausstattung auf und übertraf sie vielfach. Die Innenausstattung ist farblich auf den Außenlack abgestimmt, und zwar in jeder Hinsicht. Nicht nur die Polster waren beispielsweise rot. Rot waren in diesem Falle auch der Teppichboden, die Mittelkonsole und die Türinnenverkleidungen. Schwarz hingegen stets Armaturenbrettoberseite und Lenkrad sowie die Oberkante der Seitenverkleidungen, die überdies von einem Holzdekor geschmückt waren. Opel gönnte der Berlinetta besondere Stoffe: kein Schlingenteppich wie im L-Modell, sondern einen hochflorigen Velours-Teppichboden, auch die Hutablage damit bezogen. Sitze und Kopfstützen mit einem heimeligen Velours-Cordstoff, innen an den Türen Armlehnen mit Haltegriff, auf der Fahrerseite auch eine Türtasche. Dazu das Vierspeichen-Sportlenkrad (teilte sich die Berlinetta mit dem SR; Basis und L-Modell trugen Zweispeichenlenkräder) und Quarzuhr. Der Sicherheit und Eleganz dienten die 5 ½ J x 13-Stahlsportfelgen, silberner Grundlack, das Inlett schwarz ausgelegt, geschmückt mit verchromten Radzierringen, die Stoßstangen trugen vorne und hinten Hörner, seitlich gab es eine Chromschutzleiste mit PVC-Einlage, das i-Tüpfelchen war die verchromte Auspuffblende. Ebenfalls Berlinetta-spezifisch: Halogenscheinwerfer, hintere Ausstellfenster, beleuchteter Motorraum. Das alles zusätzlich zur Luxusausstattung, die ihrerseits bereits ein Chromwunder aus dem Manta B machte, trug er doch Radlaufchrom und eine Schwellerzierleiste, verchromte Türgriffe sowie Chromrahmen um Front- und Windschutzscheibe, entlang der Seitenfensterunterkanten sowie eine verchromte Regenrinne. Von hinten, also via Heckschriftzug, sah man dem Manta seinen Adelsstand nicht an. Opel platzierte die »Berlinetta«-Schriftzüge, elegant in Schreibschrift geschwungen, an den Unterkanten beider Vorderkotflügel.

Mit Werksextras konnte die Berlinetta noch edler werden. Da gab es natürlich das damals noch unvermeidliche Vinyldach, dann das Stahlschiebedach, ganz fein auch die Scheinwerfer-Wisch-Waschanlage. Sehr gerne wurde der Manta Berlinetta mit aufpreispflichtigen Metalliclackierungen gekauft (während die sportlichen Typen eher in Signalfarben gefragt waren), so gab es beispielsweise im Modelljahr 1979 die Metallictöne Bernsteingold, Jadegrün, Englischrot, Saphirblau und

Die Sportstahlfelgen einfarbig silbern, viel Chrom und nach wie vor der klassische Rochen am Vorderkotflügel: früher Manta Luxus von 1975.

Fotomontage: gelber Manta L vor dem Manneken Pis in Brüssel. Die Menschen und der Hintergrund passen dimensional zusammen. Das Auto ist schlichtweg zu klein. Überdies harmoniert der Lichteinfall zwischen Hintergrund und Auto nicht.

Hier lässt sich's leben: L-Innenausstattung, Kunstledersitze mit Stoffsitzflächen, Mittelkonsole, ein wenig Chromzierrat. Gut zu sehen: Der Überrollbügel wird nicht nur von außen akzentuiert, sondern auch von innen.

Silber, kombinierbar mit Innenausstattungen in Beige, Rot, Blau oder Schwarz. Und wer sich für die schwarze Innenausstattung entschied, konnte auch einen schwarzen Dachhimmel bekommen, ansonsten war er weiß. Anfangs war die Berlinetta mit allen Manta-Motoren lieferbar, selbst mit dem bescheidenen 1,2-Liter mit 60 PS. Das kaufte niemand, auch der 1,6-Liter mit 60 PS war kein Berlinetta-typischer Motor. Los ging das Interesse beim 1900er mit 75 PS, aber wer sich eine Luxusausstattung gönnte, hatte auch das Geld für einen »richtigen« Motor: 2 Liter mit 90 oder 100 PS, Vergaser. Der 2-Liter-Einspritzer war damals dem GT/E oder dem Manta E vorbehalten.

Opel bewarb ihn als »Super-Manta«, was nach einem Sondermodell klang, aber der Manta E war fester Bestandteil des Programms. Als Synthese aus Sport und Luxus verband er den 2-Liter-Einspritzer mit 110 PS, zuvor dem GT/E mit Sportfahrwerk und Kriegsbemalung vorbehalten, mit dem L- oder Berlinetta-Ausstattungslevel und dem weicher abgestimmten Serienfahrwerk. Mit ihm reagierte Opel auf die luxuriös ausgestatteten Ghia-Versionen des Ford Capri mit Sechszylindermotor und bediente eine Klientel, die eher einen Westentaschen-Gran-Turismo als ein sportliches Coupé haben, aber nicht auf Leistung verzichten wollten. Mit anderen Worten: Den GT/E kauften die jungen, den Manta E die älteren Manta-Kunden. Der Manta E Berlinetta war teurer als ein GT/E, ganz einfach der teuerste Manta. Extras: Automatik, Klimaanlage, Metallic, Vinyldach, rechter Außenspiegel manuell oder elektrisch. Die Halogen-Fernscheinwerfer, anfangs serienmäßig bei der Berlinetta, setzte Opel ab 1979 auf die Aufpreisliste.

Werbefoto im Skigebiet mit Skiträger, Skiern, Skihaserl - aber keiner Schneeflocke. 1975er Manta SR im vollen Ornat. Sah Opel vor knapp 50 Jahren den Klimawandel voraus?

Der typische »Mister GT/E«

GT/E: Der sportlichste Manta. Der Manta für den Mann. Zumindest aus damaliger Sicht. Opel machte sich genau Gedanken darüber, wer einen Manta GT/E fahren will oder soll. Denn nur so konnte die avisierte Käufergruppe genau und gezielt angesprochen werden. In internen Papieren publizierte Opel Ende der 70er Jahre diverse Erkenntnisse, die auf aufwändigen Marktforschungen basierten. Es wurde quasi ein prototypischer GT/E-Käufer erstellt, ein »Mister GT/E«. Der GT/E, das Männerauto für Männer um die dreißig (eher fünf Jahre älter als jünger), eher allein stehend mit Freundin, aber ohne Kind, wobei der Manta als Viersitzer einem Kinderwunsch nicht im Wege stand. Den GT/E-Mann zeichnet aktive Nutzung der Freizeit aus, Mobilität ist wichtig und ihm wird seitens Opel ein zwar nicht fundiertes, aber vorhandenes Techniktverständnis zugesprochen. Laut Opel ist der Manta GT/E kein Akademikerauto, sondern eher ein Wagen für Männer aus Facharbeiterkreisen und für Angestellte, und zur damaligen Zeit, als die Erhebungen gemacht wurden, betrug sein mittleres Einkommen um die 2500 D-Mark monatlich. Damals (konkret: im Juni 1978) kostete ein Opel Manta GT/E 16.145 D-Mark. Es gab durchaus Sonderaustattungen, aber beim ohnehin weit oben angesiedelten GT/E waren es gar nicht so viele, die den Wagen teurer machen konnten. Ein paar populäre und/ oder sicherheitsrelevante Beispiele: Automatik 1060 DM, Klimaanlage 1680 DM, Radios zwischen 200 und 500 DM, Halogenscheinwerfer

Die internen Konkurrenten, Modelljahr 1978: roter Manta SR und gelber GT/E, unterschiedliche Felgen, unterschiedliche Dekoration, und ein männliches Mannequin mit Tennisschläger machte sich bestens in Zeiten, bevor Boris Becker den Tennissport demokratisierte. Zuvor war das nämlich noch etwas ganz besonderes...

Alles rot. Außen rot und innen rot. Selbst die Mittelkonsole rot. Die Berlinetta gab sich Ton in Ton, aber die Oberseite der Türverkleidungen und Armaturenbrett mit Lenkrad waren stets schwarz. Ausstattung eines Wagens des Modelljahrs 1977.

197 DM, getönte Scheiben 261 DM, Nebelscheinwerfer und -schlussleuchte 255 DM, Dreipunkt-Gurte 164 DM, Recaro-Sitze 525 DM, Sperrdifferenzial 415 DM, Schiebedach 650 DM, etwas breitere Reifen (195/70 R 13 statt 185/70 R 13) 46 DM, Alufelgen 242 DM, Scheinwerfer-Wisch/Waschanlage 205 DM, Quarzuhr 66 DM, rechter Sportaußenspiegel 44 DM, Vinyldach 340 DM, Metalliclack 213 DM, Signalfarbe 105 DM. Es war also nicht schwierig, einen Manta GT/E mit mehr oder weniger sinnvollen Extras deutlich über 20.000 D-Mark teuer werden zu lassen. Nicht wenig Geld damals für einen Facharbeiter, und nicht vergessen werden darf, dass damals Finanzierungsmodelle für Privatkunden noch weitgehend unüblich waren. Man zahlte bar.

Zwar fuhren laut Opel-Erhebungen 68 % aller Manta-Fahrer zuvor be-

Innen voll verkleidet, nirgends ist Blech zu sehen, auch nicht an den A-Säulen (wie bei anderen Mantas). Die Automatik harmonierte mit keiner Ausstattung besser als mit der Berlinetta. Das Holzfurnier wiederum harmoniert mit dem Rot nicht besonders.

reits einen Opel, aber gerade die GT/E-Kunden kamen hauptsächlich von BMW. Opel nahm also gerne einen Dreier E21 oder einen 02er BMW in Zahlung. Und danach folgte meist wieder ein Opel (74%) oder gar ein Manta (knapp 60%). 5% wanderten ab zu BMW, weitere 5% zu Audi, »alle anderen sind nicht erwähnenswert«, so die interne Opel-Broschüre, die den »Mister GT/E« analysiert.

Opel betonte immer wieder gerne die Wahrhaftigkeit des GT/E, beispielsweise mit den Worten: »Das ist kein Promenadenauto mit aufgesetztem Rallye-Look« und sprach vom »ernsthaft sportlichen Fahren«.

Nettes Detail: Der Manta ist offiziell ein Fünfsitzer, der GT/E nur für vier Personen zugelassen, aufgrund seiner sportlicheren Federungsauslegung. Wer ihn als Fünfsitzer nutzen wollte, konnte ihn durch verstärkte Hinterfedern auf immerhin 410 Kilo Zuladung und damit fünf Personen aufstocken.

Grob gesagt war der Manta GT/E ein Manta SR mit leicht anderer Optik und Einspritzmotor. Die Kriegsbemalung war in den Anfangsjahren nach wie vor serienmäßig. Auf sie zu verzichten, kostete allerdings keinen Aufpreis. Beim GT/E ist die komplette Haube mattschwarz, beim SR nur der mittlere Bereich zwischen den Sicken, und der schwarze Part umfasst hinten, zur Scheibe zu, ebenfalls mittig das Windleitblech und reicht nach vorne bis herab zur Stoßstange. Beim GT/E hingegen begrenzt die Haube den schwarzen Bereich nach rechts und links, das Windleitblech ist komplett mattschwarz und der vordere Bereich bis runter zur Stoßstange, je nach Modelljahr inklusive oder exklusive der Scheinwerferumrandungen. Seine Lenkung ist direkter übersetzt und ermöglicht dadurch einen engeren Wendekreis (9,9 anstelle von 10,3 Metern), das Fahrwerk ist empfindlich härter und verfügt über zusätzliche Stabilisatoren. Innen Recarositze, Zusatzinstrumente (Drehzahlmesser, Öldruckanzeige, Voltmeter), Dreispeichen-Sportlenkrad und schwarzer Dachhimmel, außen Frontspoiler, 6-Zoll-Sportfelgen mit 185/70er Reifen, auf Wunsch sogar 195/70er, von hinten charakterisiert durch das mattschwarz lackierte Heckblech.

1977er GT/E vor dem Castel-Sant'Angelo in Rom. Die blonde, langhaarige Signorina fragt nach dem Weg, der Carabinieri in dienstbarer Haltung - ein völlig ungezwungenes Werbefoto.

Grundfarbe schwarz, aber die Sitzbezüge hell. Opel kehrte beim Manta B von der Praxis ab, dass ein GT/E-Interieur zwangsweise einfarbig schwarz zu sein hat. Gut zu sehen: Die A-Säulen sind innen nicht verkleidet.

Seitenschutzleisten strecken die Linie: GT/E im April 1977 als Neuwagen auf dem Händlerhof. Die seitlichen Zierleisten mit PVC-Einlage waren anfangs nur bei der Berlinetta in Serie, allen anderen, auch dem GT/E, wurden sie damals mit 120 D-Mark in Rechnung gestellt.

Baumarkttauglich dank großer Klappe: das Combi-Coupé

Die große Heckklappe musste einfach sein in den 70ern. Die Konkurrenz gab es vor, Capri und Scirocco trugen das schräge Heck mit dritter Tür, Opel musste nachziehen und präsentierte 1978 den Manta CC. Opel hatte sich beim Manta B zunächst für ein konventionelles Coupé mit Stufenheck entschieden. Opel wurde vom Zeitgeist überrollt. Genau zu der Zeit, als sich Opel für diese Karosserievariante entschieden hatte, wählten Mitbewerber eine andere Lösung. Welche nun richtig war, sei dahingestellt. Aber zu dem Zeitpunkt, als Opel den Manta als Stufenheck-Coupé herausbrachte, waren eher Schrägheck-Coupés mit großer Heckklappe en vogue.

Die Automobilgeschichte schreibt oftmals im Nachhinein die Antwort auf Fragen, die aktuell nicht beantwortet werden konnten. Aber die Antwort auf diese konkrete Frage fällt allenfalls orakelhaft aus. Denn einerseits bewies Opel, den richtigen Riecher gehabt zu haben, weil der Manta das bis heute am längsten produzierte Opel-Fahrzeug war, ewig lange 13 Jahre blieb er im Programm. Der Manta als Stufenheck-Coupé

Das Profil verdeutlicht es: Der Manta CC war um ein paar Zentimeter kürzer als das Stufenheck-Coupé, aber bei gleichem Radstand. Opel verkürzte den Abstand zwischen Hinterrad und Heckabschluss. So wünschte sich das Opel: Eine Familie mit Ferienhaus in Spanien besitzt gleich zwei Opel Manta CC, der blaue ein Manta Luxus, der rote ein Manta Berlinetta. Foto vom Oktober 1978.

Ein umstrittenes Styling. Die einen sagen, der CC sei der elegantere der beiden Brüder. Die anderen sagen, das Schrägheck wirke wie nachträglich aufgepflanzt. Aber über Geschmack soll man nicht streiten.

war unterm Strich viel erfolgreicher als der nachgeschobene Manta CC mit schrägem Heck und großer Klappe. Einerseits. Aber andererseits sagt uns die Automobilgeschichte, dass alle Sportcoupés ab Mitte der 70er Jahre und bis weit ins jetzige Jahrtausend hinein eine große, ladefreundliche und praktische Heckklappe aufweisen - selbst wenn sie aus gestalterischen Gründen mittlerweile wieder zum angedeuteten Stufenheck tendieren, also ein Stummelheck haben.

Der Opel Manta CC (Design: Henry Haga) war nicht geplant, als der Opel Manta B erschien. Er war tatsächlich nichts als eine Reaktion und ihm haftete stets die Aura des Nachzüglers an. Ford hatte dem Capri II eine Heckklappe verordnet, VW hatte den Scirocco von Anfang an so konzipiert, Toyota hatte die Celica in zwei Karosserievarianten im Angebot, mit Stufenheck (»Celica Coupé«) und mit Schrägheck (»Celica Liftback«), das Fiat 128 Coupé mit kleinem Kofferraumdeckel wurde per 1975 überarbeitet zum 128 3p und Lancia lancierte den Beta HPE. Das war ganz einfach der Stil der Zeit. Deswegen schob Opel den Manta CC im Oktober 1978 nach. Und nicht nur ihn. Opel sah damals das Heil eines jeglichen Coupés in dieser Karosserievariante und brachte des-

Die Klappe auf! Als CC war der Manta baumarkttauglich. Und umzugstauglich. Und überhaupt sehr viel praktischer. Aber die Kunden honorierten es nicht. Ihnen gefiel die Stufenheckversion besser. Silberner Manta CC L von 1979.

halb das Senator Coupé, den Opel Monza, ebenfalls mit großer Heckklappe. Das allerdings erwies sich nicht als die beste aller Entscheidungen. Denn in diesem gehobenen Marktsegment der 3-Liter-Coupés wollten die Kunden keinen »praktischen« Wagen, sondern einen edlen Gran Tourismo. Das Argument der »Baumarkttauglichkeit« spielte beim Monza nicht die geringste Rolle.

So wurde der Manta also plötzlich zum »Crossover« in Form des Manta CC. Er verband zwei Dinge miteinander, die nicht zueinander passten, aber dennoch miteinander harmonierten. Er war ein rassiges Coupé. Das hatte auch jedermann vom Opel Manta erwartet. Und plötzlich wurde er praktisch. Das war sicherlich nicht jedermanns Sache. Deshalb entschied sich Opel auch, den Manta CC zusätzlich zum bisherigen Manta ins Programm zu nehmen, in genau denselben Ausstattungen wie die Stufenheck-Variante, aber jeweils 450 D-Mark teurer.

Die englische General-Motors-Filiale Vauxhall machte es anders. Sie ersetzte den Stufenheck-Manta B, der in England Vauxhall Cavalier hieß, durch den Manta CC, den Vauxhall Cavalier Sports Hatch. Während Vauxhall also dem Sportcoupé-Käufer diktierte, was ihm zu gefallen habe, ließ Opel dem Kunden die freundliche Wahl. Und er wählte. Und zwar ganz überwiegend den gewöhnlichen Manta B mit Stufenheck und Kofferraumdeckel. Während der 13 Jahre liefen 557.940 Mantas vom Band, davon lediglich knapp 20 Prozent Manta CC.

Das Kürzel CC steht für Combi-Coupé und für eine neue Dachform mit schrägem Heck, großer Klappe und umlegbarer Rücksitzlehne. Die Heckpartie wurde leicht gekürzt, für das Auge kaum wahrnehmbar: Der Manta CC misst sieben Zentimeter weniger in der Länge. Vom kleinsten Manta-Motor, dem 1,2-Liter mit 55 und 60 PS, blieb er verschont, was beweist, dass ihn Opel leicht oberhalb des Stufenheck-Coupés positioniert wissen wollte. Die meisten Opel Manta CC wurden mit den stärkeren Motoren und in feiner Ausstattung ausgeliefert.

Es ist ein merkwürdiges Phänomen und lässt sich rational nicht erklären: Obgleich der Manta CC ein echter Manta war, blieb ihm das Schicksal seines Stufenheck-Bruders erspart. Mit dem Opel Manta CC verband die Öffentlichkeit niemals die klischeehafte Vorstellung, der

Der Manta CC, hier in der Luxus-Version mit einfarbig silbern lackierten Stahlsportfelgen, wird auf offiziellen Fotos fast ausschließlich mit Heckbetonung gezeigt, hier an der griechischen Küste.

Fahrer sei ein Prolet und seine Freundin eine dumme Tussi - ganz dem Kultfilm »Manta Manta« entsprechend. Der Opel Manta CC blieb stets ein seriöses Auto mit gutem Ruf - obgleich jeder Manta-Frontspoiler und jeder fette Schlappen und jede Kotflügelverbreiterung natürlich auch auf ihn passten.

Das ist wahrscheinlich darauf zurückzuführen, dass der Stufenheck-Manta eindeutig als Sportcoupé definiert war - ein Auto für einen Fahrer und eine Beifahrerin, eher kinderlos, jung und sportlich. Der Opel Manta CC hingegen sprach eine ganz andere Käuferschicht an. Er war eine ganze Nummer größer als die Kompaktwagen à la VW Golf oder Opel Kadett D, aber er konnte all das, was jeder Golf auch konnte und war obendrein ein schnittiger Wagen mit Individualcharakter. Der Opel Manta CC konnte locker den Wocheneinkauf nach Hause bringen, war durch die umlegbare Rücksitzbank und die große Klappe

Von schräg vorne sieht er so aus: Manta CC E Berlinetta 1978/79 mit ATS-Alus auf dem Händlerhof, im Hintergrund ein Commodore C mit Vinyldach.

einfach ein praktischer Wagen und sah rassig aus. Er war das Richtige für all diejenigen, die einem Outdoor-Lifestyle-Hobby nachgingen. Wer Wasserski fährt, gerne angeln oder tauchen geht oder wer eine Campingausrüstung zu transportieren hat, der griff damals zum Manta CC. Und er war, laut Opel-Kundenanalyse, ein Damenauto; der weibliche Anteil an Käufern war beim Combi-Coupé höher als beim Stufenheck-Manta. Vielleicht denken Frauen einfach praktischer als Männer.
Die Tatsache, dass Opel im Oktober 1978 mit dem Manta CC wieder mal nur reagierte, aber nicht agierte, bereitete den Opel-Verkäufern ein Problem. Ein Problem, das die alt Gedienten unter ihnen bereits kannten, vom Herbst 1970. Damals, als der Manta A präsentiert wurde, mussten sie den Interessenten erklären, warum ihre Marke so spät ein viersitziges Sportcoupé auf den Markt gebracht hatte, warum der Mitbewerber Ford mit dem Capri so viel früher da gewesen war. Damals hatten sie wenigstens den gut verkäuflichen Opel GT als Argument und konnten sagen, zu ihm hatte Ford keine Alternative. Aber im Oktober 1978 gab es längst keinen GT mehr, und da gab es im Opel-Programm außer dem Senator und Monza überhaupt nichts, zu was Ford keine Alternative gehabt hätte. Schwere Zeiten für Opel-Verkäufer, und um ihnen entgegen zu wirken, gab die Opel-Marketingabteilung ihren Kämpfern im Autohaus vor Ort eine immerhin 73 Seiten starke Broschüre in die Hand: »Produktinformation« steht auf dem Cover, also eine Verkaufshilfe, eine Argumentationshilfe für das neue Produkt. Der Verkäufer musste geschult werden. Er benötigte Gegenargumente für ebenso befürchtete wie nahe liegende Fragen.
Und diese Fragen sahen so aus und erinnerten frappant an jene aus dem Herbst 1970: Warum bringt Opel erst zum Jahresende 1978 einen Manta mit schrägem Heck und großer Klappe, wenn der Ford Capri II bereits seit Februar 1974 damit aufwarten konnte und der VW Scirocco wenige Monate später ebenfalls mit großer Klappe erschien?
»Was Sie über den Ersten unter den Sportlichen wissen sollten...« lautet das Motto und gibt dem Verkäufer einen Sinnspruch aus dem Sudan mit auf die Reihe, mit dem er einem Besserwisser gleich die Luft aus den Segeln nehmen kann: »Der Mann, der behauptet, über alles Bescheid zu wissen, heiratet seine Mutter!« Gegliedert ist die Broschüre in fünf Kapitel über das Konzept, den Markt, das Produkt, den Vergleich sowie das Kapitel »Doppelt hält besser...«. Darin wird erläutert, warum Opel den Manta in zwei Versionen, als Stufenheck-Coupé und als CC baut. Denn der Verkäufer durfte alles, nur nicht eines: den älteren Stufenheck-Manta schlecht machen, weil es das Schrägheck-Modell

Eine interne Designstudie von 1980, um den Manta CC optisch fit fürs nächste Jahrzehnt zu machen, in dem Optiktuning eine sehr große Rolle spielte. Radlaufverbreiterungen, Frontschürze vom späteren Manta B Facelift, aber mit riesigen Blinkern, Heckspoiler vom späteren Manta B GSi CC, Felgen 7x 15 Ronal von Irmscher, Nabendeckel mit eingraviertem Opel-Zeichen. Somit also ein interessantes Fahrzeug, das so manches, was später kam, voraus nahm.

gab. Das wäre nämlich kontraproduktiv. Deswegen wird der Verkäufer dezidiert darauf hingewiesen: »Bitte beachten Sie: Es gibt keinen neuen und keinen alten Manta! Es gibt den Manta als klassisches Coupé mit sportlichem Charakter. Und es gibt nun den Manta CC, das Combi-Coupé, als einen eleganten Wagen mit vielfältigen Einsatzmöglichkeiten und sportlichen Fahrleistungen.«

Das CC-Konzept verdeutlichen die Marketingexperten in der Kombination von Sportlichkeit und Fahrvergnügen, Komfort und Raum, Leistung und Wirtschaftlichkeit. Das neue Heck sei »der Manta von einer ganz neuen Seite«. Mit dem Neuen hoffte Opel, alle zu erreichen: »vom Rallye-Fan bis zum Herrenfahrer, vom Sportler bis zum Geschäftsreisenden, vom ungebundenen Junggesellen bis zu der jungen Familie, von der Karrierefrau bis zur Hausfrau mit eigenem Wagen«. Opel weiß, dass zwar Vernunftargumente den Autokauf in den 70ern bestimmen sollten, gerade nach der Ölkrise 1973/74, dass aber das Emotionale letztlich bestimmend ist: »Das Auto ist ein Mittel der Selbstdarstellung und der Selbstverwirklichung.« Und deshalb ist der CC der Richtige für Käufer mit dem »Wunsch nach einem heißen Renner, mit dem sich schnelle Kurven nehmen lassen, mit dem man sportliche Dynamik demonstrieren kann, ohne deshalb Kopf, Kragen und Vermögen riskieren zu müssen.« Opel definiert den typischen Manta-CC-Käufer als jugendlich aber nicht sehr jung an Jahren, »er verdient gut, aber nicht so viel, dass er nicht aufs Geld sehen müsste; er ist selbstbewusst und dynamisch, aber nicht so überlegen, dass es für ihn keine Rolle spielt, was für ein Auto er fährt«. Konkret sah Opel folgende Zielgruppe für den Manta CC: 50 % Manager, Angestellte, 30 % Facharbeiter, 80 % Männer, 20 % Frauen (genau darin täuschte sich Opel!), 75 % verheiratete, 50 % Volksschulabschluss, 25 % Akademiker, Altersgruppe 35 bis 40 Jahre mit einem damaligen Haushaltsnettoeinkommen von 2750 D-Mark. Scirocco und Capri sah Opel als »Verlierer zugunsten des Manta«, als gefährlich stufte Opel den Dreier BMW ein, vor allem wegen des Sechszylindermotors und der aufwändigeren Hinterachskonstruktion. Für den Capri hatte Opel kein gutes Wort, trotz sechs Töpfe, und verhöhnt dessen Blattfederfahrwerk (dabei hat der Manta ebenfalls eine starre Hinterachse, aber eben an Schraubenfedern). Am Scirocco wird die hohe Literleistung »aus kleinen Töpfen« bekrittelt, ein überangestrengter Motor (»Das bringt mehr Verschleiß und mehr Geräusch!«). Böse eingedroschen wird auf den Toyota Celica Liftback (»Recht viel Geld für wenig Reife«), er sei der Wagen mit dem längsten Namen und der kürzesten Reichweite, ungünstige Kaskoklasse, ein unkultiviertes Auto.

Ihm sieht man die 110 PS nicht an: Manta E, optisch ein Manta Berlinetta, Heckschriftzug »Manta E«.

Der Rochen verschwindet, ein Topmodell kommt

Modelljahr 1978: Für Manta-Jünger ein Jahr der Freude und der Trauer. Der stilbildende Rochen an der Kotflügelunterseite verschwand, das Manta-Erkennungsmerkmal seit Erscheinen der Modellreihe. Dafür erschien der Manta E als neues Topmodell, eine Kombination aus Luxus und Kraft. Die IAA im September war Drehscheibe für ganz wesentliche Opel-Typen, ein neuer Rekord wurde präsentiert, ebenso sein feiner Bruder Commodore C. Im Rampenlicht standen auch Senator und Monza. Der Große Opel erstmals nicht mehr als originärer Typ, sondern als geklonter Rekord mit vielen technischen und optischen Eigenheiten, aber eben keine eigenständige Konstruktion mehr wie jahrzehntelang zuvor der Kapitän, Admiral und Diplomat. Der Kadett bekam ein neues Gesicht, zumindest seine höherwertigen Versionen. Ascona und Manta, die beiden Geschwister im unterschiedlichen Kleide, wurden ebenfalls modifiziert. Ab Juli 1977 wurde das 2-Liter-S-Aggregat im Ascona, verbaut, übernommen vom neuen Rekord E, und der Ascona schaffte den Aufstieg in die 2-Liter-100-PS-Klasse.

Der Manta: Der kleine Kadett-Motor mit 55 PS aus 1,2 Litern hielt Einzug. Der 75-PS-Manta schöpfte seine Pferde nunmehr aus 1900 Kubik, der 1,9-Liter-N-Motor ersetzte den gleich starken 1,6-Liter-S, bot aber mehr Drehmoment. Ein neues Extra, sehr sinnvoll in Verbindung mit einer Anhängekupplung, war die hintere Niveauregulierung, ein reines Luxusextra die Klimaanlage. Aufwertung für den Manta Berlinetta durch Tageskilometerzähler und neue Kofferraumauslegung mit Teppichboden statt Veloursmatte. An allen Mantas entfiel das Erkennungszeichen, der stilisierte Rochen an den Vorderkotflügeln hinter dem Radausschnitt. Das wurde vielfach betrauert.

Schlimme Jahre 1979/80: Die zweite Ölkrise

Die zweite Erdölkrise 1979/80 traf die Automobilindustrie bis ins Mark. Nach der ersten Ölkrise 1973/74 folgte die zweite 1979. Wieder war der Grund dafür ein politischer, nämlich die islamische Revolution im Iran, der Sturz des Schahs von Persien durch den Schiitenführer Ajatollah Khomeini. Durch die Wirren ergaben sich gewaltige Erdöl-Förderausfälle, der Rohölpreis erreichte ein Rekordhoch von 38 Dollar je Barrel, der Liter Super kostete rund 1,50 D-Mark (gegenüber 1 DM kurz zuvor). Käufer und Industrie gerieten in eine Hysterie, Diesel-Fahrzeu-

Manta GT/E des Modelljahrs 1980/81 in Türkismetallic 32 mit schwarzen Stoßfängern, vorne mit integrierten Blinkern, null Chrom und ATS-Classic-Alufelgen. Neupreis im Januar 1981 ohne Extras: 16.840 D-Mark. 242 D-Mark extra mussten für die Alufelgen bezahlt werden, wahlweise mit 185er- oder 195er-Reifen. Türkismetallic kostete auch Aufpreis, war für 213 DM zu haben, und die Seitenschutzleisten wurden immer noch nicht serienmäßig verbaut, 1979 kosteten sie zusätzliche 126 DM. Der Kunde verzichtete auf die serienmäßige Kriegsbemalung, die Anfang der 80er einfach nicht mehr opportun war.

ge wurden euphorisch gekauft, dies- und jenseits des Atlantiks, der US-Präsident Jimmy Carter verordnete den US-Cars ein rigoroses Abspeckprogramm und führte den Flottenverbrauch ein. Die US-Autoindustrie lag absolut darnieder, der Chrysler-Konzern wäre deswegen fast kollabiert, Ford und General Motors siechten dahin. In Europa nicht viel anders: gewaltiger Konjunktureinbruch, Kurzarbeit in nahezu allen Autowerken, die Käufer in Schockstarre. Am meisten betroffen waren Opel und Ford, beide Marken hatten plötzlich nur noch ein Zugpferd. Bei Opel war es der Kadett D, der Frontantriebs-Kadett im Golf-Layout, der glücklicherweise rechtzeitig zu Beginn der Krise auf den Markt kam. Ford darbte länger, weil der moderne Escort III erst 1980 erschien. Ganz schlimm war die Situation bei großen Fahrzeugen. Der Ford Granada nahezu unverkäuflich, und Opels Erfolgsmodelle Rekord und Senator, die sich 1978 so gut verkauft hatten, standen wie Blei auf den Händlerhöfen und Werkshalden. Zur Verdeutlichung ein paar Zahlen: Im November 1979, dem Ende des ersten Krisenjahres und im ersten Jahr nach dem Rekordverkaufsjahr 1978, verkaufte Opel in der Bundesrepublik 18,4 % Autos weniger. Und das trotz des neuen Kadett D, der ein Plus von 80 % verzeichnete! Bei den Großen hingegen brach der Verkauf ein: Rekord minus 36,9 %, Commodore minus 64,4 %, Senator minus 64,1 %. Und der Manta war ebenfalls im Abwärtssog: minus 57,8 %. Das heißt, im November 1978 wurden in Westdeutschland 3495 Manta B neu zugelassen, ein Jahr später nur noch 1475. Im Folgejahr zwar weniger Rückgang, aber alles andere als eine Kehrtwende: Gegenüber dem 1979er Riesenminus machte Opel 1980 ein kleineres Minus, aber

Nicht besonders gut verkäuflich im Krisenjahr 1980: ein gut ausgestatteter Manta GT/E mit 110 PS. Kadetten gingen hingegen ganz ordentlich weg.

Neue, mit schwarzem Kunststoff ummantelte Stoßfänger, die obendrein die Vorderblinker beherbergten.

Trotz aller Modellpflege: Der Manta blieb seinen rot umrandeten Rückleuchten treu.

schlimm genug: Die Verkäufe gingen um 12,2 % zurück, der Manta erlebte ein Minus von 33,1 Prozent im Oktober 1980 gegenüber dem Oktober 1979. Und die großen Opel: Rekord minus 32,4 %, Commodore minus 65 %, Senator minus 30,3 %.

Opel startete im Herbst 1980 öffentlichkeitswirksam mit großem Werbeaufwand die »Opel-Initiative '81«. Damals wurde noch zwischen Normal- und Superbenzin unterschieden, bei Opel waren die N-Motoren nornalbenzintauglich (91 Oktan), die S-Motoren mit etwas mehr Leistung verbrauchten Super (95 Oktan). Opel reduzierte in seiner »Opel-Initiative '81« die Aufpreise für die S-Motoren deutlich. Die beiden 2-Liter-Triebsätze im Manta wurden um 545 Mark billiger, und auch beim kleinen Manta-Motor, dem 1,3-Liter-S mit 75 PS, musste der Käufer weniger tief in die Tasche greifen: 245 Mark Preisnachlass. Ein richtig gutes Geschäft machte ein Manta-GT/E-Kunde: Der bekam seinen Wagen ab Herbst 1980 um 1264 Mark billiger und erhielt sogar zusätzlich noch Recaro-Sportsitze.

Ansonsten war der Manta von der »Opel-Initiative '81« deshalb weniger betroffen, weil er bereits 1980 überarbeitet worden war und ihm 1982 ein großes Facelift bevorstand. Der Manta-Jahrgang 1980 hatte anstelle der verchromten neue, schwarz ummantelte Stoßstangen mit integrierten Blinkern, der GT/J mit sportlichem Touch kam im Frühjahr 1980 neu und gleichzeitig hatte die für den Kadett D konstruierte, neue Motorengeneration ihren Einstand eben nicht im Kadett, sondern im Manta und Ascona gegeben. Interessant ist, dass während der schlimmen beiden Jahre 1979 und 1980 kein Manta-Sondermodell erschien. Und ein Jahr nach der »Opel-Initiative '81« wurde der Manta schwer überarbeitet.

Lebensverlängernde Maßnahmen: Das große Facelift 1982

1980 war der Manta B behutsam modernisiert worden, er bekam schwarz ummantelte Stoßfänger, vorne mit integrierten Blinkern. Das hätte ihn für seine letzten beiden Jahre fit machen sollen, ein bisschen Modernität ohne allzu großen Aufwand. Geplant war, den Manta B zusammen mit dem Ascona B 1982 ableben zu lassen zugunsten einer neuen Frontantriebsgeneration mit quer eingebauten Motoren, dem General Motors J-Car. Beim Ascona C wurde dies verwirklicht, doch er erhielt nicht, statt bisherigem Muster, einen neuen Manta C zur Seite gestellt.

Statt dessen blieb der Manta B im Programm, nunmehr als letzter Opel-Heckmotorwagen. Er wurde im Mai 1982 optisch umfangreich modifiziert, Elemente des im März 1981 präsentierten Manta 400 hielten Einzug. Die Szene spricht vom Manta B2, offiziell hieß er nie so. Die vordere Kunststoffstoßstange mit integriertem Spoiler suggerierte einen separaten Stoßfänger, wie das damals modern war. Aber hinter dem Kunststoffteil blieb das Karosserieblech identisch, es handelte sich also nicht um einen Stoßfänger, sondern um eine Verkleidung. Neu gestaltet wurde auch die hintere Stoßstange, ebenfalls Kunststoff, beide nunmehr in Karosseriefarbe lackiert. Im Frontblech fanden sich nun vier anstelle von zwei Kühlluftschlitzen, und ein Manta-Charakteristikum, die rot umrandeten Heckleuchten, verschwand. Die Gehäuserahmen waren fortan konventionell schwarz. Der GT/E machte auf zusätzliches Optiktuning dank in Karosseriefarbe lackierter Seitenschweller und einem Heckspoiler. Chrom war nun passé, mattschwarze Kriegsbemalung ebenfalls, das entsprach nicht mehr dem automobilen Zeitgefühl der 80er Jahre. Auch der Innenraum wurde modernisiert, der GT/E trug schon seit Frühjahr 1981 serienmäßig Recaro-Sitze. So manches Extra gab es nicht mehr (Vinyldach), dafür anderes, was moderner war (5-Gang-Getriebe, Sperrdifferenzial, getönte Scheiben). Für Halogenscheinwerfer wollte Opel immer noch Aufpreis, dafür waren Alufelgen serienmäßig. Und nach wie vor waren Mono-Radios im Angebot, und für ein ordentliches Gerät (Typ Sebring Top), nunmehr mit Kassettendeck und zusammen mit zwei Zusatzlautsprechern, rief Opel stolze 1121 D-Mark auf.

Die Ausstattungen wurden neu sortiert, Opel setzte beim Manta mehr auf Sportlichkeit als auf Eleganz. GT/J und GT/E waren die sportlichen Versionen, das L-Modell fiel weg, alleine die Berlinetta verkörperte den eleganten Luxus-Manta. Sie hatte ein relativ kurzes Leben im Gewande des Manta B2, nur anderthalb Jahre bis zu den Werksferien 1983. Die Berlinetta trug ihren Luxus ausschließlich innen, außen mit Ausnahme des Türgriffs kein Chrom mehr. Statt des hübschen Chromschriftzuges auf den Kotflügeln verpasste ihr Opel einen offensiven Aufkleber auf der Türe. Zu B2-Zeiten wurde das Motorenprogramm immer mehr gestrafft, weg fielen die schwächeren Versionen, gepusht wurden letztlich nur noch der 90 PS starke 1800er OHC und der 2-Liter-cih-Einspritzer mit 110 PS im GT/E (später: GSi). Dazu passte die luxuriöse Berlinetta-Ausstattung weniger.

Ab dem Modelljahr 1984 gab es also keinen eleganten Manta mehr, Manta und Manta CC waren ausschließlich sportliche Fahrzeuge. Der

Eine Berlinetta blieb im Manta-B-Gewand selten. Opel positionierte den definitiven Manta eher sportlich als elegant. Die breite Seitenschutzleiste und die offensive »Berlinetta«-Türbeschriftung waren auch nicht im Sinne der auf Noblesse bedachten Berlinetta-Klientel. Aufnahme März 1983.

Weiterhin blieb der CC als diskreter Bestandteil des Manta-Programms existent. Er präsentiert die neue hintere Stoßstange aus Kunststoff, in Karosseriefarbe lackiert. Die Rücklichtrahmen sind nunmehr schwarz. Werbeaufnahme im schweizerischen Lötschental.

Im Stile seiner Zeit: GT/E, hier als CC, mit serienmäßigem »Bodykit« und Alus in Wagenfarbe.

GT/E profitierte seit Herbst 1982 von fünf Gängen in Serie, ab Anfang 1983 trugen alle Mantas den GT/E-Heckspoiler, und im Herbst 1984 ersetzte der Manta GT den GT/J als Basismodell. Gleichzeitig gab es eine weitere Umbenennung aus Gründen der Opel-internen Nomenklatur: Aus dem GT/E wurde der Manta GSi. Im letzten Modelljahr 1988 gab es keinen GT mehr, nur noch den GSi mit seiner Version GSi Exclusiv, nachdem Opel erkannt hatte, dass es eben auch Käufer gibt, die mehr Eleganz wünschten, als sie der ehemalige GT/E und nunmehrige GSi zu bieten hatte - eben die ehemalige Berlinetta-Klientel. Ebenfalls eine Errungenschaft des letzten Modelljahrs: Eine Katalysator-Version des 2-Liter-Motors, 107 statt 110 PS.

Deckblatt des Manta-Prospektes vom August 1986.

GT/E-Interieur im Manta B2, neue Stoffe, neues Lenkrad, neues Design der Türinnenverkleidungen.

Kein Unterschied zwischen GT/E und GSi außer dem Namen. Opel-Kalenderblatt von 1986.

Ein Hauch von Mode im '82er Manta GT, dem nunmehrigen Einstiegsmodell in die Palette.

GSi Exclusiv: Belgisch-schwäbische Zusammenarbeit

Die letzten Mantas waren die exklusivsten. GSi Exclusiv hieß das nicht limitierte Sondermodell, das ab April 1985 bis zum Produktionsauslauf im August 1988 im Opel-Programm war und auf der Irmscher-Schiene fertig gestellt wurde. Es handelte sich um serienmäßige Manta GSi, nur als Stufenheck-Coupé erhältlich, nicht als CC. Nachdem im Herbst 1986 der 1300er- und im Sommer 1987 auch der 1800er-Motor ausgelaufen waren, bestand das Manta-Programm nur noch aus dem GSi sowie dem GSi Exclusiv, der zuletzt mit stattlichen 24.550 D-Mark in der Opel-Preisliste stand.

Irmscher hatte zuvor schon einige Manta-Sondermodelle produziert, die teilweise über die Opel-Händler vertrieben wurden, und letztlich war der GSi Exklusiv nichts anderes. Vom GSi unterschied sich der GSi Exclusiv nicht technisch, nur in der Aufmachung. Seine Fahrleistungen waren GSi-pur: 10,3 Sekunden für den klassischen Sprint auf Tempo 100, Topspeed 186 km/h dank 110 kat-losen Pferdestärken. Ganz interessant: Das Spoilerwerk, das den GSi Exclusiv optisch beschleunigte, entschleunigte ihn faktisch: Für den Sprint auf Tempo 100 brauchte er drei Zehntelsekunden länger als ein GSi ohne Spoilerwerk, und er war mit 186 km/h Endgeschwindigkeit auch 6 km/h langsamer. Die Besonderheiten des GSi Exclusiv liegen in der Ausstattung. Im Premierenprospekt vom April 1985 spricht Opel vom »neuen Champion« und charakterisiert ihn als »rassig, sportlich und fair im Preis«, er sei »absolut in Bestform« und überzeuge durch »Leistung, Ausdauer und stilistische Perfektion«. Und diese stilistische Perfektion sieht so aus: Die doppelten Rundscheinwerfer erbte der GSi Exclusiv von den Rallyeversionen des 400ers, den Frontspoiler und die Seitenschweller übernahm Irmscher vom Serien-GT/E ab 1982, der dreiteilige Heckspoiler stammt vom Manta 400. Zwischen den Rückleuchten saß eine dunkle Kunststoffblende dort, wo üblicherweise das Kennzeichen montiert war. Dieses fand seinen Platz nun unterhalb der Stoßstange. Die serienmäßigen Recaros erhielten einen speziellen Bezugsstoff, bei den ersten GSi Exclusiv in Anthrazit mit roten Sitzflächen (wahlweise die Veloursausstattung des Serien-GSi), dazu farblich abgestimmte Fußmatten mit eingewebtem, großem »GSi«-Logo sowie ein Dreispeichen-Lederlenkrad mit »Irmscher«-Emblem auf der Nabe. Die bekannten 6x14-Alufelgen mit 195/60 SR 14-Reifen erhielten eine neue Lackierung, Anthrazitmetallic mit Silberrand. Die einzige technische Besonderheit war das beim Exclusiv serienmäßige Irmscher-Sportfahrwerk, das beim Serien-GSi aufpreispflichtig war. Die frühen GSi Exclusiv gab es in den beiden Metallicfarbtönen Monacoblau und Dakargold. Gegen Aufpreis: Heckschürze, rechter Außenspiegel, Schiebedach, getönte Scheiben, diverse Radios. Mit allen Extras kratzte der GSi Exclusiv an der magischen 30.000-Mark-Grenze. Das Getrag-Automatikgetriebe gab es im GSi Exclusiv nie. Der erste GSi Exclusiv galt als Sondermodell und war nur 1985 lieferbar. Nach einem Jahr Pause kehrte er zum Modelljahr 1987 zurück, nun als reguläre Ausstattungsvariante im Manta-Programm, und als krönenden Abschluss erhielt er im letzten Modelljahr 1988 serienmäßig die Irmscher-Heckschürze.

Das letzte Aufbäumen in den beiden letzten Modelljahren: Manta GSi Exclusiv als fester Bestandteil des Manta-Programms und oberhalb des »normalen« GSi angesiedelt.

Die GSi-Exclusiv-Felgen sind stets anthrazitmetallic lackiert, und wenn die Karosserie im gleichen Lack erstrahlt, harmoniert das gut. Dieser Wagen, Modelljahr 1988, trägt die Irmscher-Heckschürze serienmäßig.

Die Heckschürze, nunmehr in Serie, präsentiert der knallrote GSi Exclusiv, zusammen mit Alus und fetten Auspuffendrohren. Das ist ein 1985er Fahrzeug, also noch das Sondermodell.

Die Mantas der letzten neun Jahre kamen nicht mehr aus Bochum, sondern aus dem GM-Continental-Werk im belgischen Antwerpen. Dort wird heute kein Opel mehr produziert, im Dezember 2010 lief dort der definitiv letzte, ein Astra J, vom Band. Die Fabrik wurde geschlossen. Sie hatte, der guten Seeanbindung wegen, sämtliche für die USA bestimmten Opel-Fahrzeuge gebaut. Ab 1979 wurden alle Manta B bis zum Produktionsstopp 1988 ausschließlich in Antwerpen hergestellt, auch die Rallye-Homologationsmodelle Manta 400 und Ascona 400 in Kleinserie.

Zahlen des Manta B: Insgesamt liefen 557.940 Fahrzeuge zwischen 1975 und 1988 vom Band, darunter 98.803 Manta 1,9 mit Vergasermotor plus 37.011 Einspritzer. Vom Manta B mit 2-Liter-S-Motor wurden 59.571 gebaut, für die Normalbenzinversion 2.0 N votierten 18.002 Käufer, den fetzigen Einspritzer erwarben 147.189 Sportfahrer, also auch hier die deutliche Mehrheit für die stärkste Variante. Ein paar herausragende Zahlen aus der Statistik: Vom Manta B SR mit 1,2-Liter-Motor gab es jeweils zwei Stück in Standard- und in Luxusausstattung. Der CC als 1200er mit Standardausstattung lief genau ein Mal vom Band, überhaupt sind CC-Modelle mit Standardausstattung sehr selten, egal mit welchem Motor; CC-Käufer votierten für die L- oder Berlinetta-Version, weniger für den GT/E oder GSi. Vom Manta 400 gab es 245 Exemplare, aber seltener ist ein SR mit 1,9 Liter-N-Motor in Standardversion (103 Stück). Die beiden häufigsten Einzelversionen: 2,0 E Standard (105.850 Exemplare) und 1,9 S Luxus (64.415 Stück, jeweils nur das Stufenheck-Coupé).

Auf der Straße: Mit breiten ATS-Alus aufgerüstet, und auch sonst imitiert dieser GSi Exclusiv dank Zubehörteile ein wenig den Manta 400.

Als der Manta GSi Exclusiv ausschließlich als Sondermodell zu haben war, also im Modelljahr 1985, gab es ihn mit speziellen Polsterstoffen, Anthrazit mit roten Sitzflächen für die vorderen Recaros und farblich dazu passend die Rücksitzbank bezogen. Später, als der Exclusiv fester Bestandteil der Manta-Palette war (Modelljahre 1987/88), konnte der Kunde wahlweise auch die Veloursbezüge aus dem serienmäßigen GSi ordern.

Serienfelgen: Meist mit Turnschuhen unterwegs

Der Manta B trug fast immer Sneakers. Vom Standardmodell abgesehen, gönnte Opel der Manta-Zweitauflage stets Sportfelgen, aber meistens aus Stahl. Nur die ganz Exquisiten bekamen ATS- oder Ronal-Alus serienmäßig. Auf den Manta B wurden in der Hochphase des Tuning-Wahns die wildesten Felgen montiert. Manche waren eingetragen, manche wurden vor jedem TÜV-Termin ausgetauscht, und mit etlichen davon sollte man sich tunlichst nicht von der Polizei erwischen lassen. Die Tuner montierten ihre eigenen Felgen, und manche waren so breit wie die Räder eines Boeing Jumbo-Jets. Rad/Reifen-Kombinationen auf getunten Mantas in den 80er und frühen 90er Jahren könnten fast schon eine Dissertation füllen. Überschaubar ist hingegen, welche Räder Opel selbst seinem Sportler angedeihen ließ.

Besonders langweilig waren die Kronzprinz-Stahlfelgen des Manta-Grundmodells, silbern lackierte Felgen in 5 x 13, entliehen vom Kadett C, mit schwarzen Kunststoff-Nabenkappen. Kaum ein Manta B war ein Basis-Manta, und so sind diese Felgen kaum mehr im kollektiven Gedächtnis erhalten. Wer Manta fuhr, fuhr Luxus, SR, GT/E oder Berlinetta. In den selben Dimensionen wir die Basis-Stahlfelge, also 5 x 13, präsentierte sich die vom Manta A bekannte Stahlsportfelge auf dem Manta B Luxus ab September 1975, die Achtloch-Felge, aber sie war einfarbig silbern lackiert, beim Manta A waren die Flächen schwarz ausgelegt gewesen. Dieses Privileg genoss die gleiche Felge auf der Berlinetta und dem SR (Größe 5 x 13 oder 5,5 x 13, je nach gewählter Bereifung), zusätzlich mit verchromtem Zierring am Felgenaußenrand. Bis hierher konnte Opel beim Manta B also auf Vorhandenes aus dem Regal zurückgreifen. Neu gestaltet war die Felge für den Manta GT/E, eine Stahlfelge mit vier ovalen Löchern in 6 x 13, verchromte Nabenkappe, ebenfalls Chromzierring. Ab August 1980 trug der GT/E keine Stahlfelgen mehr sondern ATS-Leichtmetallfelgen der Größe 6 x 13.

Der Mai 1982 war die große Zäsur für den Manta B, nicht mehr der sportliche Bruder des Ascona B, sondern ein eigenständiges Modell im Opel-Programm, und dies manifestierte sich in einem großen Facelift. Dazu gehörte auch das Räderwerk. Einen Basis-Manta gab es nicht mehr, das Einsteigermodell hieß fortan GT/J und trug neu gestaltete Stahlfelgen in 5,5 x 13 mit zehn jeweils dreieckigen Löchern, mittig eine Plastikradkappe, beides silbern lackiert. Die Berlinetta erhielt ebenfalls neu gestaltete Felgen, Alus mit Nabenkappen in 6 x 14 (nunmehr also 14-Zoll-Räder!) und der GT/E ab Mai 1982 rollte auf Ronal-Alus in 6 x 14, die sein Nachfolger GSi beibehalten sollte, ebenso wie das Sondermodell i200. Diese Felge hielt mit vier Schrauben. Eine Sonderstellung nahm der Manta 400 ein. Er trug Ronal-Alus im gleichen Design wie der GT/E und GSi, aber mit Fünfloch-Befestigung. Dimensionen je nach Bereifung 6 x 14, 8 x 15 oder 8 + 10 x 15.

Der Manta Luxus behielt die Opel-Stahlsportfelgen des Manta A, allerdings ohne schwarz ausgelegte Flächen.

So blieb der frühe GT/E in Erinnerung: gelbes Auto mit schwarzer Haube und die spezifischen GT/E-Felgen mit vier ovalen Löchern.

Die SR-Felge entsprach derjenigen des Luxusmodells, also die bekannte Opel-Stahlsportfelge, aber mit schwarz ausgelegten Flächen.

Als Werkszubehör offerierte Opel die bekannte ATS-Klassik-Alufelge in 6 x 13 und 6 x 15. Ab 1979 gab es von Irmscher eine selbst gestaltete Alufelge in 6 x 15 und 7 x 15. In 7 x 15 wurde diese Felge auch auf den i240 montiert, wenn dieser mit Verbreiterung bestellt wurde, ansonsten Ronal 6 x 14.

Ronal-Alufelgen mit Nabenkappen auf dem GT/E ab Mai 1982, später auf dem GSi und auf dem Manta i200. Im Bild das Cover des i200-Prospektes vom September 1983.

Selten blieb das Basismodell mit seinen Kadett-Felgen. Kaum jemand kaufte einen Manta in Grundausstattung.

Zum Alu-Träger wurde der GT/E ab August 1980, ATS-Felgen.

Die Irmscher-Alufelge, schon immer ziemlich exquisit auf dem Manta, hier in der Größe 7 x 15 auf dem Manta i240.

Kapitel 12

Dem Wort »Sondermodell« ist es in die Wiege gelegt: Es ist etwas Besonderes, jenseits der großen Serie, jenseits der Stangenware. Individualisten wollen Individual-Mantas, und Opel bescherte sie ihnen. Je größer der Erfolg eines Automobils, je größer seine Stückzahl und je länger seine Bauzeit, desto weniger individuell ist das einzelne Exemplar. Der Opel Manta B war ein immenser Erfolg, circa eine halbe Millionon Exemplare liefen vom Band: Ein Opel Manta war Stangenware.
Sondermodelle in begrenzter Stückzahl hingegen lockerten den Einheits-Manta auf, brachten noch mehr Farbe ins Spiel, aufgelockert durch Streifen und eine neue Mischung bekannter Attribute. Sondermodelle dienten dazu, die Bauserie attraktiv zu halten, vor allem am Ende ihres Modellzyklus', aber nicht nur da. Sie sind stets ein gutes Angebot, denn manchmal gibt es hier etwas, das es sonst nicht gibt, oder es gibt etwas zu einem Komplettpreis, das sonst deutlich mehr kosten würde. Im Laufe der 13jährigen Bauzeit des Manta B offerierte Opel so manche Sonderserie, und der GT-J war so attraktiv, dass er vom Sondermodell sogar zum Serienmodell befördert wurde.
Der erste offizielle Sonder-Manta war der Silver-Manta im März 1978. Ihm folgte auf dem Genfer Salon 1980 der Manta GT-J, zunächst Sondermodell, später als Einsteigermodell integriert in die normale Serie. Ein Jahr später. im Februar 1981, erschien der Manta Magic und Ende 1981 der Manta Sport. Keine offiziellen Sondermodelle waren die Irmscher-Mantas in kleiner Serie wie der Manta 400, der Manta 240, der i200 oder zuletzt der Irmscher Exclusiv. Diese Fahrzeuge waren reine Irmscher-Schöpfungen, die eben über das Opel-Händlernetz vertrieben wurden. Ebenfalls kein Sondermodell ist der »Supermanta«. Er wurde zwar mit diesem Ausdruck von Opel beworben, war aber schlichtweg eine neue Serienversion, nämlich der Manta E ab Modelljahr 1978. Auch ausländische Opel-Importeure hatten ihre eigenen Sondermodelle, beispielsweise GM-Biel in der Schweiz, wo es einen Manta Silver Jet gab, dem deutschen Silver Manta sehr ähnlich gestaltet, aber mit Riesen-Logo auf der Motorhaube wie ein Pontiac Firebird Trans Am.
Abschließend seien noch weitere, nicht offizielle Sondermodelle erwähnt, deren Zahl und Namen nicht mal komplett bekannt ist. Das sind die so genannten Händler-Sondermodelle, eine Mode gerade in der zweiten Hälfte der 70er Jahre. Ein Opel-Händler bestellte eine bestimmte Anzahl gleich ausgestatteter Fahrzeuge, oftmals in schwarzer Lackierung, die Anzahl variierte je nach Größe des Händlers, und ließ sich von einem ortsansässigen Druckereibetrieb großflächige Kunststofffolien im selbst gestylten Design anfertigen. Die wurden dann auf die Flanken geklebt, man dachte sich einen halbwegs originellen Namen aus und inserierte in der Lokalpresse dafür. Diese Fahrzeuge hatten stets nur regionale Verbreitung.
Der Manta Silver war - nomen est omen - silbermetallic lackiert und eine Mischung zwischen GT/E und Manta E - soll heißen: Während der Manta E den GT/E-Motor, aber das Komfortfahrwerk und eine Luxus-Innenausstattung trägt, bleibt der Silver-Manta rundherum ein GT/E, aber ohne Kriegsbemalung, sondern in einem eleganten Metalliclack. Einen solch gediegenen GT/E, zudem aufgewertet durch ATS-Alus, hatte es zuvor noch nicht gegeben. Innen die komplette GT/E-Ausstattung

Für besondere Momente: Jenseits der Fließband-Norm

Edel wie ein Schmuckstück: Das Cover-Foto des deutschen Silver-Manta-Prospektes vom März 1980, eines Vierseiters zum Aufklappen.

In einer internen Mitteilung vom März 1981 begründet Opel, dass der Manta Magic so attraktiv »für zahlungskräftige Käufer der Altersklasse bis 35 Jahren« sei, dass er auch ohne Sonderpreis gut verkäuflich wäre.

Ähnlich dem deutschen Manta Silver, aber nicht auf der GT/E-, sondern auf der Berlinetta-Ausstattung aufbauend, ist der britische Manta Silver 2.

Manta Sport vom Dezember 1981 in Astrosilber mit schwarzen Sportstreifen, Frontspoiler in Wagenfarbe, Heckspoiler schwarz und einfarbig silberne GT/E-Felgen.

mit Sportlenkrad, Drehzahlmesser, Voltmeter, Öldruckmesser, außen Frontspoiler und Halogenscheinwerfer, das straffe GT/E-Fahrwerk mit Gasdruck-Stoßdämpfern. Neben dem Lack waren seine Besonderheiten die zweifarbigen Recaros (schwarz mit hellgrauen Sitzflächen, Fischgrätenmuster) und die Alufelgen mit 195/70 HR 13-Bereifung. Opel bewarb ihn im März 1978 mit den Worten »Voller Kraft und aufregend schön«.

In einer Abwandlung gab es den Manta Silver auch als Sondermodell in der Schweiz und in Liechtenstein. Dort hörte er auf den Namen Silverjet, und optisch garnierte General Motors Suisse in Biel das Fahrzeug mit großflächigem Dekor in mehreren Grautönen, auf der Motorhaube pfeilförmig von vorne beginnend, auf den Vorderkotflügeln auslaufend und in einen »Silverjet«-Schriftzug mündend. Außerdem verfügte der schweizerische Manta Silverjet im Gegensatz zum deutschen Manta

Ganz zauberhaft: Manta CC Magic in Schwarz. In dieser Farbe blieb er in Erinnerung, aber nicht als CC-Coupé. Doch der Manta B blieb generell nicht als Combi-Coupé in Erinnerung.

Silver serienmäßig über eine Scheinwerfer-Wisch/Waschanlage. In der Schweiz startete der Verkauf der 250 Exemplare im September 1980. Angeblich gab es das Sondermodell Silverjet auch auf dem belgischen Markt, und dort soll er Silverbird geheißen haben. Sehr ähnlich dem deutschen Silver, aber auf der Berlinetta-Ausstattung aufbauend, war der britische Manta Silver 2, auch Scheinwerfer-Wisch/Waschanlage und ATS-Alus, keine Dekorstreifen und blaue Innenausstattung. Ebenfalls 250 Exemplare.

Das wohl spannendste Manta-B-Werkssondermodell war der Manta Magic vom Februar 1981, er bezog sich ganz klar auf das einstige Manta-A-Sondermodell Black Magic auf GT/E-Basis und für ihn zog Opel den wohlbekannten, alten Werbespruch des Opel GT aus der Versenkung: »Nur Fliegen ist schöner«. Er ist, wie der Silver-Manta, ein GT/E als Stufenheck-Coupé oder als CC, lieferbar in Schwarz, Polarweiß oder Silber, aber die meisten Magic waren schwarz lackiert. Die Nachfrage nach diesem attraktiven Modell war so hoch, dass Opel gleich zwei Chargen nachfertigen musste. Er trug schmälere Reifen als der Silver-Manta, nämlich 185/70 R 13 auf ATS-Alus, hatte auch Recaros, dazu einen Sport-Außenspiegel, ansonsten eben GT/E pur. Seine optische Attraktion war das auffällige Design mit dreifarbigen, dynamisch angebrachten Farbakzenten à la Opel-Motorsport.

Im Dezember 1981 folgte der Manta Sport, der sich im Lichte des Manta-400-Motorsporterfolges sonnte. Auch er wieder ein Manta GT/E, diesmal aber ohne Alus, sondern mit den serienmäßigen GT/E-Sportstahlfelgen (185/70 R 13-Reifen), innen luxuriöse Stoffpolster, der schwarze GT/E-Dachhimmel nur auf Wunsch. Äußere Besonderheit des mit Front- und Heckspoiler bewehrten Manta Sport war der schwarze Streifen an den Flanken, schräg unterteilt und mit »Sport«-Schriftzug, der die neuen, schwarzen Stoßstangen optisch wie eine Seitenstoßleiste miteinander verband. Lieferbar nur als Stufenheck-Coupé in den Farben Karminrot, Polarweiß und Astrosilber mit schwarzen Streifen sowie in Anthrazitmetallic und Schwarz mit silbernen Streifen. Der

Für besondere Momente: Jenseits der Fließband-Norm

Das Logo des Manta Sport. Opel sprach von einer limitierten Auflage, verriet aber nicht die Stückzahl.

Manta Sport war quasi eine preiswerte Alternative zum Serien-GT/E, mit 15.700 D-Mark sparte der Kunde einen guten Tausender gegenüber dem Serienmodell.

Als Sondermodell startete der GT-J im März 1980, um ab Januar 1981 als Manta-Einsteigermodell ganz normal Bestandteil der Manta-Palette zu werden. Der GT-J als Stufenheck- und Schrägheck-Coupé war die Alternative für jene ehemaligen Rallye-Kadett-Freunde, die mit dem frontgetrieben Kadett SR nichts anfangen konnten, lieferbar mit 1,3-S-Motor (75 PS) sowie dem 2-Liter-S mit 100 PS. Sie bekamen quasi einen Manta SR mit Frontspoiler, er rollte auf Sportstahlfelgen mit 185/70er-Reifen und hatte weitere Kleinigkeiten an Bord. Der GT/J war völlig chromlos und trug Dekorstreifen an der Flankenoberkante. Und er hieß GT/J. Das war was! 1980 wusste jeder Autofan diese drei Lettern zu deuten: GT/J, so hieß weiland die attraktivste Version des legendären Opel GT.

Interne Produktinformation für Opel-Verkäufer zum Sondermodell Manta Sport: »Mancher Kunde wird noch mehr Wert auf Komfort und Eleganz legen. Versäumen Sie es nicht, einen Manta Berlinetta mit 2,0 E-Motor anzubieten.«

Die meisten großen Händler hatten ihre Haus-Sondermodelle. Hier der Manta GT/E Black von Opel-Härter in Ludwigsburg, lanciert im Sommer 1978.

Die ATS-Felgen

Das Kürzel ATS steht für »Auto Technisches Spezialzubehör«, Leichtmetallfelgen seit 1969 aus Bad Dürkheim, ab 1976 auch Werdohl. ATS-Felgen werden seit 1970 nach dem von Erich Stahlschmidt und Eberhard Maiworm entwickelten Niederdruckguss-Verfahren hergestellt. Das war revolutionär, und schon 1971 entschied sich Porsche für ATS als Alufelgen-Zulieferer (ergänzend zu Fuchs). 1972 kam jene Felge auf den Markt, die auch der Manta Silver trägt und die im Nachhinein als »ATS-Classic-Felge« bekannt wurde. Man kann sie heute noch fabrikneu kaufen. 1985 produzierte ATS weltweit die ersten Lkw-Alufelgen. Seit 2008 ist ATS nicht mehr selbständig, sondern Bestandteil der Uniwheels-Gruppe, aber nach wie vor als Marke aktiv.

Die ATS-Classic-Felge heißt heute so, damals noch nicht. Aber klassisch war sie schon immer, seit 1972.

Ein Beispiel für ein typisches Händler-Sondermodell ist der Manta Hawaii, aufgelegt vom Münchner Opel-Händler Häusler, nur von ihm vertrieben und somit auf den Raum München beschränkt. Auch der Ausstellungsraum war hawaiisch dekoriert.

Häuslers Sonder-Mantas von 1976 waren im bunten Hawaii-Hemd unterwegs. Das war cool. Echt spießig hingegen die Lammfell-Sitzbezüge, die Häusler dem Hawaii-Touristen ebenfalls verpasste.

For your eyes only

Man hat's nicht leicht als Autoverkäufer. Der Kunde ist König und man selbst ist Bittsteller. Aber Opel hilft. Opel unterstützt den Händler und gibt dem Verkäufer Argumentationshilfen. In internen Broschüren: »For your eyes only«. Das steht auf den Akten, die James Bond von »M« bekommt. Auf einer deutschen Akte stünde »streng vertraulich«. Derartige Unterlagen kursieren auch bei Opel-Händlern, in den Händen der Verkäufer. Sie sollten sie nicht unbeaufsichtigt auf den Schreibtisch legen, sondern in der Schublade verschwinden lassen. Und diese absperren. Da stehen zwar keine Vertraulichkeiten darin, welche die Konkurrenz zur Industriespionage animieren könnten - zumal jeder Mitbewerber dasselbe tut. Aber es stehen gewaltig unobjektive Sachen über die Konkurrenzfabrikate darin, die das eigene Produkt in bestem Lichte erscheinen lassen und die Konkurrenz schlecht machen. Man darf das. Man durfte das auch schon vor dem Jahre 2000, als vergleichende Werbung in Deutschland noch verboten war. Denn es handelt sich nicht um Werbung, sondern um Verkaufssupport. Deshalb sind diese Broschüren ja auch »for your eyes only«.

Unterschiedliche Herangehensweisen seitens der potenziellen Käufer: Die einen sind informiert, die anderen nicht. Wer informiert ist, wer Vergleichstests gelesen hatte, weiß um die Vorteile des Manta in Bezug auf die Mitbewerber. Aber auch um die Nachteile. Ihm muss der Verkäufer den Manta schmackhaft machen, den (faktischen oder vermeintlichen) Nachteil ins Gegenteil umkehren, und er muss Bescheid wissen - möglichst mehr Bescheid als der Kunde. Sprich: Der Verkäufer muss den Manta in- und auswendig kennen. Und dann gibt es noch den uninformierten Kunden, oftmals ein leichtes Opfer für den Verkäufer, weil formbar und biegsam, oftmals aber auch ein harter Brocken, weil er sich nicht entscheiden kann und stets meint, das andere sei besser als das eine. Bei ihm muss der Verkäufer bei Null ansetzen und ihm den Manta von A bis Z erklären, ohne dabei belehrend zu wirken. Verkauf hat viel mit Psychologie zu tun.

Für Opel-Devotionaliensammler ist solch ein internes Blättchen natürlich ein Höhepunkt der Prospekt-Sammlung.

Manche Fakten sind Allgemeingut, auch in Sachen Manta versus Konkurrenz. Dass der Ford Capri hintere Blattfedern hatte, wusste jeder

Der Manta 400 ist einsame Klasse!

Manta 400 und Hauptwettbewerber

Motor-, Leistungs- und Verbrauchsangaben	Manta 400	BMW 323 i	Porsche 924	Capri 2.8 i	Datsun 280 ZX
Anzahl der Zylinder	4	6	4	6	6
Hubraum in cm³ (Steuer)	2393	2291	1960	2772	2734
Bohrung in mm	95	80	86.5	93	86
Hub in mm	85	76.8	84.4	68.5	79
max. Leistung in kW (PS)	106 (144)	105 (143)	92 (125)	118 (160)	103 (140)
bei min⁻¹	5200	5800	5800	5700	5200
max. Drehmoment in Nm	210	190	165	221	203
bei min⁻¹	3800	4500	3500	4300	4000
Beschleunigung 0–100 km/h in s	7.5	9.5	9.6	8.0	N. V.
Höchstgeschwindigkeit in km/h	210	190	204	210	203
Kraftstoffverbrauch nach DIN 70030 in l/100 km	S	S	S	S	N
Stadtverkehr	16.8	12.8	12.4	14.8	14.3
bei 90 km/h	6.3	6.8	6.6	8.0	8.4
bei 120 km/h	8.1	9.1	8.1	10.3	10.2
Durchschnitt	10.4	9.6	9.0	11.0	10.9

N = Normalkraftstoff, S = Superkraftstoff

Wichtige Ausstattungsabweichungen

Ausstattungsdetails	Manta 400	BMW 323 i	Porsche 924	Capri 2.8 i	Datsun 280 ZX
5-Gang-Getriebe	●	DM 735.-	●	N. V. (735.-*)	●
Sperrdifferential	●	DM 642.-	N. V. (469.-)	N. V. (469.-)	N. V. (469.-)
4 Scheibenbremsen	●	●	N. V.	N. V.	●
vorn innenbelüftete Scheibenbremsen	●	●	N. V.	●	●
Leichtmetallfelgen	6 J x 14	5½ J x 13	6 J x 14	7 J x 13	6 J x 13
Reifen	195/60 VR 14	185/70 HR 13	185/70 HR 14	205/60 VR 13	205/70 VR 14
Heckspoiler	●	N. V. (158.-)	N. V. (158.-)	●	N. V. (158.-)
Recaro-Sitze	●	DM 880.-	N. V. (685.-)	●	N. V. (685.-)

Preise

Preise in DM inkl. MwSt.	Manta 400	BMW 323 i	Porsche 924	Capri 2.8 i	Datsun 280 ZX
Grundpreis	30 540.-	24 400.-	27 980.-	27 245.-	29 995.-
Sonderausstattungen bei Wettbewerbern	–	2 415.-	1 312.-	1 204.-	1 312.-
Gesamtpreis	30 540.-	26 815.-	29 292.-	28 449.-	31 307.-

Preise in ( ) = Opel-Preise, da beim Wettbewerb nicht im Angebot.
* = BMW-Preis, da nicht separat im Angebot.

Alle Preise sind unverbindliche Preisempfehlungen ab Werk.

Der interne Vergleich von Manta 400 mit den Mitbewerbern BMW 323i, Porsche 924, Ford Capri 2.8i und Datsun 280 ZX.

Manta GT-J. Ein sportliches Angebot an junge Käufer!

Aus dem Baby-Boom der 60er und dem Schülerberg der 70er Jahre reift in den 80er Jahren ein breiter Markt zahlungskräftiger junger Käufer heran. 12.3 Millionen oder 21.4% der Gesamtbevölkerung in der Bundesrepublik gehören zur Altersgruppe zwischen 15 und 30 Jahren.
Diese Kundengruppe sucht ein Auto, das ihrem jugendlich-sportlichen Selbstverständnis entspricht, gleichzeitig aber im Rahmen des Einkommens verkraftet werden kann.
Für diese Kunden haben Sie jetzt ein attraktives Angebot. Sportlich, attraktiv und selbstverständlich fair im Preis.

Der Manta GT-J ist zuerst einmal ein echter Manta.

Seit seiner Vorstellung im Jahre 1975 ist der Manta in Deutschland der Bestseller unter den sportlichen Coupés. Er überzeugt seine Käufer durch

- **sportliches Design,**
- **hervorragendes Fahrverhalten,**
- **gute Fahrleistungen,**
- **Zuverlässigkeit,**
- **günstigen Preis.**

Beim Manta GT-J wird die Sportlichkeit durch seine sachliche, funktionelle Ausstattung unterstrichen.

Durch sein Erscheinungsbild wird der Manta GT-J z. B. diejenigen Ihrer Kunden ansprechen, die sich bisher für den Rallye-Kadett begeistern konnten. Der Manta bietet ihnen jetzt das aktuellere Design, viel Leistung und mehr Platz für Passagiere und Gepäck! Er kann auch ein Alternativangebot sein für Kunden, denen Sie kurzfristig keinen Kadett SR liefern können.

Der Manta GT-J wird aber auch für diejenigen attraktiv, die überhaupt mit einem sportlichen Coupé geliebäugelt haben – seinen Preis aber nicht verkraften konnten. Schließlich ist die große Wirtschaftlichkeit gerade für diesen Käuferkreis ein zusätzliches Argument.

Manta GT-J
1.3 S-OHC-Motor DM 14620.–*

Manta GT-J CC
1.3 S-OHC-Motor DM 15035.–*

Verkaufen Sie bullige Kraft so günstig wie nie!
100 PS und 180 Spitze.
Für nur 15 Riesen! Das ist echte Spitze!

Manta GT-J 2.0 S DM 15 261.94*
Manta GT-J CC 2.0 S DM 15 676.94*

*) unverbindliche Preisempfehlung ab Werk.

Der Manta GT-J als ideales Fahrzeug für die Babyboomer-Generation und für jene, die den alten Rallye Kadett vermissen.

und das war Wasser auf die Mühlen von Opel und die Achillesferse von Ford. Dass der Scirocco ein Fronttriebler und der Manta ein Hecktriebler ist, ist auch Allgemeingut. Aber da ist die Argumentation für den Verkäufer schon schwieriger. Zwei unterschiedliche Konzepte, beide haben ihre Vor-, aber auch ihre Nachteile. Hierbei ist es schon gut, wenn die Opel-Marketingabteilung den Verkäufer an die Hand nimmt und ihm Argumente liefert. Oder die damals bessere Ausstattung der Japaner: Der Toyota Celica hatte serienmäßig, was der Manta-Kunde mit Aufpreisen bezahlen musste. Natürlich kann man auch hier Argumente finden, die für den Manta sprechen. Aber hier muss der Verkäufer den Kunden weg vom Thema Serienumfang führen und den Fokus auf generelle Nachteile des Toyota lenken, welche sein Plus an Ausstattung relativieren. Genau solche Dinge wurden in wohl gesetzten Worten, teilweise aber auch mit Hinweisen auf augenzwinkernde Witzchen,

Argumentationshilfen werden dann dankbar angenommen, wenn dem Verkäufer selbst nichts mehr einfällt. Aber fiele ihm nichts mehr ein, dann wäre er ein schlechter Verkäufer.

den Verkäufern klargemacht. Da ist etwa zu lesen, die Opel-Verkäufer sollen den Capri als »Oldtimer« bezeichnen. Oder die sechs Töpfe des Capri brächten gar nichts außer Sprit-Mehrverbrauch. In den internen Broschüren wurden (Vergleichs-)Testberichte reproduziert, in denen der Manta gut wegkam, was wiederum redaktionsabhängig war. In der Mot schnitten Opel generell besser ab als in der AMS. Also wurden Mot-Tests wiedergegeben. Und dann bekam der Händler Vergleichstabellen über die Fahrleistungen der potenziellen Konkurrenten gegenüber dem Manta und über die Ausstattung, inklusive der Aufpreise. Das war natürlich stets das Hauptargument gegenüber dem Dreier-BMW, der in allen Fachzeitschriften-Tests besser abschnitt als der Manta: Der Verkäufer soll Einwänden des Kunden damit entgegnen, der BMW sei schließlich 2800 D-Mark teurer, und dafür sei das Wenige, was er besser könne, »ein trauriges Ergebnis«. Den BMW bezeichneten die Manta-Marketingleute als »bayerische Weltanschauung«, den Capri als »die letzte Kutsche«, doch am VW Scirocco schienen sie sich fast die Zähne ausgebissen zu haben, wenn sie fast anerkennend sagten: »Nicht schlecht, der Kleine! Hoffentlich übernimmt er sich nicht«.

Für jedes Sondermodell gab es Broschüren für den Verkäufer, im gleichen A4-Format wie der jeweilige Verkaufsprospekt, das Cover graphisch diesem angeglichen. Nicht fehlen durfte der groß aufgedruckte Satz: »Produktinformation und Wettbewerbsvergleich. Nur für den internen Gebrauch!«. Bei eher einfachen Sondermodellen, die ein paar Extras serienmäßig boten, beschränkte sich das »Interne« darauf, darzulegen, dass der Manta dank eben dieses Sondermodells gegenüber der Konkurrenz noch besser dastehe - natürlich unter Missachtung der Tatsache, dass in den 70ern und frühen 80ern jeder Hersteller regelmäßig seine Sondermodelle am Markt hatte und beispielsweise der Manta Sport nicht unbedingt gegen einen Serien-Capri antrat, sondern gegen ein zeitgleiches Aktionsmodell von Ford. Ganz spannend ist die interne Information zum Manta 400 vom Dezember 1981. Da hatte Opel mit Kalibern vom Schlage eines Porsche 924, BMW 323i, Capri 2.8i und Datsun 280 ZX zu kämpfen, die teilweise nicht nur mehr Zylinder unter der Haube hatten, sondern auch spürbar mehr Hubraum. Der Ford wies obendrein 20 PS mehr auf. Und zu allem Überfluss war der Manta 400 mit über 30.000 D-Mark auch noch der teuerste von allen, einen BMW 323i gab es damals für 24.400 DM, selbst der Porsche war mit 27.980 DM preiswerter als er. Da musste der Manta-Verkäufer schon genau informiert sein, was bei der Konkurrenz aufpreispflichtig und beim Manta 400 serienmäßig ist (zum Beispiel Sperrdifferenzial, Heckspoiler, Recarositze), dass Porsche und Capri hintere Trommelbremsen haben, dass bei BMW und Ford das Fünfganggetriebe Aufpreis kostet. Und wenn der Verkäufer hierbei ins Schleudern geriet, so wurde ihm empfohlen, er solle sich doch bitteschön auf Walter Röhrl beziehen. Denn der Walter Röhrl ist das Argument schlechthin: »Siegen wie Walter Röhrl!«, der 1982 wieder einen Vertrag mit Opel unterschrieben hatte: »Röhrl wird den Manta 400, sein neues Rallye-Fahrzeug, ins Gespräch bringen. Was das bei Ihren Kunden an Begeisterung auslöst, können Sie sich denken. (...) Also: Seien Sie auf Kenner- und Könner-Diskussionen vorbereitet!«. Das heißt: Wenn Sachargumente nicht mehr ziehen, muss die Emotion ran. Dass der Walter damals nie einen Manta B in einer Rallye steuerte (nur im Training zur Portugal-Rallye 1982)... - Das muss man alles relativ sehen.

»Nur für den internen Gebrauch!« bedeutete für den Opel-Verkäufer, er solle die Broschüre nicht beim Feierabendbier dem Kollegen, der Ford Capris verkauft, zeigen. Das wäre dann zwar kein Erdbeben, aber peinlich und würde Häme und Schmähworte provozieren. Dabei hatte der Ford-Verkäufer genau das gleiche unter Verschluss. Unter der Hand wurde also schon getuschelt. Man war ja, auch wenn man für verschiedene Häuser arbeitete, Kollege.

Kapitel 13

USA: Monza statt Manta

Kein Manta B in den USA. Opel hatte zwar eine Exportversion für die Staaten entwickelt, aber General Motors winkte ab und schickte statt seiner ein eigenes Gewächs ins Rennen um die Käufergunst: den Chevrolet Monza, der dem Manta B sogar ein wenig gleich sieht. In den USA war der Opel Manta A ein gut eingeführter und etablierter Wagen. Von den insgesamt 498.553 gebauten Exemplaren gingen alleine 175.454 in die USA und wurden dort über die Buick-Händlerorganisiation verkauft. Das ist fast die Hälfte aller überhaupt gebauter Fahrzeuge! Für Opel war ganz klar, dass auch der Manta B in die USA exportiert hätte werden sollen. Bereits während seiner Konstruktionsphase wurden die Spezifika einer möglichen US-Version berücksichtigt, es gab Versuche mit den für die USA typischen, massiven Stoßstangen mit Stoßdämpfern, die einen Aufprall mit 5 Miles per Hour schadlos überstehen, Opel hatte sogar mit einem Manta V8 experimentiert. Doch General Motors entschied anders.

Von Kavalieren und Zentauren

Es soll tatsächlich Menschen geben, welche die Opel-Modellgeschichte und das Verhältnis von Opel zur englischen Marke Vauxhall nicht stets gewärtig im Kopf haben. Auch solche Menschen machen Urlaub. Und führte sie ihr Weg in der zweiten Hälfte der 70er und der ersten Hälfte der 80er Jahre nach Großbritannien, so sahen sie dort viele, viele Ascona B mit Manta-Front. Anfangs mögen sie gedacht haben, dies seien Privatumbauten und eine auf der Insel beliebte Freizeitbeschäftigung. Aber nachdem diese Wagen mit dem Heckschriftzug »Vauxhall Cavalier« dort fast so epidemisch verbreitet waren wie hierzulande der Ascona B, so mussten sie ins Zweifeln kommen.

Zu den lokalen Eigenheiten von Vauxhall gehörte seit Anfang der 70er Jahre die Droopsnoot, von Wayne Cherry entworfen. Der Cavalier war die britische Version des Opel Ascona B. Er trug im Gegensatz zum Opel die typische, abfallende Vauxhall-Front, und er hatte einen Bruder, das Cavalier Coupé. Das war der Manta B, ohne Karosserieretuschen - abgesehen davon, dass die Nase im Gegensatz zum Manta nicht die beiden nebeneinander angeordneten Lufteinlässe hatte. In Großbritannien hatte das Coupé also keinen eigenen Namen wie in Kontinentaleuropa, sondern bedeutete lediglich eine Karosserievariante der Limousine. Völlig absurde Stilblüte der internationalen GM-Modellpolitik: Obgleich Vauxhall das Cavalier Coupé selbst baute, musste Vauxhall den Opel Manta B importieren. Die Händler hatten also zwei identische Wagen im Angebot, das Vauxhall Cavalier Coupé made in England und den Opel Manta B made in Germany. Das muss man nicht verstehen!

Im September 1978, zeitgleich mit dem Manta CC, erschien der Cavalier Sports Hatch als Ergänzung zum etablierten Stufenheck-Coupé - in Großbritannien allerdings eher darüber angesiedelt. Die Produktion des Stufenheck-Coupés lief in England bis August 1979, diejenige des Sports Hatch bis August 1981. Das heißt, beide Versionen wurden, im Gegensatz zum Opel, nur ein Jahr lang parallel angeboten. Vauxhall sah im CC alias Sports Hatch somit einen Nachfolger für das Coupé.

Statt der US-Version des Opel Manta B: Der Chevrolet Monza gaukelte Sportlichkeit vor, war aber ein typischer Amerikaner. Hier die Ausstattungsvariante Spyder: 5-Liter-V8, Front- und Heckspoiler, fetzige Seitenstreifen und Mattschwarz statt Chrom, Modelljahr 1977.

Der Vauxhall Cavalier Sports Hatch entspricht dem Manta B CC, trägt aber ein modifiziertes Heckdesign: Der Bereich zwischen den Rücklichtern schwarz lackiert, das Kennzeichen unterhalb der Stoßstange. Im Bild ein Cavalier Sports Hatch 1600 GL Automatik von 1980.

Sieht aus wie ein Mutant, ist aber serienmäßig: Opel Ascona B mit Manta-B-Front. So sah in Großbritannien jeder Vauxhall Cavalier aus, abgebildet das 1980er Topmodell, der Cavalier GLS.

Zunächst bot Vauxhall von November 1975 bis September 1976 den 1900 GL an, gefolgt vom 1900 GLS bis März 1978, bis zum Coupé-Schluss im August 1979 den 2000 GLS. Den Sports Hatch gab es als 1600 GL und 2000 GLS. Insgesamt wurden 16.735 Vauxhall Cavalier Coupé und Sports Hatch verkauft. Als Opel die Produktion auf den frontgetriebenen Ascona C umstellte und Vauxhall zeitgleich mitzog (Cavalier Mark II), gab es keinen Manta in Vauxhall-Verkleidung mehr.

Auf der Insel wurde ein Manta Cabriolet gebaut und über die Vauxhall-Händler vertrieben. Crayford hieß einer der bekanntesten Karosseriers Großbritanniens. David McMullan und Jeffrey Smith hatten 1961 die Idee, unter dem Namen »Crayford« den Mini seines Daches zu berauben. Das hat den Tomatenketchup- und Suppen-Giganten Heinz so beeindruckt, dass er den beiden den Auftrag erteilte, eine ganze Serie davon zu bauen. Heinz verloste 57 offene Minis als Preis in Gewinnspielen, denn Heinz war bekannt für 57 verschiedene Produkte. Dieser Auftrag machte Crayford groß und populär.

Nicht alle Crayford-Konstruktionen wurden im eigenen Betrieb in Kent ausgeführt. Oftmals vergaben McMullan und Smith eine Lizenz an externe Karosseriebauer, so auch beim Vauxhall Cavalier Centaur. Crayford kreierte und konstruierte das Cabriolet auf Manta-Basis mit T-förmigem Überrollbügel, gebaut wurde es ab Herbst 1978 bei Magraw Engineering in Bromley/Kent - und zwar genau ein Jahr lang und 118 Mal auf Basis des Cavalier GLS Coupé. Der T-förmige Überrollbügel war in Großbritannien damals populär, der Triumph Stag hatte ihn salonfähig gemacht, und so manche Crayford-Oben-ohne-Kreation setzte auf dieses Konstruktionsmerkmal. Schwerwiegende, verstärkende Eingriffe in die Struktur selbsttragender Karosserien waren dadurch nicht notwendig, der Umbau blieb bezahlbar.

Im Ostblock: Manta B als elitäres Oberklassefahrzeug

Wer mit harten Dollars zahlen konnte, bekam in Polen einen Manta B - mitten in der Ära des Kommunismus'. Ganz offiziell, und es gab sogar autorisierte Opel-Servicestellen in Polen. Ähnlich wie in der DDR zeigte Opel auch in Polen auf Ausstellungen Präsenz. Aber anders als in der DDR, wo ein Opel zumeist ein Traumwagen blieb, gab es in Polen die Möglichkeit, in den 70er Jahren einen Manta B, Kadett C, Ascona B, Re-

Fern von Bochum: Der Manta B im Ausland

Einer von 118 Crayford Centaur, und der Crayford-Club spricht davon, dass rund 20 Exemplare überlebt haben sollen. Dieser in England zugelassene Wagen machte Urlaub in Südfrankreich und wurde dort, am Strand von Nizza, fotografiert. Er trägt Campagnolo-Alufelgen, die Crayford speziell für den Centaur anbot.

Jenseits des Eisernen Vorhangs: Opel zeigte im Ostblock stets Präsenz, hier auf der Leipziger Messe mit für Einheimische unerreichbaren Wagen.

Opel Manta

Samocnód ten nie tylko na oko czaruje ludzi, moc jego potwierdza dobre wrażenie. Z werwą sprawuje się na drogach, a wygląda fantastycznie. Jest to samochód sportowy, łączący w stopniu idealnym optymalne bezpieczeństwo z jaknajwiększą wygodą. Jak na coupé sportowe oferuje on także niespodziewanie dużo miejsca. Samochód typu Manta produkuje się w wersjach z wyposażeniem standardowym, CC, SR, GT/E, oraz z wyposażeniem luksusowym i Berlinetta.

Silnik	kw /KM/	Szybkość maksy-malna w km/h	Stosunek sprężania	Zapotrze-bowanie paliwa na 100 km
1,3-litr.	44 /60/	145	8,2	9,3 l
1,6-litr. S	51 /70/	160	8,8	8,4 l
2,0-litr. S	74 /100/	180	9,0	8,6 l
2,0-litr. E	81 /110/	187	9,4	8,6 l

Polnische Produktinformation über den Manta B. Auch wer kein Polnisch kann, versteht, dass es vier Motorversionen, den SR, GT/E und Berlinetta sowie die Karosserievarianten Stufenheckcoupé und Combicoupé gab.

kord E, Commodore C, ja sogar einen Senator oder Monza zu kaufen. Nicht gegen polnische Zloty, aber gegen harte Dollars. Wer in Polen, woher auch immer, Dollars hatte, konnte über Pewex-Geschäfte einen Manta kaufen. Pewex war eine Kette von Einzelhandelsgesellschaften, vergleichbar mit den Intershops in der DDR, wo man gegen Westwährung Westwaren kaufen konnte. Fünf Pewex-Geschäfte boten Opel an, in Warschau, Danzig, Kattowitz, Krakau und Oppeln. Importiert wurden die Fahrzeuge von GM Austria in Wien, und das Polen-Geschäft scheint wichtig genug gewesen zu sein, dass die Österreicher sogar polnischsprachige Prospekte drucken ließen. Weil man mit einem Opel ohne spezialisierte Werkstatt wenig anfangen konnte, gab es drei Service-Stellen, die mit Ersatzteilen aus Wien versorgt wurden: Die Firmen Mondschein/Kormornicki in Warschau, Ing. Dobrzanski in Krakau und Ing. Haller in Adlerhorst an der Ostsee. Die Zahlen der verkauften Fahrzeuge waren marginal, aber in polnischen Großstädten waren durchaus Opel mit einheimischen Kennzeichen zu sehen. Reiche Leute konnten sich einen Opel leisten. Theoretisch war im Kommunismus niemand reich. Aber eben nur theoretisch. Polen hat für Opel als Exportnation eine lange Bedeutung. Schon vor hundert Jahren gab es dort Niederlassungen, Opel war gut etabliert, und 1938 war Polen mit 1400 ausgelieferten Fahrzeugen das zweitwichtigste Exportland für Opel nach Skandinavien.

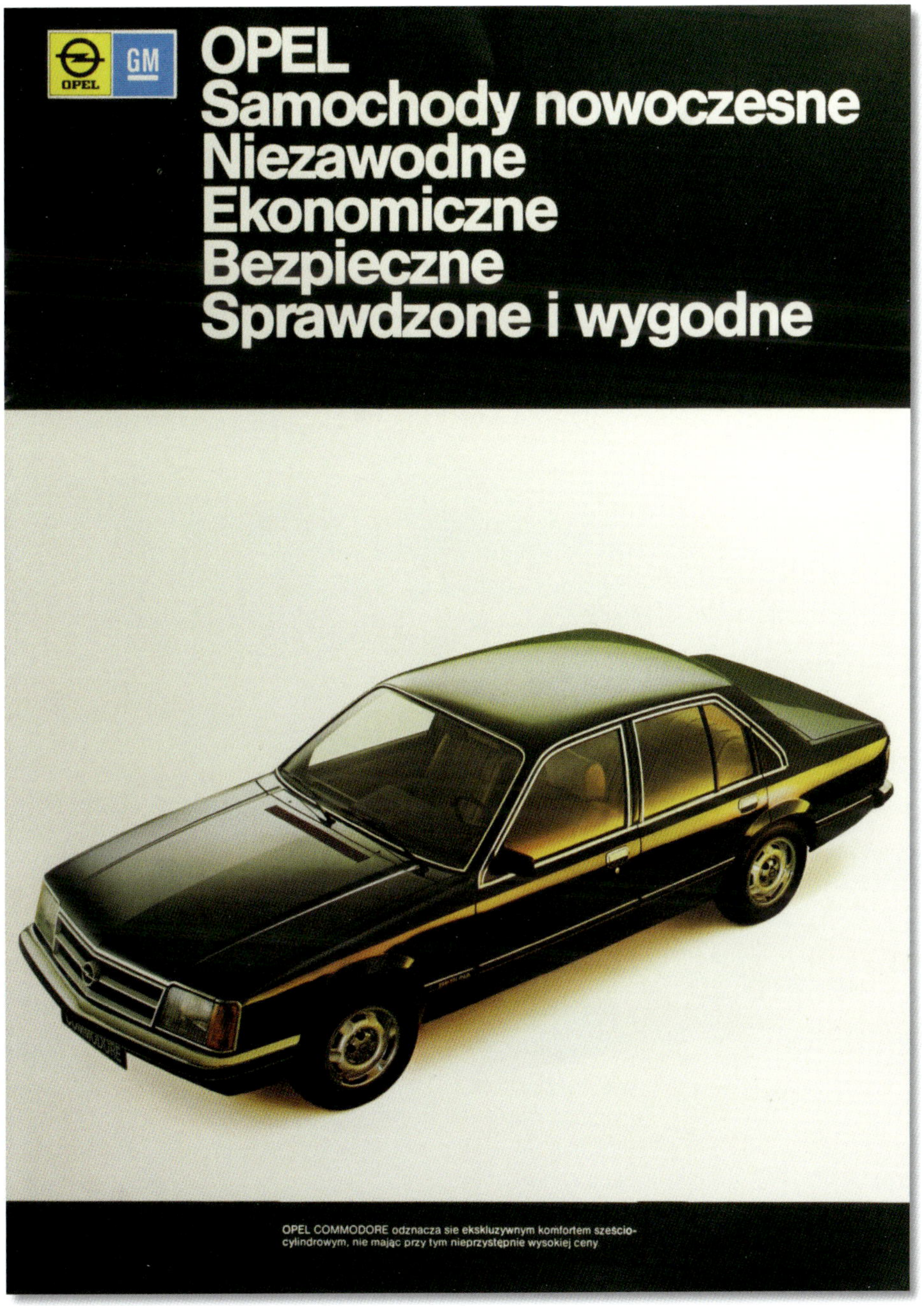

Cover des polnischen Opel-Gesamtkataloges vom Mai 1979 mit grünem Commodore C als Titelbild. Ungewöhnliche Sprache für einen Opel-Prospekt!

Kapitel 14

Der GT, der ein Manta ist

Ein Concept Car, eine Stylingstudie mit unglaublichem cw-Wert und Schiebetüren. Der Opel GT2 heißt GT2 und wird deshalb als GT-Epigone gesehen. Ist er aber nicht! Er basiert auf dem Manta GT/E. Henry C. Haga kam als Opel-Designchef 1973 an den Main. Fasziniert vom GT, wollte er einen adäquaten Nachfolger und kreierte ein Show Car namens GT2. Jeder wusste, dass es sich hierbei um einen Leistungsbeweis Hagas handelte und nicht um einen konkreten Vorschlag zu einem Serienfahrzeug. Aber ein bisschen Hoffnung auf Serie steckt stets dahinter, bei jeder Styling-Studie. 1974 verbrachte Haga also seine Zeit damit, den GT2 zu entwerfen, im September 1975 debütierte das Schaustück auf der IAA, parallel zum Manta B. Gebaut wurde der Prototyp bei Michelotti in Turin.
Der Name GT2 suggeriert den GT-Nachfolger, und Opel zeigte den Wagen auch gerne im Kontext mit anderen GTs. Weil von vorne herein feststand, dass der GT2 nicht in Serie gehen würde, interessierte sich niemand für seine Technik. Dabei ist der GT2 nichts anderes als ein spezialkarossierter Manta GT/E, wobei unklar bleibt, ob er auf Manta A oder Manta B GT/E basiert. Aber das ist gleichgültig, denn deren Fahrgestell entspricht sich bis auf Marginalien. Der Wagen trägt eine für damalige Einschätzung hoch moderne, absolut glattflächige Karosserie mit Klappscheinwerfern, bündig verklebten Scheiben, teils abgedeckten Hinterräder, seitlichen Schiebetüren (deren Führungsschienen gleichzeitig als Seitenaufprallschutz dienten), Energie absorbierenden Stoßstangen, im Inneren Digitalinstrumente von VDO, ein computergesteuerter Tempomat und ein Schwanenhals-Radio. Die Schalensitze sind ebenfalls eine Neukonstruktion, aus Schaumpolstern zusammengesetzt, zwischen denen jeweils ein fünf Zentimeter breiter Hohlraum besteht, was eine gute Belüftung garantiert. Spielerisch tobte sich Haga auch ein wenig aus, so versteckte er die Türöffner in den Außenspiegeln. Der cw-Wert, von Opel mit 0,326 angegeben, war damals sensationell, und erst in den frühen 80ern kamen Großserienwagen in die Nähe dieses Wertes.
Der GT2 wurde anfangs auf Ausstellungen herumgereicht und schmückte so manche Titelseite von Autozeitschriften. Opel selbst war auf ihn stolz genug, dass noch vier Jahre später, 1979, in der AMS eine Annonce, in welcher Opel einen Nachwuchsdesigner suchte, mit einer Skizze des GT2 illustriert wurde.

Der Manta, der kein Bitter wurde

Kein Neuling in der Szene, aber als Automobilhersteller: Eberhard Schulz präsentierte auf dem Genfer Salon 1983 seinen Erstling, den Supersportwagen Isdera Spyder 033i als Prototyp, für den er einen Hersteller suchte. Schulz' Name hatte einen guten Ruf, in Erinnerung blieb der 1969er Prototyp Erator GTE mit Porsche- und Mercedes-Technik, und allseits bekannt wurde Schulz 1978 mit dem CW 311, zusammen mit Rainer Buchmann realisiert. Den Stand in Genf besuchte Erich Bitter zusammen mit seinem Freund, dem Opel-Chefdesigner Chuck Jordan. Bitter war damals mit seinem SC recht erfolgreich und wollte

Landläufig wird der GT2 mit der Farbe Gelb in Verbindung gebracht. In Wahrheit ist er in Goldmetallic lackiert, und auf der IAA 1975 trug er silberne Radzierkappen. Später waren sie in Wagenfarbe gehalten.

Kritischer Blick: George Gallion betrachtet den Gipsprototyp des Bitter Rallye GT, an dessen Form er maßgeblich beteiligt war.

Aus der Gips- wird die GfK-Form, die über den präparierten Manta-Unterbau gestülpt wurde.

Vier Jahre nach seiner Präsentation diente eine GT2-Skizze noch einem Stellenangebot von Opel. Immerhin war sein Schöpfer Henry C Haga damals noch Opel-Designchef. Er wurde erst 1980 von Gordon Brown abgelöst.

sein Programm nach unten ergänzen. Er beauftragte Eberhard Schulz, für ihn einen Bitter-Zweisitzer auf Basis des Manta B zu konstruieren, also Designleistung und Prototypenbau. Jordans Assistent George Gallion lieferte Skizzen, Schulz überarbeitet sie. Der Wagen ist rundlich, hat sportiv von Plexiglas abgedeckte Scheinwerfer, Heckpartie mit Ferrari-Allüren und ein Targadach. Die Hauptklientel sollten US-Amerikaner sein, wo Bitter bereits mit seinem SC Erfolg hatte; der neue, kleine Bitter war als Zweitwagen für SC-Kunden gedacht.
Zunächst entstand ein Gips-Prototyp, daraus eine GfK-Karosserie, und das Kind erhielt den Namen Bitter Rallye GT. Dieser GfK-Prototyp wurde in Schwelm beim Bitter-Händlertreffen im Sommer 1984 intern präsentiert und fand Anklang. Die Händler bestellten unverbindlich, Bitter erkannte, die anvisierten 1500 Exemplare würden Absatz finden, wenn der Wagen Anfang 1986 auf den Markt käme. Erst jetzt wurde Opel offiziell involviert und offenbarte Erich Bitter, dass die Manta-Produktion 1988 enden würde und somit keine längerfristigen Zusagen möglich seien, Bitter mit Manta-Basisfahrzeugen zu beliefern. Das war wieder mal das Aus für eine weit gediehene Bitter-Idee, eine gute Idee, die es eben nicht bis zur Serienreife schaffte. Das grundsätzliche Design griff Bitter später beim 1987er Bitter Typ 3 auf Omega-A-Basis wieder auf, das als Nachfolger des SC geplant war, aber auch nur in fünf Prototypen entstand.

Die Schöpfungen des Herrn Klostermann

Haute Couture statt Prêt-à-porter. Die hohe Kunst der Karosserieschöpfungen war in den 70er Jahren längst vorbei. Selbsttragend konstruierte Karosserien machten den Beruf des Karosseriebauers fast überflüssig, die Branche konzentrierte sich auf Unfallreparaturen. Wenige Künstler blieben übrig, die sich spezialisierten - auf jene Genres, die für Großserienhersteller zu sehr in die Nische gingen, als dass sich die Fertigung am Fließband rentierte: Bestattungswagen, Ambulanzen, Spezialaufbauten für Liefer- und Lastwagen. Aber es gab nach wie vor ein paar kreative Köpfe, die auch in den 70er Jahren noch Platz für eigene Schöpfungen auf Basis von Großserienautomobilen sahen. Harald Klostermann gehörte dazu. Er erkor den Manta B aus und schuf einen Shooting Brake und eine Landaulette. Ein professioneller Karosseriebauer war Harald Klostermann aus Kamen nie, aber ein engagierter Freizeit-Karosserieschöpfer mit Geschäftssinn. So entstanden einige automobilhistorisch bemerkenswerte Schöpfungen aus seiner Hand, stets in Zusammenarbeit mit renommierten Unternehmen: Die Idee hatte Harald Klostermann, die handwerkliche Umsetzung überließ er den Spezialisten.
Auf der IAA 1979 stellte Klostermann zwei Sonderkarosserien auf Basis des Opel Manta B vor, den Florida und den Cargo. Letzterer, entstanden auf dem Manta CC, war ein Shooting Brake im britischen Stil,

Zur Präsentation wurde der Prototyp anschließend rot lackiert. Das war ebenso ferrarig wie sein Heck ferrarig war.

Der Opel Manta Cargo mit ATS-Felgen von Klostermann blieb ein Unikat. Er basiert auf dem Kombicoupé CC, hat also einen kürzeren Hecküberhang als das Manta Stufenheckcoupé.

Manta Berlinetta als Landaulette von Klostermann: Aus dieser Perspektive sind die Veränderungen gegenüber dem Seriencoupé besonders gut zu sehen: zwei herausnehmbare Dachhälften und eine entfernbare PVC-Heckscheibe. Angeblich entstanden insgesamt 79 Manta Florida bei Klostermann und bei Caruna.

Ton in Ton, außen rot und innen rot: Manta Florida von Harald Klostermann, das konkrete Fahrzeug auf einem Manta Berlinetta basierend.

realisiert bei Pollmann in Bremen, im Hauptberuf auf Bestattungswagen spezialisiert. Es blieb beim Einzelstück, das angeblich noch heute existiert. Das Karosseriegenre des Shooting Brake hat in Großbritannien eine lange Tradition. Es ist eine Art Kombi-Coupé, wird gerne auch als Jagdwagen bezeichnet, ist ein Spielzeug der Upperclass und kommt nicht vom Fließband. Wenn ein Gentleman etwas mehr als das Schminkköfferchen seiner Lady transportieren wollte, beispielsweise eine Langwaffe zur Fuchsjagd oder einen Golfcaddy, ging er zu einem Karosseriebauer und ließ sein Coupé zum Shooting Brake umbauen: keine fließende Dachlinie mehr, sondern Verlängerung des Daches in Kombimanier nach hinten, eine steil stehende Heckklappe und verlängerte, hintere Seitenscheiben. Für einen Karosseriebauer war ein solcher Auftrag stets eine Herausforderung, musste er doch den Stil und die edle Anmutung des Basisfahrzeugs beibehalten (sonst hätte sich der Gentleman ja gleich einen Standard-Kombi kaufen können) und gleichzeitig tiefe Eingriffe in die Karosseriestruktur vollziehen.

Die zweite Klostermann-Schöpfung auf Manta-B-Basis auf der IAA 1979 hieß Florida und basierte auf dem Stufenheck-Coupé. Er unterschied sich vom Fließband-Modell durch zwei herausnehmbare Dachhälften à la Chevrolet Corvette plus einer herausnehmbaren, in einen Stoffrahmen eingefassten PVC-Heckscheibe. Klostermann ließ sich für diese Karosserieform die Bezeichnung »Landaulette« schützen. Es gab nichts Vergleichbares am Markt, und es gab auch keine zutreffende Bezeichnung für diese Art der Autokarosserie. Der schweizerische Karosseriebauer Caruna stellte den Florida-Prototyp her. Die beiden Dachhälften wurden passgenau herausgetrennt, um danach als einsetzbares Hardtop zu dienen. Es gab also weder Blechabfall, noch musste in neue Formteile aus Kunststoff investiert werden. Der Opel Manta eignete sich deshalb für dieses Projekt so gut, weil er serienmäßig über rahmenlose Seitenscheiben verfügte.

Ohne Angebote versendet zu haben, brachten mehrere große Opel-Händler wie Staiger aus Stuttgart, Häusler aus München oder Dello aus Hamburg etliche Manta zu Harald Klostermann, der in seiner Fabrik zur Herstellung von Heizkörpern eine kleine Fertigungsstraße einrichtete. Rund 25 Exemplare entstanden in manueller Kleinserie. Dann starb der Seniorchef, und Harald Klostermann musste sich auf die Heizkörperherstellung konzentrieren. Es blieb schlichtweg keine Zeit für das zweite Standbein. Im Gespräch meinte Klostermann, die Auftragslage für den Manta Florida sei so gut gewesen und die lange Produktionszeit des Manta hätte ebenfalls dafür gesprochen, dass bestimmt 300 bis 400 Stück hätten realisiert werden können. Caruna hatte den Manta Florida für den schweizerischen Markt im eigenen Katalog und baute selbst einige Exemplare. Der Karosseriebauer Erwin Schill (Markenname Caruna) im schweizerischen Breitenbach widmete sich noblen Wagen à la Mercedes S-Klasse Cabrio. Da für so teure Sonderanfertigungen nur eine begrenzte Klientel vorhanden war, schuf er mit den beiden herausnehmbaren Dachteilen auf Basis zweitüriger Coupés wie dem Manta ein zweites Standbein.

»Wir wissen, woher der Wind weht«, werbetextet Caruna auf seinem Flyer für die beiden abnehmbaren Dachteile, auf dem auch der Manta Florida zu sehen ist.

Manta B als Cabriolet-Umbau von Piecha 1989, garniert mit einem ganz leckeren Bodykit, der aus jedem Manta optisch einen 400er machte.

Breit, fett und oben ziemlich offen, aber nicht ganz offen: Manta B in Targa-Manier von Marek 1988.

Sehr breites »Straussen-Ei«: Die hinteren Schlappen tragen das Format 345/35 VR 15 und sind deutlich breiter als diejenigen der Propellermaschine im Hintergrund.

Von Vollcabriolets und Straußeneiern

Es gab noch mehr Manta B mit einem Plus an Frischluftzufuhr. Das Geislinger Autohaus Marek ließ Mantas zum Targa umbauen, also mit komplett herausnehmbarem Dachmittelteil, Ende der 80er Jahre für rund 8000 D-Mark Umbaukosten zu haben; ein ähnliches Fahrzeug stammte von ASB-Tuning in Gelsenkirchen. Der Traum ist selbstverständlich ein Vollcabriolet, aber das ist schwierig, konstruktiv, technisch und legislativ. Denn der schönste Umbau nützt nichts ohne TÜV-Stempel. In diesem Bereich gab es in den 80er Jahren viele zweifelhafte Kreationen, teilweise engagierte Einzelstücke, die, mit einem Gutachten versehen, kopiert wurden. So mancher aus dem Nichts gekommene Karosseriespengler griff, mit dem Meisterbrief in der Hand und viel Enthusiasmus im Blut, zur Blechschere, flexte einem Gebraucht-Manta das Dach ab und war wild entschlossen, gegen Geld zum Wiederholungstäter zu werden. Er war von seinem Resultat, geschaffen mit viel Schweiß und Blasen an den Fingern, begeistert und sah vor lauter Euphorie nicht die Defizite seines Artefaktes. Denn er war eher Handwerker als Künstler, und die Mängel waren denn auch kaum konstruktiver, sondern meist ästhetischer Natur. Fans waren seine Kunden, und damit die Sache bezahlbar wurde, bot der Spengler sein Werk in Bausatzform an. Dann brutzelte so mancher Enthusiast in der heimischen Garage am Wochenende an seinem Manta herum. Wenn er gut war, schaffte er es zum TÜV-fähigen Fahrzeug, falls nicht, warf er irgendwann die gekauften Teile sowie den entstellten Manta frustriert weg.

Es gab einige seriöse Firmen, die Vollcabriolets auf Basis des Opel Manta B anboten, nicht in zweifelhafter do-it-yourself-Manier, sondern als Fertigfahrzeuge. Sie hatten zuvor Geld und Gedanken in die Konstruktion des Umbaus gesteckt und lieferten gute Ergebnisse inklusive TÜV-Gutachten. Ein Vollcabrio bot die Firma Piecha, zunächst in Konstanz dann in Rottweil beheimatet, an. Dieser Umbau kostete damals rund 11.000 D-Mark, und nahezu jeder Kunde orderte zudem den »Evolution«-Kit von Mantzel. Weitere Manta-B-Vollcabrios boten die Firmen Convertible Cars in Neustadt/Aisch, Cabrio-Design Ostermann-Germer in Kürten-Dürscheid und Hintermeier Power in Kolbermoor an.

So weit wie Jürgen Strauss aus dem schwäbischen Böhmenkirch ging allerdings kaum einer. Für Fans des individualisierten Manta B lieferte er das Nonplusultra: Von 1985 bis 1994 widmete sich Strauss peu-à-peu der Optimierung des Manta, und heraus kam der fetteste, breiteste, womöglich auch schnellste Manta B, der für Geld zu haben war, der obendrein eine umfassend modifizierte Karosserie hatte, die auch noch oben offen war. Strauss hörte erst auf, als sein Manta Tempo 300 rannte.

Im Oktober 1985 gründete Jürgen Strauss seine Firma SKT und begann mit dem Projekt Manta Targa. Zwei Jahre später war der erste Wagen fertig, Bodengruppe aufwändig verstärkt, herausnehmbares Targa-Dach aus Kunststoff. Das Fahrwerk mit speziellen Federn und Sachs-Rennstoßdämpfern, hinten eine gänzlich neue Achse, Einzelradaufhängung mit Schräglenkern statt Starrachse, vorne und hinten belüftete Scheibenbremsen mit Vier-Kolben-Sätteln, vorne 285/40 VR 15-Schlappen, hinten richtige Walzen der Dimension 345/35 VR 15.

Demonstrationsobjekt: Weiß lackierte SKT-Targakarosserie, an der die Karosserieversteifungen rot abgesetzt sind.

Statt einem 2-Liter mit 100 oder 110 Pferden implantierte Strauss seinem Super-Manta den Motor des Opel Senator 3.0, aufgebohrt auf 3,7 Liter Hubraum, 245 PS stark. In 6,4 Sekunden war das »Straussen-Ei« auf Tempo 100, erst bei 250 km/h war Schluss. Dieser Wagen bekam beim Düsseldorfer Manta-Treffen im August 1988 den ersten Preis in der Karosseriewertung und auch den für die höchste eingetragene Motorleistung. Denn der Wagen hatte TÜV.

In den folgenden Jahren entwickelte Jürgen Strauss seinen Wunder-Manta intensiv und konsequent weiter, seine Erkenntnisse dienten der allgemeinen Manta-Szene, seine Teile waren und sind käuflich. Ab 1991 gab es Straussens Motoren nur noch mit 3-Wege-Kat, als neue Version lieferbar war eine 3-Liter-Variante mit 204 PS, gut für 235 km/h Topspeed, und es gab größere vordere Bremsscheiben. 1992 rannte Strauss' Manta 260 km/h schnell dank 4-Liter-Reihensechszylinder (immer basierend auf der Opel-cih-Maschine), 272 PS stark. Der Höhe- und Endpunkt erfolgte 1993, der Motor nunmehr 3,6 Liter Hubraum, 24 Ventile, satte 408 PS. Dergestalt rannte der Manta 302 km/h schnell und war der schnellste Manta mit Straßenzulassung.

In diesen Jahren, also zwischen 1985 und 1993/94, entwickelte die Strauss Kraftfahrzeug-Technik (SKT) sehr viele Teile für den Manta, hauptsächlich technische Produkte, aber auch Karosserieteile, und brachte sie mit TÜV-Gutachten auf den Markt. Damals gehörte SKT zu den führenden Manta-Tunern und machte sich einen guten Namen in der Szene, der dazu führte, dass SKT in der Folge von anderen Tunern den Auftrag zur Entwicklung und Konstruktion von Tuningteilen erhielt.

Kapitel 15

Manta-Tuning, Manta und Tuning - zwei Begriffe, die vermeintlich zueinander gehören. Wer als automobil Unbedarfter das Wort »Manta« hört, assoziiert damit den Begriff des Tunings, denkt an Fuchsschwänze an Radioantennen, wilde, breite, tiefe Mantas und ebensolche Fahrer - nicht zuletzt beflügelt durch den Film »Manta Manta«, der im Frühjahr 2023 seine Fortsetzung finden wird. Manta-Tuning ist so eine Art Negativ-Legende des Opel Manta, ein Ehrverlust eines ehrbaren Autos, ein Schicksal, wofür der Opel Manta nichts kann.
Manta-Tuning umfasst zum Einen das, was Opel respektive Irmscher im Opel-Auftrag tat, um den Manta sportlicher zu machen. Das mag das »ehrbare Tuning« sein. Zum Anderen umfasst es das Tun der externen Opel-Tuner, und die externen trieben's manchmal extrem, und der extremste, getunte Manta heißt nicht umsonst Mattig Extrem. Das alles ist mantös oder mantastisch, wenn nicht gar mantasievoll.

Sweet little Sixteen: der Manta 400

Ein ganz spezieller Sportmotor mit Querstrom-Zylinderkopf und 16 Ventilen trieb die Rallye-Homologationsmodelle Ascona 400 und Manta 400 an. Der Opel Manta 400 trat mit nahezu identischem Herzen die Nachfolge des Opel Ascona 400 an, ohne dessen Ruhm toppen zu können. Im Gegenteil. Der Ascona war ein Siegertyp. Der Manta nicht. Opel wollte Rallyes fahren. Spätestens seit 1974, als Opel Rallye fahren durfte und die Konzernmutter GM den »Motorsport-Bann« aufgehoben hatte. Damals nahm Opel die Motorsport-Zügel selbst in die Hand. Aus der Sportabteilung wurde das Opel-Eurohändler-Team. Die Energieverknappung hinterließ auch in der Saison 1974 ihre Spuren, so wurden bei der Rallye-WM populäre Läufe wie die Rallye Monte Carlo, die Akropolis- und Schwedenrallye abgesagt. Opel entschied sich für das Europa-Championat. Nachwuchsstar Walter Röhrl holte den EM-Titel auf Ascona A nach Rüsselsheim. Nach sechs Gesamtsiegen in Folge war das Team nach der Rallye di Lugano vor noch drei ausstehenden Wertungsläufen bereits Titelgewinner. Röhrl wurde zum neuen Stern am Rallye-Himmel. Für Opel hatte die Rallye-EM das Ziel, Weltmeister in der folgenden Saison zu werden. Sie wurde zur Hälfte auf Ascona A ausgetragen, Nachfolger wurde im Herbst 1975 der Kadett C GT/E, der dem Werksteam nicht allzu viel Glück brachte. Den WM-Titel konnte Opel erst 1982 einfahren, auf Ascona B 400. Und der hatte einen speziellen Motor, den später der Manta 400 erben sollte.
Zunächst setzte Opel in der Rallyesport-Gruppe-B auf den 186 PS starken Ascona B 2000 mit Spezialzylinderkopf, größeren Ventilen, Sportnockenwelle, zwei Doppelvergasern und weiteren Motorverfeinerungen. Er bescherte den Rüsselsheimern 1979 den zweiten Rallye-EM-Titel nach 1974. Als Homologationsmodell für den Rallyesport fungierte ab 1979 der Ascona 400. Bei ihm steht die Zahl für die Homologation, 400 Fahrzeuge mussten gebaut werden, damit er zum offiziellen Rallyeauto zugelassen wurde. Präsentiert wurde der 400er auf dem Genfer Salon 1979, im Oktober waren die verlangten 400 Straßen-Exemplare in Antwerpen produziert (Preis: 39.900 D-Mark), charakterisiert durch großen Bug- und Heckspoiler, Kotflügelverbreiterun-

Genetische Anlage oder Achillesferse: Manta-Tuning

»Street Car«, also Straßenversion, des Ascona 400 auf dem Opel-Händlerhof im September 1979, daneben ein Irmscher Rekord E aus der »Weißen Flotte«.

Wenn ein Motor schön sein kann, so ist es dieser: 2,4-Liter-cih-Aggregat im Manta 400. Mit 144 PS in der Straßenversion war der Manta B endlich adäquat motorisiert.

Eine Mischung aus Luxus und Sportlichkeit, Berlinetta- und GT/E-Attribute, dazu Recaros mit vielen Opel-Blitzen im Manta 400.

So schmal sah man ihn nahezu nie. Wer einen Manta 400 als »Streetcar« orderte, zahlte fast immer die 9000 D-Mark Aufpreis für die Wide-Body-Version. Im Bild die 1981er Version, also vor dem Facelift.

gen, LM-Felgen vom Monza, vordere Achsschenkel vom Commodore, massiv modifizierte Manta-Hinterachse, Lackierung Polarweiß mit drei farbigen Streifen (gelb-silbern-anthrazit) auf der Motorhaube und an den Flanken.

Der Ascona 400 durfte ab 1980 starten, zu seinen spektakulärsten Siegen gehören die Schweden-Rallye 1980, die Monte Carlo 1982, die Bandama-Rallye 1982 und die Safari-Rallye 1983. Opel konnte für die Saison 1982 den Tabakkonzern Rothmans als Hauptsponsor der Rallye-Equipe gewinnen, so war das Opel-Eurohändler-Team Vergangenheit. Zur WM 1982 liefen die Motoren bereits in ihrer zweiten und dritten Evolutionsstufe und hatten 260 bis 270 PS. Sie verfügten über eine Trockensumpfschmierung. Das heißt, der Motor hatte auch in extremen Situationen wie raschen Kurvenfahrten oder Vollbremsungen eine konstante Schmierung. Außerdem wird hierbei keine Ölwanne benötigt, was die Bodenfreiheit des Rallyeautos erhöht. Walter Röhrl war mit seinem Copiloten Christian Geistdörfer nach einem Intermezzo bei Fiat zu Opel zurückgekehrt. Gegen die allradgetriebenen Audi Quattro hatte der Ascona schwer zu kämpfen, vor allem gegen die französische Rallye-Göttin Michèle Mouton. Zwar schaffte Audi den Markentitel, doch Röhrl/Geistdörfer gewannen auf Ascona 400 den Fahrertitel. In der Saison 1983 ging das erfolgreiche Duo zu Lancia und der ebenso erfolgreiche Ascona 400 in Rente. Der Manta 400 kam.

Vor der Entscheidung zugunsten des Ascona 400 war Opel vor der Frage gestanden, ob die 400er-Serie in den Ascona oder Manta hätte eingebaut werden sollen. Die Wahl fiel auf den Ascona, dessen Vorgänger bereits auf eine ruhmreiche Rallyesport-Vergangenheit zurückblicken konnte. Der Motor: das cih-Aggregat in seiner vierzylindrigen Auslegung. Motorpräparator war die englische Formel-1-Schmiede Cosworth, der 2,4-Liter-16-Ventiler entstand aus dem 2,3-Liter-Dieselblock (weil er besonders stabil war), leistete in der Straßenversion 144 PS und war durch allerlei Hochleistungsinnereien locker auf 240 PS hinaufzuschrauben. Die Besonderheit ist der Querstrom-Zylinderkopf aus Leichtmetall, der mit vier Ventilen pro Zylinder (also ein 16-Ventiler) den Gaswechsel besorgt. Besonderheiten auch beim Fahrwerk: Die starre Hinterachse wird beim Ascona 400 an fünf Lenkern geführt, die traditionelle Deichsel-Konstruktion wich einer zweiteiligen Gelenkwelle, dazu modifizierte Achsgeometrie. Zum auffälligen Farbdesign kamen Spoiler vorne und hinten, Schwellerverbreiterungen und Alufelgen, Zusatzscheinwerfer, Nebelleuchten, innen Recaros im Opel-Design. Gebaut wurden der Ascona 400 und Manta 400 im GM-Werk Antwerpen, wo seit 1979 sämtliche Manta bis zum Produktionsstopp 1988 entstanden.

Beim Manta 400 steht die Zahl in der Typbezeichnung ebenfalls für die Anzahl nötiger Homologationsmodelle. Eine Änderung im Reglement ergab, dass 200 reichten, den Namen Manta 400 trug der Spitzensportler dennoch. Debüt Genfer Salon 1981 als Nachfolger des Ascona

Übergabe der ersten 50 Manta 400 an die Kunden im Herbst 1981 auf dem Opel-Prüffeld in Dudenhofen. Die vorderen drei im Rothmans-Rallyelook, und wer da so freundlich lacht und die 400er-Käufer begrüßt, ist kein geringerer als Walter Röhrl himself (rechts auf das vordere, mittlere Auto gestützt). Solche repräsentative PR-Aktionen gehören zum Aufgabengebiet eines freischaffenden Rallyefahrers, der einen zeitlich befristeten Werksvertrag hat. Der Walter machte es gerne. Der ist leutselig, immer zu einer Plauderei bereit und verteilt auch gerne Autogramme.

400, Konstruktion Irmscher. Nach demselben Muster wie sein Vorgänger gestrickt, war der Manta 400 eine straßentaugliche Ausgangsversion für Rallyefahrzeuge. Im Oktober 1981 ging er in Produktion. Es gab den Manta 400 in schmaler Version für anfangs 30.540 D-Mark, aber kaum jemand orderte ihn so. Kotflügelverbreiterungen sowie Front- und Heckspoiler demonstrierten auch äußerlich seine Extravaganz, fast alle Manta 400 trugen diesen »Wide-Body-Kit« ab Werk, Aufpreis 9000 D-Mark. Innen dominierte eine Kombination aus Sportlichkeit (Instrumentierung, Recaro-Sitze) und Eleganz (Berlinetta-Details). 245 Exemplare entstanden.

Durch immer neue Schwierigkeiten verzögerte sich die Homologation in der Gruppe B bis zum Frühjahr 1983. Denn Opel hatte jeden fertigen Straßen-400er sofort verkauft, und als die Delegation der FISA (Fédération Internationale du Sport Automobile) zum Zählen in Rüsselsheim auftauchte, waren nur sieben Autos da. Opel konnte also die notwendigen 200 Exemplare nicht nachweisen, musste Listen von bisherigen Käufern (natürlich auch im Ausland) erstellen und in Antwerpen so rasch wie möglich nachproduzieren lassen. Die Wettbewerbsversion wurde in den Hallen des Deutschen Opel-Teams (DOT) in Schotten unter Reinhard Hainbach zusammengebaut, erstellt wurde sie in Kooperation von verschiedenen Tunern. Matter verstärkte die Karosserie, Hainbach sorgte für die Kevlar-Teile und die Plexiglasscheiben (was das Wagengewicht auf rund 900 Kilo reduzierte), die Maschine wurde bei Cosworth gebaut, die Gesamtverantwortung oblag Hainbach.

Landläufig wird in der Szene von »drei Serien« gesprochen, aber diese Einteilung ist nicht korrekt. Die ersten Manta 400, 1981 entstanden, hatten zwei Kühlluftschlitze im Frontblech. Danach gab es den Manta 400 mit den Veränderungen des 1982er Facelifts, somit vier Schlitze vorne. Und dann unterscheidet man zwischen dem Serientriebwerk mit Straßenzulassung (144 PS) und den Phase II/Phase III-Triebwerken für Wettbewerbe, diese mit bis zu 280 PS und Weber-Vergasern.

Nach dem 1982er Facelift gab es den Manta 400 weiterhin; hier ein Street Car mit Widebody-Kit von Ende 1982.

Auf der IAA 1981 stand der 400er drei Mal, als schmales Street Car, in der breiten Wide-Body-Version, wie sie von den meisten Kunden geordert wurde (Bild)...

...und als Rallye-Prototyp.

Werkstuning: die Irmscher-Modelle

Günther Irmscher fungierte bei der Erstellung des Sechszylinder-Prototyps auf Basis Manta A als externer Berater in Rüsselsheim. Einen derartigen Kit (Implantation des Commodore-2,8-Liter-Motors mit Vergaser, 150 PS, ZF- bzw. Getrag-Sportgetriebe) bot er 1977/78 auch für den Manta B an, genannt Irmscher i2800, nicht »Opel« und nicht »Manta«, 27 Exemplare wurden gebaut, ursprünglich geplant waren 100. Die Wagen basierten auf der Berlinetta-/Luxus-Plattform »59« - mit Ausnahme der beiden ersten, in die Schweiz gelieferten Fahrzeuge auf Standard-Plattform »58«. In Verbindung mit Recaro-LS-Sitzen und der originalen Berlinetta-Ausstattung kam ein i2800 auf 27.850 D-Mark (Stand 1978). Obgleich Irmscher in die Sechsender-Versuche beim Manta A seitens Opel involviert war, ignorierte er die damaligen Erkenntnisse, wonach der Manta-Sechszylinder zu frontlastig wäre, wenn der Motor an bisheriger Stelle montiert würde, ein Verschieben nach hinten zum besseren Gewichtsausgleich jedoch massive Eingriffe in die Karosseriestruktur erfordern würde. Irmscher machte es beim Manta B so wie Vic Heylen beim Manta A TE 2800: Sechszylindermotor rein, passt schon! Irmscher setzte das Aggregat mit anderen Motorhaltern ungefähr um fünf Zentimeter nach vorne, die untere Quertraverse wurde entfernt und durch einen U-Bügel ersetzt, Kühlerhalterung und Kühler wurden entfernt. Der Kühler beim i2800 saß unter dem Frontblech. Quasi sein Nachfolger war der feudale i300 mit der 176-PS-Sechszylindermaschine des Senator/Monza, optisch identisch zum 400er. 27 Exemplare wurden 1984 gebaut, und dies ist kein Recherchefehler: Sowohl vom i2800 als auch vom i300 entstanden tatsächlich jeweils 27 Stück. Beide waren spezielle Irmscher-Modelle, nur dort erhältlich. Doch in Sachen Manta baute Irmscher hauptsächlich Tuning in Serie, und diese Fahrzeuge waren bei jedem Opel-Händler zu haben.

Für den Manta-Enthusiasten ist der 400er der Heilige Gral. Doch so mythisch das wundertätige Gefäß, das ewige Lebenskraft spendet, aus der Artus-Legende auch ist, so selten kommt man an einen Opel Manta 400. Manchmal tut es auch die Hälfte, 200 statt 400: der Irmscher Manta i200. Ein kleines i. Der Buchstabe im Alphabet, der am wenigstens Substanz besitzt. Ein Strichlein und ein Pünktchen darauf. Und doch so viel versprechend: i für Irmscher. Von Irmscher stammt der Manta 400 und all die i-Modelle (die es nicht nur auf Manta-Basis gab): Auf Manta schuf Irmscher den Manta Real 1981 (Serien-GT/E mit Optik-Tuning und Dekor), i200 als leicht getunter GT/E, i240 mit 2,4 Litern (knapp 600 Stück 1984, hieß in der Schweiz i240 Dakar und trug dort zusätzliche Windleitbleche auf den Vorderkotflügel). Dann gab es noch als Opel-Sondermodelle die 1978er »Weiße Flotte«: Ascona B,

Der «Paradiesvogel« von 1976, optisch ein Ausnahmefahrzeug dank Lackierung, Verspoilerung, Verbreiterungen und mächtigen 215/60 VR 13-Reifen, und unter der Haube der 2,8-Liter-cih-Motor mit 150 Pferden. Der Irmscher i2800 »Paradiesvogel«, zusammen mit der Opel-Designabteilung entwickelt, war damals der Testwagen etlicher Autozeitschriften und erlangte dadurch bunte Berühmtheit. Außerdem durfte er sich auf dem Genfer Salon 1977 exhibitionieren.

Als normaler Manta B 1978 in Antwerpen geboren, zum Manta i2800 bei Irmscher umgebaut, der 2,8-Liter-Motor wurde im Laufe der Zeit durch einen 3-Liter-Einspritzer und dieser wiederum durch einen 3,6-Liter ersetzt. Laut Günter Karis i2800-Register ist das der 18te von 27 gebauten i2800.

Was doch so alles in einen Manta-Motorraum passt: der 2,8-Liter-Sechszylinder aus dem Commodore und Admiral macht einen Irmscher i2800 aus, statt Bosch D-Jetronic mit Zenith-CL-Einspritzung versehen.

Rekord E, Kadett C City und Manta i2800 mit Spoilern und Kotflügelverbreiterungen, weiß lackiert, Karosserieunterflanke und Anbauteile grau, getrennt durch einen feinen, roten Doppelstreifen, dazu weiße Irmscher-Alus.

Ein Erfolg mit 3074 Exemplaren war der Manta i200, lieferbar 1984/85 in Weiß oder Astralsilbermetallic, dekoriert im Streifendesign des damaligen Opel-Motorsport-Sponsors Rothmans - ein GT/E mit 2-Liter-Einspritzer, leicht getunt von 110 auf 125 PS. Innen bestach der Manta i200 durch das komplette GT/E-Interieur mit schwarzem Dachhimmel, Besonderheit waren das Sportlenkrad und die Sitzbezüge mit großflächigen Opel-Emblemen. Die Felgen sehen auf den ersten Blick aus wie die Alus vom Senator oder Monza, sind aber 14-Zöller im GT/E-Design (Reifen 195/60 R 14), in Karosseriefarbe lackiert, also weiß oder silbern. Dahinter stecken modifizierte Irmscher-Bremsen, innen belüftete Scheiben vorne, das Ganze gepaart mit dem Irmscher-Sportfahrwerk, obendrein eine mit 3,44 sportlichere Hinterachsübersetzung. Ansonsten sieht der i200 optisch aus wie die letzten Manta GSi Exclusiv: Doppelrundscheinwerfer anstelle der serienmäßigen Breitbandleuchten, GSi-Frontschürze (mit oder ohne Aussparungen für Nebelleuchten), hinten der dreiteilige Heckspoiler, schwarze Blende zwischen den Rückleuchten, das Kennzeichen sitzt darunter auf der Heckschürze, optional Schiebedach, innen Vierspeichen-Lederlenkrad mit spezifischer Prallplatte. Die Kotflügel sind nicht verbreitert, aber zum i200 gehört der Schweller-Anbausatz vom GT/E, der sich im hinteren Bereich bis auf halbe Höhe an den Radausschnitt anschmiegt. Und dann natürlich die Rothmans-Streifensätze rings um die Karosserie im unteren Bereich. Von oben nach unten ein breiter blauer Streifen, dann eine goldene Trennlinie zum nächsten breiten Streifen in Karosseriefarbe (weiß oder silbern), der wiederum mittig von einem roten schmalen Streifen geteilt wird. Dann das Ganze spiegelverkehrt erneut. Basis ist der 2-Liter-cih-Einspritzer aus dem GSi. Irmscher wandte klassisches Motortuning an, um dem Manta 15 Mehr-PS zu entlocken, ohne seine Alltagstauglichkeit und Servicefreundlichkeit einzuschränken: scharfe Nockenwelle für das Aggregat, ohne Hydrostößel und mit einem speziellen Zündverteiler, Leichtmetallzylinderkopf statt Graugusskopf, Bosch LE-Jetronic, spezielle Abgasanlage von Sebring. Der i200 holt seine Leistung über etwas höhere Drehzahlen, 6000 statt 5400 Umdrehungen. Dem normalen GT/E respektive GSi ist der i200 also nur im höheren Drehzahlbereich überlegen, aber er bietet bessere Fahrwerte: Höchstgeschwindigkeit immerhin 198 km/h statt 187 km/h, für den klassischen Spurt auf Tempo 100 braucht der i200 9,3 Sekunden. Serienmäßig trug er ein Fünfganggetriebe.

Für den i200 bekam Opel die Berechtigung zur Teilnahme an der Rallye Gruppe B. Das bedeutete, dass diese Wagen das Getrag-Getriebe des Manta 400 nutzen durften (1. Gang hinten links situiert), den Zylinderkopf des Rekord 2.2i mit großen Kanälen und Ventilen, außerdem Weber-Doppelvergaser. Darüber hinaus Fahrwerks- und Bremsveränderungen - so zum Beispiel Fünfloch-Naben vorn und Irmscher 5-Loch-Steckachsen hinten, somit war der Einbau von Senator-Brem-

Weißer i200 mit Streifendekor und Felgen in Wagenfarbe, die Gruppe-B-Wettbewerbsversion.

Für die Straße, und zwar die britische: Rechts gelenkte Manta i200 sind seltene Vögel. Nur 35 Stück wurden gebaut. Jungfräulich weißer i200 mit Rothmans-Streifendekor und Felgen in Wagenfarbe. Ansonsten optisch wie ein GSi Exclusiv, Scheibenwischer der Rechtslenkung wegen rechts statt links angeschlagen.

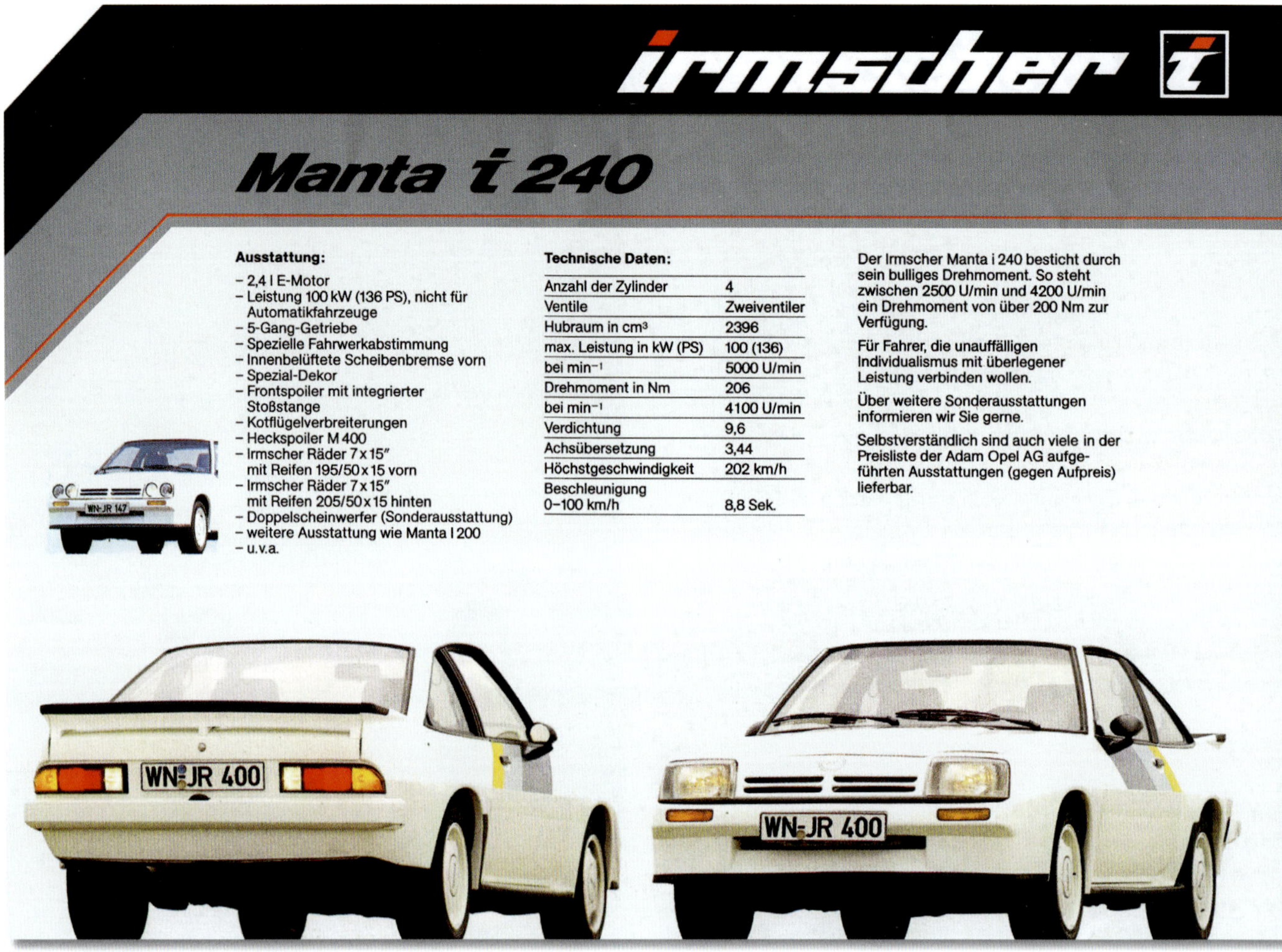
irmscher

Manta i 240

Ausstattung:

- 2,4 l E-Motor
- Leistung 100 kW (136 PS), nicht für Automatikfahrzeuge
- 5-Gang-Getriebe
- Spezielle Fahrwerkabstimmung
- Innenbelüftete Scheibenbremse vorn
- Spezial-Dekor
- Frontspoiler mit integrierter Stoßstange
- Kotflügelverbreiterungen
- Heckspoiler M 400
- Irmscher Räder 7 x 15″ mit Reifen 195/50 x 15 vorn
- Irmscher Räder 7 x 15″ mit Reifen 205/50 x 15 hinten
- Doppelscheinwerfer (Sonderausstattung)
- weitere Ausstattung wie Manta I 200
- u.v.a.

Technische Daten:

Anzahl der Zylinder	4
Ventile	Zweiventiler
Hubraum in cm^3	2396
max. Leistung in kW (PS)	100 (136)
bei min^{-1}	5000 U/min
Drehmoment in Nm	206
bei min^{-1}	4100 U/min
Verdichtung	9,6
Achsübersetzung	3,44
Höchstgeschwindigkeit	202 km/h
Beschleunigung 0–100 km/h	8,8 Sek.

Der Irmscher Manta i 240 besticht durch sein bulliges Drehmoment. So steht zwischen 2500 U/min und 4200 U/min ein Drehmoment von über 200 Nm zur Verfügung.

Für Fahrer, die unauffälligen Individualismus mit überlegener Leistung verbinden wollen.

Über weitere Sonderausstattungen informieren wir Sie gerne.

Selbstverständlich sind auch viele in der Preisliste der Adam Opel AG aufgeführten Ausstattungen (gegen Aufpreis) lieferbar.

Der Irmscher-i240-Prospekt, ein DIN-A-4-Blatt, stammt vom Februar 1984.

sen möglich und man konnte die Ronal-7 x 15-Felgen fahren. Möglich waren auch Rennsport-Aluminium-Bremssättel und Rennbremsscheiben.

Der i200 war ein Straßenauto mit Motorsportextras, die dann gleichzeitig eine Motorsporthomologation hatten, weil sie ja Serienteile waren. So musste Opel also, um die Homologation zu erhalten, lediglich Gebühren an die FIA (Fédération Internationale de l'Automobile) bezahlen, aber keine Spezialteile entwickeln. Es musste seitens Rüsselsheim lediglich der Nachweis erbracht werden, dass es von den Motorsport-Spezialteilen eine gewisse Anzahl gab und diese in Serienautos eingebaut würden. Letztlich war dies wohl die hauptsächliche Daseinsberechtigung des Manta i200.

Ambitionierte Privatfahrer, aber auch Rallyeteams, die nicht selbst tüftelten, konnten also quasi ein fertiges Gruppe-B-Rallyeauto aus dem Opel-Schaufenster kaufen. Ebenfalls möglich war, gebrauchte Mantas mit diesen Teilen auszurüsten und diese Wagen waren dann ebenfalls berechtigt, bei Rallyes zu starten.

Irmscher i240: Fan-Attack!

Er war die absolute Fan-Attack. Irmscher tat beim i240 mehr als Optik. Irmscher griff in den Kreislauf ein, und zwar massiv. Bei Opel war Schluss bei 110 PS beim Zweiliter mit Einspritzung. Bei Irmscher nicht. Er stockte großzügig auf. Nicht nur die Leistung, auch den Hubraum. Denn Hubraum ist durch nichts zu ersetzen - außer durch noch mehr Hubraum. Statt 2 Litern standen im Manta i240 2,4 Liter zur Verfügung, und das ist auch der Grund für die Modellbezeichnung. Basis erneut der 2-Liter-Opel-cih-Motor, dem Irmscher eine Kurbelwelle mit längerem Hub spendierte, dazu größere Ventile, ja zwei Ventile pro Zylinder. 136 PS Output realisierte Irmscher. Das war fast so viel wie im Manta 400, der es auf deren 144 in der Straßenversion brachte, aber mit vier Ventilen pro Zylinder. Die 136 Pferde stellten sich bereits bei 5000 Umdrehungen ein, der Motor benötigte also keine Drehzahlorgien, und das maximale Drehmoment wuchs von 161 auf 210 Newtonmeter. Für den guten Ton sorgt ein Sportauspuff mit dumpfem Brummen.

Manta i 200

Technische Daten:

Anzahl der Zylinder	4
Hubraum in cm³	1956
max. Leistung in kW (PS)	92 (125)
bei min^{-1}	5900 U/min
Drehmoment in Nm	163
bei min^{-1}	4700 U/min
Verdichtung	9,4
Achsübersetzung	3,44
Getriebe	5-Gang-Schaltgetr.
Höchstgeschwindigkeit	196 km/h
Beschleunigung 0–100 km/h	9,3 Sek.

Ausstattung:

Manta B GT/E

- 2,0 l E-Motor
- Leistung 92 kW (125 PS, nicht für Automatikfahrzeuge)
- 5-Gang-Getriebe
- Spezielle Fahrwerkabstimmung
- Farben weiß oder silber
- Spezial-Decor
- Frontspoiler mit integrierter Stoßstange
- Seitenschmutzleisten
- Heckspoiler M 400
- Leichtmetallfelgen
- Sportsitze
- Sportlenkrad
- Verbundglas
- Halogen Hauptscheinwerfer
- u. v. a.

Mit dem Manta i 200 ist es gelungen, dem Sportfahrer ein preisgünstiges, wettbewerbsfähiges Basismodell für den Motorsport zur Verfügung zu stellen. Selbstverständlich läßt sich das Fahrzeug mit fast allen im Irmscher-Katalog aufgeführten Sonderausstattungen ausrüsten.

Für Wettbewerbs- oder besondere Straßenausführungen unterbreiten wir Ihnen gerne ein Angebot.

Werbeprospekt von Irmscher für den i200 von 1984: »Für Wettbewerbs- und besondere Straßenversionen unterbreiten wir Ihnen gerne ein Angebot.« Nettes Detail: Beim abgebildeten Wagen wurde vergessen, die Nabendeckel zu montieren.

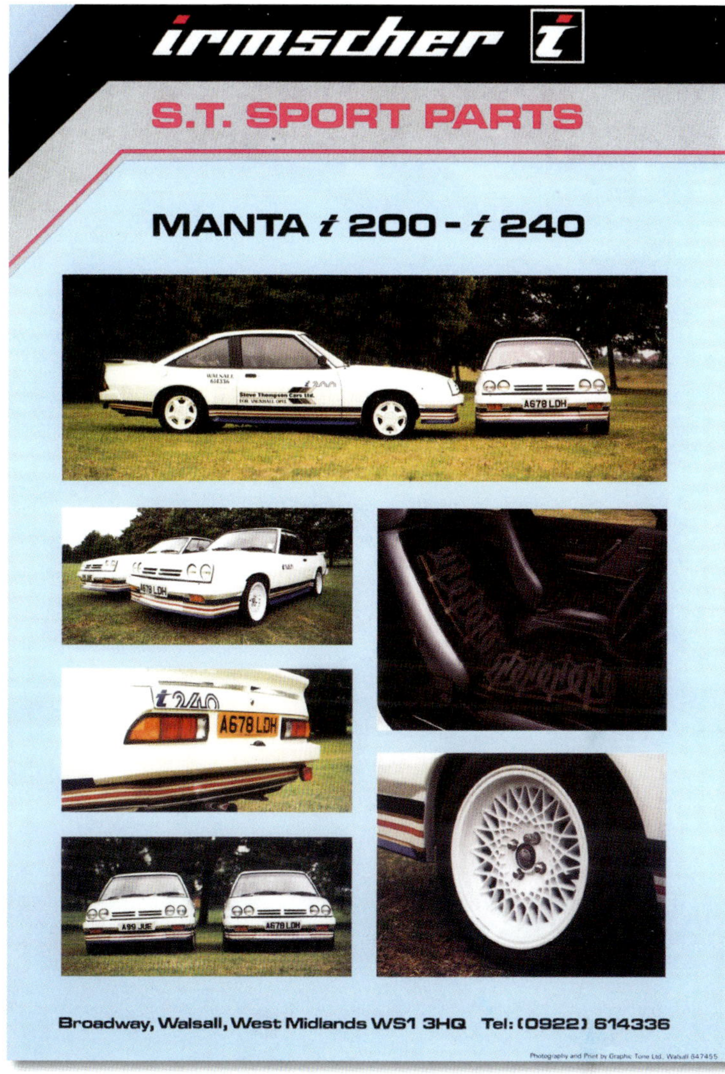

Seltenes Stück Altpapier: Steve Thompson Cars war der britische Importeur für Irmscher und gab ein eigenes Prospektblatt für den i200 und i240 heraus.

Ihn zu fahren, machte richtig Spaß, denn er war nicht nur schnell, sondern entwickelte eine Art Dampfhammercharakteristik. Der i240 musste nicht hoch gedreht werden, sondern schöpfte Kraft aus dem Keller, was eigentlich gar nicht vierzylindertypisch ist. Man konnte ihn früh in den nächst höheren Gang schalten, man landete automatisch ziemlich rasch im fünften, und auch das Schalten im eng abgestuften Getriebe bereitete Freude. Und so ganz nebenbei konnte man im Manta i240 dann noch einen BMW 323i abhängen. In 8,8 Sekunden sprintete der i240 auf Tempo 100, und wenn man ihn ausfuhr und der Tacho gut geeicht war, so pendelte er bei Höchstgeschwindigkeit auf über 200 ein. Offiziell ging der i240 satte 202 km/h und knackte damit zwei Benchmarks, die in der ersten Hälfte der 80er magisch waren: Nullhundert in weniger als 9 Sekunden und Topspeed über 200 Sachen.

Das Fahrwerk überarbeitete Irmscher nach den Regeln der Kunst: verkürzte Federn und Bilstein-Stoßdämpfer, vorne innen belüftete Scheibenbremsen. Er lag ziemlich hart, aber nichts anderes erwartete man von einem Irmscher-Manta. Und er tat das am liebsten, was sein Dompteur am liebsten tat: das Heck raushängen lassen! Mit einem Manta i240 ließ es sich herrlich driften, bis die Differenzialsperre zugriff. Es war ein absolutes Spaß-Auto. Und es hatte eben den Antrieb dort, wo er hingehört, nämlich hinten - was in den frühen 80ern bereits eine Seltenheit in dieser Klasse war. Und die Starrachse? Hat auch ihre Vorteile, vor allem beim Driften. Innen wertete Irm-

Während des Modelljahrs 1984 entstanden ab Februar rund 600 Manta i240 und der Wagen war bis ins Jahr 1985 lieferbar.

Der Quasi-Nachfolger des Irmscher i2800 ist der i300 mit Senator/ Monza-Motor.

Eine Augenweide. Der Motor an sich. Und der Motor in diesem Pflegezustand. 3 Liter im i300. Das sagt alles.

scher das GT/E-Level auf, vor allem durch veloursbezogene Sportsitze mit vielen Opel-Zeichen auf den Sitzflächen, ebenso dekorierte Rücksitzbank, natürlich das Irmscher-Vierspeichenlenkrad.
Von außen sah der Manta i240 sportlich und dennoch halbwegs dezent aus. Der Wagen war in zwei Farben lieferbar, Polarweiß und gegen Aufpreis Astrosilbermetallic, die hintere Stoßstange, wie bei allen Mantas ab 1982, in Wagenfarbe. Vorne statt der Stoßstange die Irmscher Spoilerstoßstange, die Kotflügel breiter, dazwischen Schwellerverbreiterungen, auf dem Kofferraumdeckel der Irmscher-M-400-Heckspoiler. Dazu 7 x 15-Irmscher-Alus mit breiten Reifen, vorne 195/50 x 15, hinten 205/50 x 15. Optional auch ohne Kotflügelverbreiterungen und den 6 x 14-Serienfelgen vom GSi erhältlich, und so richtig Eindruck auf den Vordermann machten die optionalen Doppelscheinwerfer. Irmscher baute circa 600 Exemplare des Manta i240, und die Individualität hatte ihren Preis: 41.700 D-Mark kostete ein i240 anno 1984 - doppelt so viel wie ein Serien-GSi. Technisch identisch zum i240 war der i240 C, eine äußerst seltene Angelegenheit, szeneintern wird von weniger als 50 Exemplaren gesprochen. Der i240 C besaß Fünfloch-Felgen und es gab ihn nur in der Breitversion à la Manta 400.

Die Studie zum i240 trug noch Recaros mit Streifendesign, die Serie war mit vielen Opel-Emblemen auf der Sitzfläche geschmückt, aber stets Veloursbezug.

Genetische Anlage oder Achillesferse: Manta-Tuning

Externes Manta-Tuning: von seriös über rabiat bis hin zu pornographisch

Der Wunsch, einen Manta nachträglich verbessern oder verändern zu lassen, hat viele Ursachen. Das Wort »verbessern« hat eine positive Wertung. Der Fachbegriff heißt »tunen« und ist wertfrei, und ein getuntes Auto kann, muss aber nicht besser sein als sein Ausgangsprodukt. Prinzipiell gibt es zwei Tuningbereiche, die Optik und die Technik eines Autos. Häufig geht das eine mit dem anderen einher. Die Ursprünge des Tunens liegen in der frühen Nachkriegszeit, als die VW-Käfer-Fahrer mit ihren 30 PS nicht zufrieden waren und den Wunsch nach mehr Leistung äußerten. Das Wort »tunen« gab es damals nicht. Wer ein leistungsgesteigertes Auto fuhr, sprach vom »frisieren«.

Professionelle Züge nahm das Tuning in der zweiten Hälfte der 60er Jahre an, als die Automobilhersteller erkannten, dass frisierte Versionen ihrer Produkte durchaus keine Gotteslästerung darstellten, sondern das eigene Renommee ordentlich aufpolieren konnten. Gerade Opel hatte das nötig, bemühten sich die Rüsselsheimer mit dem Rallye Kadett doch sehr, das lästige Hosenträger-Spießer-Image loszuwerden. Eine offizielle Werksunterstützung im privaten Renn- und Rallyesport ließ aus manchem Hinterhofgaragen-Frisierer eine arrivierte Firma werden - das ging teilweise so weit, dass solch externe Spezialisten für ein großes Werk den kompletten Motorsport-Sektor abwickelten.

Der Opel-Wagen nahmen sich Firmen wie Steinmetz und Irmscher an, später folgten unzählige. Manche von ihnen sind noch im Geschäft, andere längst vergessen. Mit schärferen Nockenwellen und speziellen Abgasanlagen, größerem Hubraum und viel Feinschliff, später auch mittels Turboaufladung bekamen die Motoren etliche Mehr-PS, und je professioneller die Motortuner arbeiteten, desto eher hatten sie rich-

Der extremste Manta B war der Mattig Extrem. Ein Plastikbomber, bei dem nur die Dachlinie und die Rückleuchten an das Bochumer Coupé erinnern. Ausgestellt wurde er 1990 auf der Essen Motor Show in Rot und ging dann an die Film-Produktionsgesellschaft Neue Constantin Film. Seinen Ritterschlag erhielt der Mattig Extrem im Film »Manta Manta«.

Nur entfernte Ähnlichkeit zum Serien-Manta, quasi eine schöpferische Eigenleistung. Schönheit ist relativ, aber eindrucksvoll ist der Mattig Extrem in jedem Falle. Die Füße: Mattig-Felgen 11 x 15 vorne und 13 x 15 hinten, Reifen 285/45 VR 15 vorne und 345/35 VR 15 hinten. Gut fahren tut das Auto damit nicht! Aber es sieht »geil« aus.

Nicht jeder Mattig-Manta ist extrem. Dieser macht optisch auf Manta 400. Vielleicht ist es auch ein originaler 400er, der bei Mattig lediglich die Wettbewerbs-Motorhaube bekommen hat.

Und dieser Mattig-Manta besticht durch eine »Frittentheke«, wie derartige Heckflügel leicht despektierlich gerne genannt werden.

Nicht nur Mattig radikalisierte den Manta B, auch Lexmaul beließ es nicht bei braven Anbauteilen, sondern griff gewaltig in das bestehende Design ein. Bestückt mit Exip-Felgen in 9 x 15, die es wohl nur bei Lexmaul gab. Exip ist die Zweitmarke von Intra, ehemaliger Hersteller Fleischmann & Wacker in Bruchsal.

tig gehende Evolutionsstufen für spezielle Modelle im Angebot. Damit einher gingen Fahrwerksverbesserungen, vor allem leistungsfähigere Bremsen, Spezialstoßdämpfer und -federn sowie breitere Räder. Diese bedingten Kotflügelverbreiterungen, und damit hielt die Karosseriebaukunst im Tuning-Geschäft Einzug. Als dann noch erkannt wurde, dass die schnelleren und tiefer gelegten Wagen mit besserer Aerodynamik nicht nur noch schneller wurden, sondern auch eine bessere Fahrbahnhaftung erzielen konnten, kamen Spoiler en vogue. Plötzlich war das Tuning eine ganzheitliche Angelegenheit: Technik (Motor, Fahrwerk, Lenkung, Räder), Karosserie (Kotflügelverbreiterungen, Spoiler) und Innenraum (Leichtbau, Sitze, Sportinstrumente, Überrollbügel, etc.).
Als dies alles gültig war, ungefähr von Mitte der 60er bis Anfang der

Genetische Anlage oder Achillesferse: Manta-Tuning

Und die Optik modifizierten alle - der eine mehr, der andere weniger. Ziemlich schwangerer Lexmaul-Manta, ebenfalls mit Exip-Felgen, typisches Beispiel für einen »Plastik-Bomber«. Diese Art der Zweifarbenlackierung war eine Lexmaul-Spezialität.

Des Knaben Wunsch: Lexmaul-Rundumverspoilerung mit Doppelrundscheinwerfern und Exip-Felgen, vorn 7 x 15, hinten 9 x 15.

Wer es wollte, bekam bei Lexmaul auch dezentes Optiktuning wie an diesem Manta B CC. Wobei die Schrägheck-Version vom Optik-Tuning-Wahn eher verschont blieb.

80er Jahre, ging es den Tunern darum, vorhandene Serienfahrzeuge tatsächlich zu verbessern respektive für den Sporteinsatz zu präparieren. In den 80ern wandelte sich das Bild völlig. Das 80er-Jahre-Tuning war nichts als eine Mode mit teilweise wüsten Auswüchsen. Sie hatte nichts mehr mit Profi- oder Amateurmotorsport zu tun. Sie hatte oftmals nicht einmal mehr mit Leistungssteigerung zu tun. Es ging nahezu ausschließlich um die Optik, den Individualismus um jeden Preis. Jeder selbsternannte Adept des Zeitgeistes meinte, ohne Spoiler vorne und hinten und an den Seitenschwellern, ohne Kotflügelverbreiterungen, Leichtmetallfelgen, fette Schlappen und Überrollbügel keinen allgemein estimierten fahrbaren Untersatz zu haben. Dieses Tuning machte selbst vor seriösen Limousinen keinen Halt. An die 100 Tuner gab es damals in Deutschland, jeder Kunststoff verarbeitende Spezialbetrieb sprang auf den boomenden Zug auf und produzierte Spoilerstoßstangen, Schwellerleisten und Kotflügelverbreiterungen. Selbst Kaufhäuser boten derlei Anbauteile an. Die Autolackiererzunft erlebte eine Hochphase, denn all die Spoilerstoßstangen und Plastikwülste mussten lackiert werden. Ebenfalls eine automobile Unsitte der Zeit: Ein windiges after-market-Glas-Hubdach wurde an einem sonnigen Samstagnachmittag launig eingepasst und damit die Dachhaut nahezu unrettbar zerstört. Die Autokonzerne sahen sich gezwungen, der Mode hinterherzuhecheln und brachten ihrerseits Karosserieformteile zur nachträglichen Montage, nun aber mit Werksgarantie, auf den Markt - von all den geschmackvollen Klebefolien im Individualdesign ganz zu schweigen.

Danach, Anfang der 90er Jahre, ebbte die Tuning-Welle wieder ab. Viele Firmen verschwanden. Wer überlebte, wurde seriös. In dieser Zeit war das Manta-Tuning kein Thema mehr. Die Mantas erlebten das Tuning der 70er, also den Trend zur ganzheitlichen Verbesserung von Steinmetz und Irmscher, und das Radikaltuning der 80er, litten also unter extremer Entstellung.

Koenig Specials war der Inbegriff des pornographischen Brachialtunings. Der Münchner »veredelte« vornehmlich Luxus-Sportwagen und implantierte ihnen monströse seitliche Lufteinlässe à la Ferrari Testarossa. Davon ließen sich auch andere Tuner inspirieren, die damit so manchen Opel Manta B radikalisierten. Noch heute Legende sind die Leichtmetallräder der Schwarzwälder Firma BBS von Heinrich Baumgartner und Klaus Brand, die Recaro-Schalensitze sowie die Anbauteile von D&W, besonders aber deren dicke Kataloge mit leicht geschürzten Mädchen. In den 80ern war Günther Irmscher natürlich aktiv, und sein Betrieb war das einzige von Opel anerkannte Tuning-Unternehmen. Lexmaul Opel Tuning in Rödermark-Oberroden veredelte die gesamte Opel-Palette mit Karosseriebausätzen, Fahrwerksteilen, Motortuning und Spezial-Auspuffanlagen; ein ähnliches Programm boten Leidinger in Merzig-Brotdorf und Mattig in Hauzenberg an. Mattig ging mit seinem »Manta Extrem« sehr weit, schuf großflächige Verkleidungen und wagte sich mit dem »Extrem«-Umbau tief in die Karosseriestruktur. Ein »Manta Extrem« war fast schon eine schöpferische Eigenleistung. Den »Extrem«-Bodykit gibt es noch heute neu zu kaufen, Bernd Mattig erteilte 2021 die Herstellungslizenz an Daniel Holesch (»Mantadany«) in Pfarrkirchen. In die ähnliche Richtung gingen der Breitbau von Step-

Lexmaul-Katalog von 1983, auch für Kadetten und Asconas. Aber der Manta war der Tuning-Star.

pan Autosport aus Bottrop-Kirchhellen, der »Evolution«-Kit von Mantzel, der »Aero«-Kit von Leidinger, der »Mantarossa«-Bausatz von Hausen-Design (à la Ferrari Testarossa, ähnlich auch von Schult erhältlich), weitere Breitbauten kamen von Zastrow, Göckel und KHL. Auch Zender hatte einen Widebody-Komplettbausatz im Programm, den Z 2001. SKT konzentrierte sich eher auf Technik und erweiterte beispielsweise den Irmscher 3,6-Liter-Motor auf 3,7 Liter. Dieter Mantzel spezialisierte sich zunächst auf die Technik, bekannt ist sein aus dem 2-Liter-cih-Motor entwickelter 2,7 Liter mit 160 PS. Er kreierte dann aber mit dem »Evolution« genannten Bausatz einen Manta B mit Batmobile-Allüren.

Zastrow aus Kranenburg, seit 1981 am Markt, lieferte Karosserieanbausätze und verpasste dem Manta B neben den üblichen Verbreiterungen auch Lufthutzen, Doppelscheinwerfer und Heckflügel.
Gerade Zender steht für populäres Optiktuning für fast alles, was vier Räder hat, und natürlich auch den Opel Manta. Als in den 80er Jahren der Tuningwahn die Republik überschwemmte, war Zender in Mülheim-Kärlich ganz dicke im Geschäft. Damals witterte jeder Kunststoff verarbeitende Hinterhofbetrieb den großen Reibach mit GfK- und Gummi-Anbauteilen für alle möglichen Fahrzeuge, und es gab während der Hochphase rund 300 Anbieter für Spoiler, Radlaufverbreiterungen, Seitenschweller, Gummilippen und sonstige Plastikanbauteile - damalige Tuningkataloge, welche das Gesamtprogramm redaktionell abdeckten (heute hoch begehrt unter Fans!), waren hunderte von Seiten dicke Wälzer. Jeder Hersteller suchte seine Nische, die meisten fanden sie, und wer zu klein, zu schlecht oder zu teuer war, den überrollte die Geschichte ganz schnell.
Zender hielt sich lang (1969 bis 2008) und fand durchaus seine Nische. Zender hatte nämlich einen hervorragenden Vertrieb, die Teile waren landauf, landab erhältlich, sie waren - im Gegensatz zu den Produkten vieler anderer Hersteller - passgenau und einfach zu montieren und sie waren relativ preiswert. Wer sich für Zender-Teile entschied, wusste, dass er damit nicht alleine war und nicht größtmögliche Individualität kaufte. Aber er wusste auch, dass er keine böse Überraschungen bei der Montage erlebte. Zender-Teile konnte sich sogar ein Lehrling leisten und damit seinen Gebraucht-Manta aufrüsten. Überdies war Zender klug genug, nicht nur komplette Bodykits zu offerieren, sondern seine Teile einzeln anbieten. Da fing man dann mit der Gummilippe für den Kofferraumdeckel an, später kam der Frontspoiler dazu, und wenn man sich einen Satz gebrauchter ATS-Alus leisten konnte, kaufte man noch die passenden Kotflügelverbreiterungen. Und Zender schaffte es, nach und nach die Hersteller zu gewinnen, seine Teile im offiziellen Zubehörprogramm zu führen, zunächst Ford, 1975 folgte VW (Karosserieanbauteile für den Cup-Scirocco). Mit seinen Concept Cars Vision 1 bis 3 in den 80ern wurde Zender international bekannt, der Höhepunkt war der Fakt 4 Biturbo auf der IAA 1989. Das war der erste Sportwagen der Welt mit einem Monocoque aus Kohlefaser, der eine Straßenzulassung erhielt! 1990 begann eine enge Zusammenarbeit mit Opel im Rahmen der OSV (Opel Special Vehicles) zur Umrüstung von Opel-Sonder- und -Behördenfahrzeugen. Bis August 2008 existierte der Zender-Geschäftsbereich Tuning, also Fertigung und Vertrieb von Tuning- und Zubehörteilen.
Legende sind die Mantzel-Motoren im Manta, traditionelles, mechanisches Motortuning in mehreren Phasen. Den 2-Liter-Motor kitzel-

Eine ungemein große Verbreitung hatten die Anbauteile von Zender. Ein Manta B mit deren Frontspoiler und Kotflügelverbreiterungen war in den 80ern fast schon alltäglich. Mit Individualität hatte das nichts mehr zu tun. Nur mit Mainstream.

Ästhetisch wertvoller Anblick für Technik-Fans: cih-Motor im frühen Lexmaul-Manta, Doppelvergaseranlage mit Lexmaul-Luftsammler und Opel-GT-Ventildeckel, erkennbar am Öleinfülldeckel etwa in der Mitte und der Abschrägung in Fahrtrichtung (sonst wäre beim GT die Motorhaube nicht zugegangen). Ein heute noch beliebter Umbau in Opel-Kreisen.

Opel Manta B
Einzelteile, Karosserie & Zubehör

	Ausstattung	Art.-Nr.
	Frontspoiler◆ mit ABE Passend an Serienkarosserie bis Baujahr 3/82.	2.350.02.3
	Heckflügel● mit ABE Nur in Verbindung mit Frontspoiler Art.-Nr. 2.350.02.3 oder Fontspoiler Art.-Nr. 2.351.01.3 oder Serien-Frontspoiler Manta GT/E oder Irmscher-Frontspoiler Typ 2601208 oder Typ 2601158 verwendbar.	2.302.03.3
	Bausatz Seitenleisten● mit ABE Passend an alle Ausführungen des Typ's B; außer B-CC (Schrägheck).	2.034.01.3
	Bausatz Kotflügelverbreiterung◆ mit ABE Nur in Verbindung mit der Spoilerstoßstange Art.-Nr. 2.303.02.1, der Heckstoßstange Art.-Nr. 2.307.04.1 und dem Bausatz Seitenleisten Art.-Nr. 2.034.01.3 verwendbar. Passend an alle Ausführungen des Typ's B; außer Typ B-CC (Schrägheck).	2.312.01.3
	Bausatz Radlaufblenden● Passend an alle Ausführungen des Typ's B. Nur verwendbar in Verbindung mit den Original-Opel-Seitenspoilern(-leisten). TÜV-Eintragung nicht erforderlich; Bericht liegt bei.	2.319.01.3
	Zender Sport-Leichtmetallrad 7 J x 15 (ET 30) schwarz/poliert	8.422.08.2
	Alle Rad-/Reifenkombinationen sowie Auflagen siehe Rubrik Leichtmetallräder.	

● PUR-Schaum ◆ ABS Thermoplastkunststoff
■ PUR-RIM ▲ Glasfaserverstärkter Kunststoff (GFK)

Opel Manta B
Einzelteile, Karosserie & Zubehör

	Ausstattung	Art.-Nr.
	Spoilerstoßstange▲ mit ABE Passend an alle Ausführungen der Typen B und B-CC (Schrägheck). Für Fahrzeuge mit Stahlstoßstange und Kunststoffstoßstange mussen beim Opel-Händler die Original-Opel Blinkleuchten von den Fahrzeugen mit Spoilerstoßstange besorgt werden. Die Opel Katalog-Nr.'n lauten für: das Gehäuse 1226312 und das Glas 1226695. Die serienmäßige Stoßstange wird gegen die Zender-Spoilerstoßstange ausgetauscht.*	2.303.02.1
	Kühlergrill■ **TÜV-Eintragung nicht erforderlich** Passend an alle Ausführungen der Typen B und B-CC (Schrägheck).	2.304.20.3
	Heckstoßstange▲ mit ABE Passend an alle Ausführungen des Typ's B; außer B-CC (Schrägheck). Die serienmäßige Stoßstange wird gegen die Zender-Heckstoßstange ausgetauscht.*	2.307.04.1
	Heckblende● mit TÜV-Prüfbericht Passend an alle Ausführungen des Typ's B; außer B-CC (Schrägheck). Die Verlegung des hinteren Kennzeichens, z. B. mittels der Zender-Heckstoßstange Art.-Nr. 2.307.04.1 oder eines speziellen Kennzeichenträgers mit montierter Kennzeichenbeleuchtung am Fahrzeugheck ist erforderlich; Vorschriften beachten.	2.308.04.3
	Heckflügel Typ III● mit ABE Passend an alle Ausführungen des Typ's B; außer Typ B-CC (Schrägheck). * Ein Hartschaumträger wird als Stoßstangenunterbau verwendet und an den Original-Befestigungspunkten angeschraubt.	2.306.03.3

Auszug aus den Manta-Seiten im Zender-Katalog von 1988: Spoiler, Kotflügelverbreiterungen, Felgen - was der Manta-Fahrer eben braucht. Die beiden Zender-Designer hießen Günther Zillner und Titus Chitimia. Sie zeichneten die Zender-Styling-Linie und gaben einem Serien-Manta eine neue Persönlichkeit.

Etwas mehr Hardcore, Flügel statt Heckspoiler, kompletter Bodykit, Zender-Felge, tolle Lackierung.

te Mantzel dank Sportnockenwelle und Zylinderkopfbearbeitung auf 150 PS, sodann gab es die Hubraumvergrößerung auf 2,2 Liter mit 140 oder 160 PS, auch 2,4 Liter mit 150, 170, 190 oder 220 PS sowie 2,7 Liter mit 160 oder 180 PS. Den größten Hubraum auf Basis des cih-Vierzylinders erreichte Mantzel mit 2,8 Litern, 210 oder 240 PS.

Die meisten Tuner lieferten damals weitgehend das gleiche, aber eben in jeweils individueller Ausformung und Abstimmung aller Komponenten aufeinander: klassisches Motortuning, Zylinderkopfbearbeitung, gar Querstromkopf, Fächerkrümmer, Vergaser, Getriebeabstimmung, Hinterachs-Übersetzung, Fahrwerks- und Bremsenmodifikation, Sportauspuffanlage. Das alles war heißeste Diskussionsgrundlage unter Gleichgesinnten, und ob nun gelbe oder rote Konis das Nonplusultra seien (oder gar Gasdruckdämpfer von Bilstein), entzündete die Gemüter. Von den one-and-only-Felgen ganz zu schweigen. Und über die Länge von Radbolzen lässt sich Abende lang bei viel Bier trefflich debattieren.

Wem das alles zu viel war und wer nur auf sich selbst vertraute und technisch versiert war, erwarb das Buch »Opel-Tuning: So wird er schneller« von Gert Hack aus dem Motorbuch-Verlag als Leitfaden über die zeitgenössisch käuflichen Tuningteile und deren Einbau. Es stammt von 1972, gilt als Fibel des do-it-yourself-Tunings der cih-Motoren, war lange vergriffen und heiß begehrt, danach zwei Wiederauflagen, 1996 und 2015.

Kapitel 16

»Steht ein Manta vor der Uni« ist der kürzeste aller Manta-Witze. Aber in Wahrheit ist dies gar kein Witz, sondern die Diagnose seiner Fahrer und deren gesellschaftlichen und intellektuellen Stellung. Wohlgemerkt - nicht des Manta-Fahrers an sich, sondern des Fahrers eines optikgetunten Manta in der zweiten Hälfte der 80er Jahre. Und auch hierbei ist noch eine lokale Einschränkung zu machen: In seiner Hochphase war das Manta-Tuning zwar ein bundesweites Phänomen, hatte aber seinen Mittel- und Höhepunkt im Ruhrpott. Schließlich kam er ja auch dort her, der Manta.

Die 80er Jahre waren das Jahrzehnt des Optiktunings. Der Manta B wurde zum Stellvertreter der brachialen Auswüchse. Häme und Spott musste er ertragen, und daran waren zwei Filme nicht unschuldig. Der Opel Manta B wurde in der zweiten Hälfte der 80er Jahre, als sein Stern als Neuwagen bereits am Sinken war, zum Prototyp des stil- und geschmacklos übergetunten Autos mit breitesten Walzen, übertriebenen Spoilern und Fuchsschwanz an der Antenne. Der Manta selbst konnte nichts dafür. Es waren seine damaligen Jünger, meist aus einfachem Milieu, die ihn für sich entdeckten und dadurch seine Ehre in Verruf brachten. Witze wurden über ihn gerissen, und zwei Filme mit lustvoll übertriebenem Inhalt ruinierten seinen Ruf vollends: »Manta Manta« (mit einem Mattig Extrem als »Hauptdarsteller«) und »Manta - Der Film« (hierin gab es den sechsrädrigen »Mega-Manta«). Beide sind von 1991 und erschienen weitgehend parallel, somit ist keiner ein zweiter Abklatsch des anderen, sondern sie entstanden unabhängig voneinander. Gleichzeitig sorgte auch das Manta-Lied der Hamburger Pop-Band »Norbert & die Feiglinge« für Furore und wurde zum Titelsong von »Manta - Der Film«. Das beweist, dass das Thema des getunten Manta damals durchaus soziologische Hochkonjunktur hatte. Selbst, wer nicht wusste, was für ein Auto der Opel Manta ist, kannte Manta-Witze und lachte darüber.

Der bekanntere der beiden Filme ist »Manta Manta«, wohl deshalb, weil die beiden Protagonisten Til Schweiger (als Bertie) und Tina Ruland (als Uschi), aber auch Michael Kessler, danach Karriere gemacht haben. In »Manta - Der Film« hingegen spielen etliche bereits etablierte Schauspieler mit. Beide gehören ins Genre Actionkomödie, haben unter Youngtimer-Fans und 90er-Jahre-Nostalgikern einen gewissen Kultstatus erlangt, sind aber nicht gerade die Lieblingsfilme ernsthafter Manta-Fans. In der Tuning-Szene hingegen werden die Filme verehrt.

Inhaltlich ist »Manta Manta« nicht gerade eine filmkünstlerische Offenbarung. Es geht um das Leben junger Leute eher geringen Niveaus aus dem Ruhrgebiet, die ihre Streitereien mit illegalen Autorennen austragen, sich für Tuning interessieren, es geht um Fußball und ein bisschen um Liebe und Eifersucht, vor allem geht es um Selbstüberschätzung, Testosteron, Freizeitvertrieb, Jugend-Soziolekt und natürlich getunte Autos. Zwei Mantas spielen eine große Rolle, um sie dreht sich alles, einer davon ein von Mattig getunter Manta Extrem, und gekämpft wird gegen Golf GTI, Baby-Benz 16-Ventiler und den Ferrari des Disco-Besitzers. Der Film ist mit Action geladen, halbwegs lustig (zumindest in einigen Szenen), ist aber in erster Linie ein Sittengemälde des Lebensgefühles junger Erwachsener aus dem Ruhrgebiet zu Beginn der neuen

Berties Manta Extrem aus dem Film »Manta Manta«, erstellt vom Opel-Tuner Mattig in Hauzenberg, Erstzulassung 1983, Umbau 1989/90. Dieses konkrete (und heute noch in Liebhaberhand existente) Fahrzeug symbolisiert den Typus des Manta-fahrenden Ruhrpott-Proleten. Genau diesen Wagen hat vor dem geistigen Auge, wer sich bei einem Manta-Witz vor Freude auf die Schenkel klopft.

Zeitrechnung: Die Wiedervereinigung gerade vollzogen, die wirtschaftliche Globalisierung, der Strukturwandel im Revier - all das ist gerade im Fluss, aber in der Unterschicht des Ruhrpotts kein Thema.

Ein Nümmerchen ernsthafter, aber dennoch eine Actionkomödie, ist »Manta - der Film«, dessen Protagonist, der Lehrling Fred Grabowski, eigentlich den Golf verehrt und Prospekte austrägt, um sich nach bestandener Führerscheinprüfung einen GTI zu kaufen. Aber seine Mutter gewinnt für ihn im Rätsel einen aufgemotzten Manta. Fred schämt sich des Autos, will nach wie vor einen Golf, landet aber schließlich unfreiwillig im Manta-Club. Auch hier kommt es zum Rennen, Manta gegen Golf, und zum Action-Showdown mit Unfällen und längs zweigeteilten Autos, aber es ist auch ein wenig Moral im (Film-)Spiel, als Fred seine abtrünnige Tina aus einem brennenden Wrack zieht und deshalb das Rennen nicht gewinnt.

Beide Filme sind aus heutiger Sicht allenfalls zeitgenössische Darstellungen von Normen, Gepflogenheiten und moralischen Ansprüchen der »Generation Manta«. Das liegt rund 35 Jahre zurück.

Letztlich lag der Erfolg beider Filme darin, dass ein »prolliges« Milieu dargestellt wurde und die Zuschauer hatten es leicht, sich vermeintlich überlegen zu fühlen. Die Filme schürten die Manta-Witze nochmals an (»Wie bekommt man eine Disco im Ruhrgebiet leer? Man ruft: Draußen wird gerade ein Manta abgeschleppt!« - »Was bedeuten 20 Mantas vor der Sonderschule? Es ist gerade Elternabend.«). Durch die Witze, erst recht durch die beiden Filme, wurde der typische Manta-Fahrer der späten 80er Jahre charakterisiert als junger Mann von geringem sozialem Status und niedriger Intelligenz, Primitivlinge, die gerne an ihren Möchtegern-Autos herumschrauben und sich selbst über den Grad dieser Verbastelungen ihres Opel Manta definieren. Der typische Man-

Szenen der Entstehung: Im Hause Mattig in Arbeit, bereits ziemlich breit...

...und nach getaner Karosseriearbeit auf dem Weg zum Airbrush- und Metallflake-Profi Christian Petzoldt, wo er seine Candy-Farben im Benetton-Farb-Look erhielt. Der leistete wahrlich ganze Arbeit!

Szenen eines Films, des ersten »Manta Manta«-Films von 1991: Uschi (Tina Ruland) und Bertie (Til Schweiger) in Erwartung eines heißen Wochenendes. Das Ende vom Lied: Berties Manta geht im Duell mit einem BMW E36 kaputt, dann folgt die Werkstattszene mit dem Kissling-Manta, dessen Wettbewerbsmotor in den Bertie-Manta gebaut wird. Danach findet das Rennen gegen den heißen Baby-Benz statt. Es fährt nicht Bertie selbst, sondern Klausi. Uschi verlässt Bertie, danach feiern sie Versöhnung. Noch viel schlimmer: Sein bester Freund gesteht Bertie, sein Abi nachgemacht zu haben.

Nicht nur Bertie erleidet ein schweres Schicksal. Auch sein Kumpel Klausi (Michael Kessler) erlebt mit dem ausgeliehenen Kissling-Manta von Gerd eine ungewollte Taucheinlage im Baggersee.

ta-Fahrer im Klischee spricht Ruhrpott-Slang, trägt Goldkettchen und Cowboystiefel und hat die damals modische Vokuhila-Frisur der 80er Jahre (Vokuhila = vorne kurz, hinten lang, gerne in Kombination Vokuhila-Oliba, wobei Oliba für Oberlippenbart steht). Die typische Freundin des Manta-Proleten, Tina Ruland verkörpert sie im Film, ist eine ebenso hübsche wie dumme und blondierte Friseurin, die man damals abschätzig »Friseuse« nannte. Die Filme waren Kassenschlager, aber letztlich wurden hierin nur Klischees kolportiert.

Des Opel Manta Ehre ist seit rund 25 Jahren wieder hergestellt, er ist ein arrivierter Kultklassiker. Aber über Manta-Witze schmunzelt man noch heute, und manches blieb hängen. Der Mineralölkonzern DEA griff das Thema zehn Jahre nach den Filmen erneut auf und lancierte einen Werbespot, als »Super, Ingo« in Erinnerung geblieben. Ingo, ein cooler Fahrer eines Manta Mattig Extrem, will tanken und hält versehentlich an der Diesel-Zapfsäule. Die Umstehenden rufen ihm zu: »Super, Ingo!«, um ihn darauf aufmerksam zu machen, er müsse Superbenzin tanken. Doch der doofe Ingo hielt die Zurufe für den Ausdruck der Anerkennung, sein Manta sehe super aus. Und eine Portion Pommes wird heute noch gerne als »Mantaschale« bezeichnet, die Currywurst mit Pommes als »Mantaplatte«, Cowboystiefel werden abschätzig »Mantaletten« genannt. Auch die Manta-Fahrer-typische Vokuhila-Frisur wird allenthalben als »Manta-Spoiler« oder »Manta-Matte« überhöht. Selbst im Ausland machte es Schule, sich über vermeintlich bildungsferne Mantafahrer zu echauffieren: In den Niederlanden lief zwischen 2007 und 2012 die Fernsehserie »New Kidz« (inklusive zwei Kinofilmen), in denen es ebenfalls um eine Clique aus prekärem Milieu geht, deren Mitglieder natürlich (!) Manta fahren.

Und dann gab es noch einen herrlichen Schabernack vor 15 Jahren. Damals machte die Theorie die Runde, Porsche habe den Komiker Karl Dall damit beauftragt, die ersten hundert Mantawitze zu erfinden, um den Manta in den Dreck zu ziehen und sein Image zu ruinieren - dies alles unter Nichtberücksichtigung der Tatsache, dass der Porsche und der Manta nun wirklich in einer unterschiedlichen Liga spielen. Aber die Idee war gut. Zwei Filmstudenten hatten die Verschwörungstheorie in die Welt gesetzt, und obwohl Spiegel-Online im Jahre 2008 das »Komplott« aufdeckte und analysierte, glauben heute noch einige Menschen daran. Verschwörungstheorien sind eben unausrottbar und in Mode.

Letztlich machte sich die Öffentlichkeit, wie so oft, mit den Mantawitzen und -filmen über eine bestimmte soziale Gruppe auf deren Kosten lustig. Das gab es zuvor schon oft (Ostfriesenwitze, Österreicherwitze), und im Endeffekt ist es schlichtweg nicht witzig, sondern diskriminierend. Aber trotzdem oder eben deshalb lustig.

Ob es allerdings lustig ist, dass der Film »Manta Manta« zum 30. März 2023 seine Fortsetzung im Kino findet, ist diskutabel. Es sind wieder dieselben Protagonisten, Til Schweiger und Tina Ruland, und »Manta Manta 2« zeigt, was aus den Figuren geworden ist, die heute zwischen 50 und 60 Jahre alt sind. Bertie und Uschi sind geschieden und haben einen gemeinsamen Sohn. Bertie ist ex-Rennfahrer und lebt von einer Autowerkstatt mit Kartrennbahn mehr schlecht als recht und mit dicken Schulden. Um von seinen Schulden zu kommen, möchte er mit seinem Manta bei einem 90er-Jahre-Rennen mitmachen. Die alten Haudegen spielen wieder mit, Til Schweiger war bei den Dreharbeiten 59 Jahre alt, Tina Ruland 56. Auch Klausi (Michael Kessler) ist wieder von der Partie (ganz nebenbei: Alle drei Schauspieler haben Abitur). Und, ganz wichtig, der (nachgebaute) Mattig Extrem genießt seine Position auf der Leinwand, er seinerseits genau 40 Jahre alt. Das Filmauto ist übrigens technisch nicht weit weg vom Serien-GT/E: Zylinderkopf bearbeitet, andere Nockenwellen, 135 statt 110 PS.

Wie das Sequel ausgeht und ob es Erfolg haben wird, wissen wir nicht. Redaktionsschluss für dieses Buch ist vor dem Kinostart von »Manta Manta 2«.

Die doofsten und schönsten Manta-Witze

Rund um »Manni«, wie der bildungsferne, junge Manta-Fahrer im Klischee heißt, wurden in den Jahren 1989/90 etliche Witze kreiert, was beweist, dass Deutschland damals nicht nur den Systemzusammenbruch der DDR und die Wiedervereinigung im Kopf hatte. In den Witzchen werden oftmals die sinnfreien Interjektionen »Boah!« und »Ey« den Sätzen vorangestellt, die nicht nach dem üblichen SPO-Schema (Subjekt-Prädikat-Objekt) gebildet sind, sondern im Ruhrpott-Soziolekt des Hauptschülers - und das alles natürlich karikiert überhöht. Der Hauptfeind des Manta-Jünglings ist der Golf GTI, er befindet sich also im Status des permanenten »Golfkriegs« (damals aktuell, Krieg zwischen Irak und Iran von 1980 bis 1988). Sein Manta trägt Plüschwürfel am Innenrückspiegel (»Fuzzy Dices«, ursprünglich an US-Hot Rods das Symbol, dass der Fahrer bereit ist für illegale Rennen) und einen Fuchsschwanz an der Antenne, ein Kenwood-Aufkleber an der Rückscheibe zeigt, dass er sich mit der in seinen Kreisen angesagten Musikanlagenmarke identifiziert. Frauen gegenüber verhält sich Manni sehr direkt, dabei unbeholfen und ist stark auf den Geschlechtsakt fixiert. Trotzdem ist Manni, zumindest innerhalb seiner Kreise, ein kumpelhaft und sozial eingestellter Typ.

- Fragt Manni einen Passanten: »Wo geht es denn nach Aldi?« Verbessert ihn sein Gegenüber: »Zu Aldi!« Darauf Manni: Wat denn, Aldi hat schon zu?«

- Manni am Imbissstand: »Ey, mach mir mal 'ne Pommes!« Friteur: »Willste wat drauf?« Manni: »Pass auf, watte sachst, Alter!«

- Des Mantafahrers Weihnachtslieder: »Boah, du Fröhliche« und »Ey, Tannenbaum«.

- Manni zum Kumpel: »Ich hab' mir einen Kenwood-Aufkleber gekauft.« Kumpel: »Super, Manni, und was steht drauf?«

- Manni nimmt eine Nonne als Anhalterin mit. Die bedankt sich: »Das ist sehr christlich von Ihnen, dass Sie mich mitnehmen.« Manni: No problem, Batmans Freunde sind auch meine Freunde.«

- »Warum bekommen Manta-Fahrer kein AIDS? - Auch Viren haben ihren Stolz.«

- Und dann gibt es noch den: »Die Wahrheit über Manta-Witze: Es gibt sie nicht. Denn alles an ihnen ist wahr.«

So, jetzt reicht's aber auch!

Kapitel 17

OPEL FINLEY TE
MICHELIN
RECAMBIOS
ORIGINALES
OPEL
MEYCOM
2-M-1855-E
1984

Bei internationalen Rallyes konnte der Opel Manta B 400 nicht an den Erfolg seines Vorgängers Ascona 400 anknüpfen. Aber bei extremen Langstreckenfahrten schlug er sich tapfer. Als Werksrallyewagen ersetzte der Manta 400 im Jahre 1983 den Ascona 400. Mit bewährter Ascona-400-Technik schaffte der Manta 400, sich auf Anhieb Respekt zu verschaffen. Aber nicht viel mehr. Was fehlte, war der Vierradantrieb. Ein Manta 4x4 mit Antrieb nach dem System Ferguson blieb im Versuchsstadium stecken. Immerhin kam der Manta 400 beim Langstreckenmarathon von Hongkong nach Peking als Dritter auf dem Platz des Himmlischen Friedens an und schaffte bei der berüchtigten Rallye Paris-Dakar einen Sieg in der Klasse der zweiradgetriebenen Pkw und wurde Vierter in der Gesamtwertung. In der Rallye-Weltmeisterschaft war das beste Ergebnis, das ein Manta 400 erzielen konnte, Jimmy McRaes dritter Rang bei der RAC-Rallye hinter zwei Audi Quattro. Am Saisonende 1985 zog sich das Werksteam zurück. Privatfahrer hielten den Manta 400 im Rallyesport und auf der Rundstrecke hoch.

Langstrecken-Rallyes: Durch die Wüste

Der Ascona B 400 war ein hervorragendes Rallye-Auto. Er fuhr viele Siege und mit der Weltmeisterschaft 1982 einen sensationellen Erfolg ein. Vor allem: Er kämpfte gegen Fahrzeuge erfolgreich an, die ihm konzeptionell überlegen waren. Der Audi Quattro setzte auf Allradpower, beim Ascona waren lediglich die Hinterräder angetrieben. Der Audi leitete im Rallyesport eine neue Zeit ein. Wer fortan ein ordentliches Wettbewerbsauto auf den Markt brachte, setzte natürlich auch auf 4x4: Citroen Visa Milles Pistes (1982) und BX (1983), Mitsubishi Starion 4WD Rally (1983), Ford RS200 (1984), Peugeot 205 turbo 16 (1984), Lancia Delta S4 (1985), MG Metro 6R4 (1985), Porsche 959 (Prototyp 1984, Kleinserie 1987). Opel tat das nicht und blieb dem Heckantrieb treu. Warum wurde also der Manta 400 als Ascona-400-Nachfolger eingesetzt, wenn beide konzeptionell die gleichen Autos waren? Einfach deswegen, weil Opel die Siegesserie des Ascona fortsetzen wollte, dieser aber bereits genügend vom Image des Rallyesiegers profitiert hatte, nun nicht mehr als Hecktriebler gebaut wurde und Rüsselsheim dieses Renommee nun einem anderen Produkt der Opel-Palette zukommen lassen wollte (Stichwort: »Win on sunday, sell on monday«). Außerdem kam noch hinzu, dass der Manta einfach 100 Kilo leichter war als der Ascona, und beim Wettrüsten auf der Piste zählt jedes Kilogramm. Die Gewichtsersparnis wurde durch Scheiben aus Plexiglas sowie Türen und Hauben aus Kevlar erzielt. Ebenfalls ein Aspekt waren Änderungen des Motorsportreglements, man sprach nun nicht mehr von Gruppe-2- und Gruppe-4-Fahrzeugen, sondern von den Gruppen A und B.
Erich Koch hieß der Chefingenieur, der damals für die Entwicklung der Rallyewagen verantwortlich war. Er wusste, dass der Manta nie ein Hochleistungsmonstrum sein würde, ein speziell für Rallyes entwickelter Wagen, sondern sich nach wie vor am Serienwagen orientieren wird. Dem Motor, im Prinzip die gleiche Maschine wie im Ascona 400, wurden zusätzliche PS herausgekitzelt, er kam nun auf stolze 270 Pferde. Doch der Manta verfügte eher über eine massive Technik als über

Der Manta 400 rannte erfolgreich, aber eben nur mit Heckantrieb: Opel-Werksfahrer Erwin Weber 1983 auf Titeljagd bei der Drei-Städte-Rallye (2. Platz). Einem Lancia 037 Rally musste er sich geschlagen geben. Den pilotierte ein gewisser Herr Röhrl. Immerhin bescherten die Opel-Werksfahrer Erwin Weber mit Copilot Gunter Wanger ihrem Arbeitgeber den nationalen Meisterschaftstitel in der Gruppe A im Jahr seines Motorsport-Debüts 1983.

Es sind aber die vielen, lokalen Matadore, die für wichtige Punkte sorgen. Manche sind lediglich Heroen innerhalb ihres Motorsportclubs, andere kennt man überregional. Amateure, engagiert, Profis am Steuer, aber keine professionelle Fahrer, sondern Hobbyaktivisten.

eine innovative. Das heißt, dass er bei speziellen Einsätzen, die Dauerhaftigkeit und Stabilität verlangten, durchaus eine Chance hatte. Aber von vorne herein war Opel klar, dass der Manta nicht mit den zukünftigen 4x4-Boliden der Konkurrenz mithalten können würde. Vielleicht war auch das ein Grund, vom Ascona zum Manta zu wechseln: Rüsselsheim wollte das gloriose Image des Ascona nicht durch eventuelle Misserfolge beschädigen.

Zunächst startete der Manta seine Rallyekarriere im kleineren Stil. Erwin Weber und Gunter Wanger holten 1983 die Deutsche Rallyemeisterschaft in der Gruppe A für seriennahe Wagen nach Rüsselsheim, ihr französischer Kollege Guy Fréquelin schaffte das dortige Championat auf Manta B. Und 1984 wiederholte der Manta B seine Siegesserie, wieder nationaler Meister. Die jeweilige nationale Meisterschaft holte Opel in diesem Jahr auch in anderen Ländern, so in Schweden, Dänemark, Irland und Holland; 1985 sogar in England, Frankreich, der Türkei, Zypern und der Elfenbeinküste. Und dank dem Engagement vieler privater Fahrer auf Manta 400, Ascona 400 und Kadett E wurde Opel 1983 und 1984 sogar Marken-Weltmeister.

Richtige und wichtige internationale Anerkennung bringen aber nationale Meisterschaften nicht. Da musste der Manta schon bei anderen Veranstaltungen punkten, auf Eis und Schnee, durch Busch und Steppe. Mit 275 PS und 210 km/h Höchstgeschwindigkeit prügelten Rauno Aaltonen und Erwin Weber die Mantas durch Kenia. Doch der Hattrick nach drei erfolgreichen Safari-Rallyes in Folge gelang nicht. Ein Pfennigartikel, nämlich eine Schraube des Vergaser-Ansaugtrichters, zerstörte die Innereien des Zylinderkopfes und alle Hoffnungen auf den Sieg Webers. Aber es reichte immerhin für Platz Fünf. Aaltonen hatte mehr Glück: Platz Vier. So richtig in Schwung kam der Manta 400 bei internationalen Rallyes nicht. Ende 1984 stellte Opel sein neues Rallyeauto vor, den Kadett E. Aus dem Monsterkampf der Gruppe B zog sich Opel zurück und besann sich auf die Anfänge im Rallyesport, die seriennahe Gruppe A. Keine unkluge Entscheidung, zumal das allgemeine Interesse am Rallyesport zurück ging zugunsten der Tourenwagen.

Aber die Karriere des Renn-Rochens war bei weitem nicht zu Ende. Der Manta 400 stellte sich neuen Herausforderungen und beteiligte sich an Langstreckenfahrten unter extremen Bedingungen. Dazu braucht man keine elaborierten Monstren, sondern sehr dauerhafte und stabile Fahrzeuge. So konnten die Rüsselsheimer ihren Ruf untermauern: Opel der Zuverlässige! Unberechenbare Fahrten, richtige Abenteuer waren damals die Rallye Paris-Dakar oder die Marathonfahrt von Hongkong nach Peking.

Die beiden Belgier Guy Colsoul und Alain Lopes bewältigten 20 Tage Sahara-Hitze, Staub und Sand, mit ihrem von Bastos gesponserten, 230 PS starken Manta 400. Sie schafften bei der Paris-Dakar 1984 nicht nur den Klassensieg bei den zweiradgetriebenen Autos, sondern auch den vierten Platz im Gesamtklassement hinter drei Geländewagen. Das motivierte Opel zum Weitermachen im Folgejahr, und neben den erfolgreichen Belgiern startete 1985 auch Erwin Weber mit Copilot Bruno Berglund. Die Sache verlief gut, die Belgier lagen auf Platz 3,

Sie starteten dann schon mal auf einem Wagen, dessen Vinyldach an zivilere Tage erinnert. Szene von der Rallye Bavaria 1981 auf der Fröttmaninger Heide.

Die Fahrer hatten Talent. Aber manchmal hatten sie nicht mal einen Sponsor. Die Startnummer als einziger Aufkleber auf dem Lack.

Doppelsieg für Opel Manta B 400 bei der Rallye Catalunya im Oktober 1984. Carlos Sainz und José López Orozco schafften Rang Zwei (Foto) mit ihrem Wagen vom Opel Finley Team, Sieger wurden Salvador Servià/Jordi Sabater mit dem Manta vom Team RACC Bendiberica.

Ein in Großbritannien gestarteter Manta 400 musste »Vauxhall-Opel« als Markenbotschaft transportieren. Andrew Wood/John Meadows bei der National Breakdown Rallye 1987, Platz 4.

Ein Bild von einem Motor. Und eher selten war er ein Ausfallgrund. »Opel der Zuverlässige« galt selbst auf der Piste. Je nach Ausbaustufe war der Manta-400-Motor bis zu 275 PS stark.

Und immer wieder lokale Veranstaltungen: Manfred Hero auf Manta 400 vom Team Matter-Sicherheit 1983. »SLS-RC 1« war in den Saisonen 1985/86 ein recht bekannter Wagen in der deutschen Rallyeszene. 1987 fuhr Hero einen Lancia Delta HF und nahm sein Kennzeichen mit.

Weber auf 13. Doch ein Wüstensturm machte den Opel-Motoren den Garaus, Weber fiel an Tag 18, Colsoul am nächsten Tag nach 11.000 gefahrenen Kilometern mitten in der Wüste aus.

Noch einmal wollte es der Manta 400 wissen. Im September 1985 startete die Rallye Hongkong-Peking, zwei Manta beteiligten sich: Weber/Wanger und Fréquelin/Berglund. Der Manta 400 startete mit 280 PS und hatte 3200 Kilometer unsicheren Terrains vor sich. Die Konkurrenz war zwar nicht zahlreich, dafür aber hochkarätig: Wer Rang und Namen im Rallyesport hatte, beteiligte sich. Die Mannschaften litten zwar nicht unter Sandstürmen, dafür unter furchtbarem Essen und der Nichtverfügbarkeit hochoktanigen Benzins, was für etliche Teams das Aus bedeutete. Erwin Weber und sein Copilot Gunter Wanger schafften das Unmögliche: Sie kamen als Dritter auf dem Platz des Himmlischen Friedens an. Dies war der letzte offizielle Einsatz des Manta 400 unter der Ägide der Opel-Sportabteilung.

Allrad-Manta System Ferguson

Manta. Heckantrieb. Rallyeungeeignet, zumindest, nachdem der Audi Quattro mit Allradantrieb ab der Saison 1981 die Szene aufmischte. Opel rüstete den Manta mit Ferguson-Hilfe auf 4x4 um. Opel-Teammanager Tony Fall wollte unbedingt einen Allrad-Manta. Er kontaktierte FF Developments (FFD) in England, um ein spezielles System speziell für den Rochen zu entwickeln. FFD, die ehemalige Firma Ferguson, war Spezialist, produzierte in Serie den Antrieb für den amerikanischen AMC Eagle und hatte bereits einen guten Kontakt zu Opel: Es gab eine Ferguson-Allradvariante des Bitter SC, der technisch auf dem Senator basierte, und von FFD kamen die Antriebsstränge für den allradgetriebenen Senator A2, den vor allem die Grenzpolizei an der innerdeutschen Grenze einsetzte. Opel entsandte einen Manta 400 im Serienzustand (144 PS, ohne Bodykit) und Ferguson benötigte rund ein halbes Jahr, um einen fahrfähigen Allrad-Prototyp zu erstellen. Dann wurde noch ein zweiter Manta 400, nunmehr im vollen Ornat mit Verbreiterungen und Spoilern, als zweiter Prototyp umgerüstet, die Motorsportversion, aber auf 240 PS leistungsreduziert.

Das System Ferguson funktioniert so: FFD integrierte im Differenzial eine mit zähflüssigen Silikonen arbeitende Flüssigkeitskupplung (»Viscious Control«). Sie ist bei geringen Drehzahldifferenzen (Kurvenfahrt) wirkungslos, hat aber erhebliche Sperrwirkung, sobald ein Rad durchzudrehen beginnt. Weiteres Merkmal des Ferguson-Systems ist ein

Der Arbeitsplatz eines Manta-400-Rallye-Piloten, konkret das Auto von Borie Gérard bei der Rallye des 1000 Pistes 1985, die er auf dem neunten Platz beendete. Mit einem Serien-Manta hat das nichts mehr zu tun.

Die Siegesfahrt von Weber/Wanger bei der Safari-Rallye 1983 verhinderte ein winziges, lose gerütteltes Schräubchen des Vergaser-Ansaugtrichters.

Erwin Weber und Günter Wanger auf der Safari-Rallye 1985, Ergebnis Rang Fünf, direkt hinter dem Manta 400 von Rauno Aaltonen/Lofty Drews.

Zwischendifferenzial, welches das von der Getriebeabtriebswelle abgegebene Drehmoment unterschiedlich auf die zwei Achsen verteilt. Die Hinterräder haben unter normalen Verhältnissen eine größere Treibkraft (64 Prozent) als die vorderen - das ist der Hauptunterschied zum Audi-Quattro-System. Die vorderen Antriebswellen, von einem Frontantriebs-Triumph übernommen, machten aus dem Manta also einen Allradler.

Der damalige Opel-Motorsport-Projektleiter Erich Koch kam mit seiner Mannschaft nach Coventry, um die beiden Mantas zu erproben. Furguson trat mit dem frechen Versprechen an: »Bei diesem Auto drehen niemals die Räder durch«, und die Opel-Mannen machten sich einen Jux daraus, sie durch gezielte und harte Manöver eben doch durchdrehen zu lassen. Denn es war schon beeindruckend, was der Allrad-Manta im Vergleich zu einem heckgetriebenen Manta 400 leistete: Die 144-PS-Version mit Heckantrieb benötigte für einen Spurt auf nassem Gras fünf Sekunden länger als die Allradversion. Dennoch waren die beiden Prototypen anfangs nicht ausgereift (was bei Prototypen logisch ist): Es gab Probleme mit dem vorderen Antriebsstrang, der Lenkeinschlag war ungenügend, der Federweg zu begrenzt, die Wagen tendierten zu ausgeprägtem Untersteuern und man spürte das Mehrgewicht von 70 Kilo im Vorderwagen, es gab Vibrationen und eine Chassisverstärkung war notwendig. Dennoch war eindeutig, dass der Allrad-Manta seinem Serienbruder in allen Rallyeanforderungen haushoch überlegen war.

Vor der Schweden-Rallye 1983 wurde der Allrad-Manta mehr oder weniger zufällig so platziert, dass Journalisten auf ihn aufmerksam wurden. Ebenso zufällig stand Opel-Werksfahrer Ari Vatanen bereit, um deren Fragen zu beantworten - ein geschickter Schachzug der Opel-Werbeabteilung, um den bevorstehenden Wechsel vom Ascona 400 zum Manta 400 als offizielles Werksrallyeauto zu fördern. Und ganz brav sagte Ari Vatanen in die Mikrofone, der 4x4-Manta sei besser als der Audi Quattro. Ganz bestimmt ein einstudierter Satz: Wes Brot ich ess', des Lied ich sing'!

Der Prototyp mit dem Kennzeichen GG-CM 537, lackiert in den Opel-Rothmans-Rallyefarben, war ein Demonstrationsfahrzeug und kein jederzeit einsatzbereiter Rallyewagen. Er sah nur so aus. Er verfügte über einen Überrollkäfig, hatte ein verstärktes Chassis, auch die lange Funkantenne auf dem Dach. Aber die Motorhaube war Standard statt der Kevlarhaube, die vordere Schürze auch, die Zusatzscheinwerfer waren anders platziert als bei der endgültigen Rallyeversion und der Wagen trug vorne nur einen statt zwei Kühlluftschlitze zwischen den Breitbandscheinwerfern. Aber solche Mischmasch-Fahrzeuge kursierten immer mal wieder durch den Pressedschungel. Die Prototypen waren also fertig, aber sie waren von der Opel-Chefetage nicht abgesegnet, und so gab es zunächst keine Pläne, die Wagen zu bauen und als Gruppe-B-Renner zu homologieren. Die Zeit rannte Opel davon: Wir schrieben 1983, die Quattros dominierten seit zwei Jahren die Rallyepisten. Opel wusste, dass der Manta ohne 4x4 chancenlos war, und obendrein ohne Turbomotor viel zu schwach. Dennoch wurde weiterhin mit heckgetriebenen Manta 400 im Rallyesport hinterhergefahren.

Für die Bewohner Afrikas willkommene Abwechslung im Alltag. Der Manta wird bejubelt. Nicht nur er. Jeder Rallyewagen wird bejubelt. Rallyes auf dem Schwarzen Kontinent gelten als Härtetests für Mensch und Material. Die Straßenverhältnisse sind, nicht zuletzt aufgrund der Witterungsverhältnisse, sehr schlecht.

Paris-Dakar, die härteste aller Off-Road-Rallyes überhaupt. Die Belgier Guy Colsoul und Alain Lopes schafften 1984 im Manta 400 den Klassensieg bei den Hecktrieblern und den vierten Rang im Gesamtklassement.

Aus der Not eine Tugend machen: Bei der Rallye Paris-Dakar, eigentlich prädestiniert für Allradautos, startete Opel mit einem heckgetriebenen Manta. 1984 trugen die Wagen Bastos-, 1985 zusätzlich Texaco-Werbung. Das Foto zeigt weder den einen noch den anderen, sondern ist ein gestelltes Opel-Werbefoto vor der 1984er Paris-Dakar.

Devotionalie: Opel-Aufkleber als schöne Erinnerung an eine schwer verdiente Leistung. Allzu viele dieser Aufkleber im Originalzustand dürfte es nicht mehr geben.

Bei seinem letzten Werkseinsatz, der 3200 Kilometer langen Rallye Hongkong-Peking 1985, erzielte der Manta 400 nochmals einen Podiumsplatz hinter Audi Quattro und Nissan 240 RS. Diese Rallye gab es nur drei Jahre, die Ereignisse auf dem Platz des Himmlischen Friedens (Massaker 1989, Niederschlagung der Protestbewegung durch die Armee) bedeuteten ihr Aus. Wegen der in China damals üblichen Nahrung, gebratene Hunde und geröstete Heuschrecken, versorgten sich die Teams lieber selber. Der Servicewagen war vermeintlich mit den unterschiedlichsten Konserven bestückt, in Wahrheit gab es aber nur Hühnchen mit Curry – während der gesamten Rallye!

Sie flogen zusammen nach Hongkong, Erwin Weber und sein Co Gunter Wanger sowie der Manta im Marlboro-Outfit.

Der 4x4-Manta hatte einen ganz gravierenden, strukturellen Nachteil: Er war nicht als Allradler konstruiert worden, sondern wurde - wenn auch sehr professionell - nachträglich umgerüstet. Er war auch nicht als Fronttriebler konstruiert worden. Einen Fronttriebler zum Allradwagen umzubauen, bedeutet einen überschaubaren Aufwand, denn es muss »nur« die Hinterachse angetrieben werden. Viel größer ist der Aufwand, einen Hecktriebler umzurüsten, denn dessen nachträglich angetriebene Vorderräder sind eben gleichzeitig auch lenkbar. Die Umbaukosten wären riesig gewesen, der Wagen wurde dadurch schwer, die Technik war relativ kompliziert - jedenfalls nahm Opel vom Projekt Manta 4x4 Abstand. Ob diese Entscheidung richtig war?

Der allradgetriebene Ferguson-Manta, dekoriert für die Safari-Rallye 1984. Nach der Annullierung des Projekts wurden die Manta-400-4x4-Prototypen verkauft. Mit einem Wagen fuhr der englische Pilot Mick Quaife im Rallyecross. Der zweite Wagen, das Demonstrationsobjekt im Rothmans-Livrée, soll angeblich noch existieren, aber nach mehrmaligem Besitzerwechsel zurückgebaut worden sein. Das heißt, es ist wieder ein ganz normaler, heckgetriebener Manta 400.

Blauer Dunst als Hauptsponsor

Anfang der 80er Jahre engagierte sich der Tabakkonzern Rothmans aktiv im Motorsport und sponserte das Opel Rallye-Team. Auf einem Rothmans Ascona 400 wurde Walter Röhrl 1982 Fahrer-Rallyeweltmeister, und auch der Manta 400 startete in Rothmans-Farben. Das Opel-Eurohändler-Team war Vergangenheit, als Rothmans als Hauptsponsor einstieg. Damals war es üblich, dass Tabakkonzerne Rennställe sponsern, unvergessen das John Player Racing Team (Lotus) in den spektakulären Farben Schwarz und Gold, Ferrari wurde von Marlboro gesponsert, Camel engagierte sich auch bei Lotus und etablierte sogar einen Offroad-Marathon, die Camel-Trophy, auf Audi-Rallyewagen klebten HB-Sticker. In den 80er und 90er Jahren war es fast schon ein ungeschriebenes Gesetz der Tabakindustrie, sich im Sport, vor allem im Motorsport mit Sponsoring zu engagieren. Das war die Zeit, als das Rauchen langsam aber sicher in öffentlichen Misskredit geriet. Antirauch-Kampagnen gingen einher mit der Trimm-Dich-Welle in den 70ern, und es war plötzlich salonfähiger, Nichtraucher zu sein als Raucher. Um diesem Trend entgegenzuwirken, versuchte die Tabakindustrie, sich ein positives Image zu schaffen, indem sie großzügig den Sport unterstützte - quasi also den Lebensbereich, der genau das Gegenteil dessen symbolisiert, was das Rauchen ausmachte: Raucher galten als coole, harte Männer und als Genussmenschen, aber mit Sportlichkeit wurden hustende und keuchende Raucher noch nie in Verbindung gebracht.

Weltmeisterlich: Aus dem Opel-Eurohändler-Team war 1982 das Rothmans-Opel-Rallye-Team geworden mit 18 Mechanikern, neun Servicewagen und einem Springerauto für den Werkstattmeister sowie den Rallye-Arzt. Walter Röhrl und Christian Geistdörfer (links neben dem Ascona) gewannen 1982 den Fahrertitel, doch den Markentitel schaffte Audi mit dem Allrad-Quattro.

Nicht nur der Ascona 400 trug die Rothmans-Farben, auch der Manta 400. Der 1982er Gruppe-B-Wagen im Bild ist ein Testfahrzeug, Opel-Werksfahrer Gunter Wanger am Steuer.

Rothmans begann, wie die anderen Tabakkonzerne auch, sein Motorsportengagement in den frühen 80ern und stieg zunächst bei Porsche ein. Rothmans wollte seinen Namen nicht nur auf Renn-, sondern auch auf Rallyeautos sehen und unterstützte Opel ab 1982, parallel zu Porsche. Der Weltmeisterschaftswagen von Walter Röhrl, sein Ascona 400, war im Rothmans-Trimm, ebenso wie die Manta 400: weiße Grundfarbe der Karosserie, darauf drei Streifen (dunkelblau, rot, dunkelblau) über das Dach und die Motorhaube sowie an den Flanken, und die Flankenstreifen liefen in einem komplett dunkelblau lackierten Heckbereich aus. Durch die grandiosen Erfolge des Ascona 400, den Gewinn der Fahrerweltmeisterschaft 1982 durch Walter Röhrl, ist die Rothmans-Lackierung in Opel-Kreisen schlichtweg in bester Erinnerung. Das waren gute Jahre für den Opel-Motorsport: 1983 und 1984 wurde Opel Rallye-Markenweltmeister.

Neugierige Blicke: Rothmans-Manta auf dem Schwarzen Kontinent.

Forza Italia!

Conrero hielt in Italien die Opel-Flagge hoch. Conrero ist ein lange etabliertes, privates Rallyeteam, das in den 70ern und 80ern mit Opel Italia zusammenarbeitete und auch auf Manta 400 wichtige Punkte für die Rallye-Markenmeisterschaft sammelte.

Opel-Rallyesport bestand nicht nur aus dem Werksteam. Nahezu jeder Importeur hatte ein eigenes Team oder arbeitete mit einem zusammen. Team Opel-Austria, Team Belgien, Greder-Racing in Frankreich, Conrero in Italien, auch einige Tuner unterhielten eigene Teams. Sie alle sammelten in den 80ern Punkte auf Manta 400, und auch Privatfahrer hielten die Opel-Flagge hoch. Das alles wurde addiert, wenn es am Ende der Saison darum ging, die Markenweltmeisterschaft zusammenzurechnen.

Opel Italia setzte auf das Team Conrero, benannt nach seinem Gründer und Eigentümer Virgilio Conrero (1918-1990), einem Techniker und Rennfahrer aus Turin. Schon sein Vater war Ingenieur, und nachdem eine Gasturbine in seiner Firma explodiert war und 13 Mitarbeiter in den Tod gerissen hatte, nahm er sich am Folgetag des Leben. Virgilio war damals 15 und musste die Schule verlassen, um durch Arbeit seine Mutter und Geschwister zu ernähren. Kein schöner Start ins Leben! Aber die Tragödie prägte seinen Charakter. Er wurde ein technischer Perfektionist, jeder Mittelmäßigkeit abhold, und forderte von sich und seinen Mitarbeitern stets das Maximum. Er besuchte die Abendschule, wurde Ingenieur und begann sein Arbeitsleben im Fiat-Flugmotorenbau, wo er sich am meisten für die Abteilung Sport und Rekord interessierte.

Nach dem Krieg trat er in eine Motorenbaufirma ein, die Cisitalia-Rennwagen für die Piste präparierte. Um 1950 war in Italien eine automobile Aufbruchstimmung, die ersten Nachkriegs-Neukonstruktionen kamen auf den Markt, und die Gegend rund um die Autometropole Turin roch quasi nach Benzin. In diesem Umfeld machte sich Virgilio Conrero selbständig. Im November 1952 gründete er den Motortuningbetrieb Autotecnica Conrero und beschäftigte sich die kommenden 16 Jahre hauptsächlich mit Alfa-Motoren. Conrero war ein technischer Enthusiast, aber kein guter Geschäftsmann, seine Firma überlebte zwar, aber manchmal nur knapp. In seiner Werkstatt in der Turiner Via Monbasiglio drehte sich alles nur um eines: Die Motoren seiner Kunden so zu tunen, dass sie nicht nur wettbewerbsfähig, sondern siegfähig sind. Darin machte sich Virgilio Conrero einen Namen. Die neue Verbindung Virgilio Conreros mit General Motors Italia, der Opel-Importgesellschaft, dauerte von 1970 bis 1986. Conrero tat in Italien quasi dasselbe, was Steinmetz und Irmscher in Deutschland machten: Er tunte sportliche Opel, zunächst den GT 1900 und den Commodore A, und nicht nur in Italien waren die Conrero-Opel im Tourenwagensport erfolgreich, sogar

Frisch restauriertes Exemplar: Conrero-Manta, präsentiert auf der Automotoretro 2011 in Turin. Der konkrete Wagen wurde 1984 als Neufahrzeug von GM Antwerpen, wo er gebaut wurde, zu Autotecnica Conrero spediert und dort als Gruppe B-Rallyewagen umgebaut, mit Turiner Straßenzulassung.

Conrero verbaute ein Getrag-Fünfgang-Getriebe und spezielle, italienische Felgen, zudem hatte Conrero, wie jedes Rallye-Team, seine eigene Farbgebung. Ansonsten war der Conrero-400er nicht viel anders als andere zum Rallyewagen präparierte Manta 400 auch.

in Deutschland. Schon den Manta A schickte Conrero auf die Piste, so bei der Rallye Monte Carlo 1972 (Giorgio Pianta/Emilio Paleari, Ausfall), und unvergessen bleibt der Klassensieg eines Conrero-Opel GT bei der Targa Florio 1971 (Calasibetta/Monti). Bis zu 220 Pferde presste Conrero aus dem ursprünglich 90 PS starken 1900er. Mindestens genauso spektakulär: Klassensieg Alberto Rossellis in Monza 1972. Ab 1975 war Conrero das offizielle Rennteam von Opel Italia, aber auch Werkswagen starteten unter Conrero-Flagge. Als Rallyewagen erkor Conrero dieselben Fahrzeuge wie das deutsche Opel-Team und die deutschen Opel-Tuner, also nacheinander Ascona A, Kadett C GT/E, Ascona 400, dann Manta 400. Jeder Rennstall und Tuner präparierte die Motoren auf seine Weise, aber konstruktiv gab es keine signifikanten Unterschiede.

1981 gewann Conrero mit dem Ascona 400 die italienische Rallye-Meisterschaft, 1982 sogar den europäischen Titel mit den Fahrern Tony Fassina und Roberto Dalpozzo - und zwar vor dem offiziellen Opel-Werksteam! Die Conrero-Mantas waren natürlich in erster Linie auf italienischen Pisten unterwegs, das Team nannte sich damals Conrero Squadra Corse. 1983 schafften Dario Cerrato/Giuseppe Cerri Rang 6 bei der Rallye Sanremo, Battistolli/Dalpazzo kamen auf Rang 8 - besser waren Toivonen/Gallagher mit dem Werks-Manta 400 im Rothmans-Design auf Platz 4, dafür kamen Vatanen/Harryman mit dem zweiten Werkswagen nicht ins Ziel. Sanremo 1984: Rang 13 für Cravero/Mandrile, Ausfall für Cerrato/Cerri. Sanremo 1985: Rang 10 für Tchine/Gandolfo. Sanremo 1986: Platz 5 für Tchine/Thimonier, gefolgt von Bernocchi/Tavazza. Das heißt, die von Conrero präparierten Manta 400 waren stets gut unterwegs. Sie konnten keine Sieger sein, denn damals waren die allradgetriebenen Audi Quattro und Lancia Delta S4 unschlagbar. Aber die Mantas waren, zumindest in Sanremo, immer bei den besten, die »nur« Heckantrieb aufwiesen.

Der Vater vom Sohn

Fünf Mal gewann Jimmy McRae die britische Rallye-Meisterschaft: 1981, 1982, 1984, 1987 und 1988. Zwei Mal auf Opel Ascona 400, 1984 auf Manta 400, danach zwei Mal auf Ford Sierra Cosworth. Seine Opel-Jahre waren die erfolgreichsten.

Der Sohn tritt in die Fußstapfen des Vaters. Nichts ungewöhnliches, auch nicht im Motorsport. Alleine in der Königsklasse, der Formel 1, war das häufiger der Fall, dass Vater und Sohn nacheinander auf dem Podium standen: Graham/Damon Hill, Gilles/Jacques Villeneuve, Keke/Nico Rosberg, nicht zu vergessen Vater und Sohn Stuck, Hans und Hans-Joachim »Striezel« Stuck. So ähnlich verlief das auch in der schottischen Familie McRae. Auf Jimmy folgte Colin. Doch während zumeist die Söhne ein wenig im Schatten der Väter stehen, ist das Verhältnis zwischen Jimmy und Colin McRae gegenteilig. Colin McRae, der Sohn, ist populärer als es Jimmy McRae, der Vater, je war. Doch Jimmy McRae fuhr Manta! Und Jimmy McRae überlebte seinen Sohn Colin, Jimmy lebt noch heute. Seine aktiven Jahre waren zwischen 1976 und 1989, viele Rallyes bestritt er, mehrmals stand er auf dem Podium, unter Vertrag war er bei Vauxhall, Austin-Rover und Opel, wobei die Jahre auf Opel Manta 400 seinen Karrierehöhepunkt darstellen. Obgleich er nicht allzu häufig siegte, schaffte McRae den britischen Titel gleich fünf Mal! Man muss nicht siegen, man muss nur fleißig Punkte sammeln. Zudem schaffte Jimmy McRae den zweiten Platz in der Rallyefahrer-Europameisterschaft 1982.

Nach Motocross-Anfängen auf zwei Rädern begann Jimmy McRae seine Rallyekarriere als 31jähriger (also recht spät!) mit einem gebrauchten Ford Cortina Lotus, dann Ford Escort Twin Cam »Hundeknochen«. Danach kamen Erfolge mit einem privaten Vauxhall Magnum, gesponsert vom lokalen Vauxhall-Händler. In Folge holte ihn die britische GM-Filiale Vauxhall in ihr Werksteam. Nun bezahlte Jimmy McRae

In seinem letzten Opel-Jahr: Achter Platz für Jimmy McRae auf Manta 400 bei der RACE Costa Blanca 1985, 410 km über Asphalt im März 1985 im spanischen Alicante.

nichts mehr für sein Hobby, sondern verdiente Geld damit. McRae pilotierte Vauxhall Firenza und Magnum, später Gruppe-4-Chevette (das britische Parallelmodell zum Opel Kadett City mit 2,3-Liter-Motor). Parallel zum Vauxhall-Team unterhielt Opel in Großbritannien ein eigenes Rallyeteam, um den Namen Opel auf der Insel motorsportlich zu positionieren. Jimmy McRae fuhr auf Manta 400 mit so illustren Kollegen wie Ari Vatanen, Walter Röhrl und Henri Toivonen. Zuletzt wechselte er in der katastrophalen Saison 1986, die durch viele tödliche Unfälle zum Aus der monströsen Rallye-Gruppe-B führen sollte, zu Austin-Rover und pilotierte einen MG Metro 6R4.

McRaes Opel-Jahre waren 1981 bis 1985, die ersten beiden Jahre auf Ascona 400, dann auf Manta 400. Er war ein Asphalt-Experte, Schotterpisten lagen Jimmy McRae weniger. In der Ascona-Zeit startete er kaum international, während der Manta-Zeit verließ er häufiger seine Insel: 1984 vierter Platz bei der belgischen Ypern-Rallye, 1985 Achter in Costa Blanca, Zweiter in Ypern, Ausfall bei der Hunsrück-Rallye und bei der Volta Galp in Portugal, aber das englische GM-Dealer-Sport-Team engagierte sich eben hauptsächlich auf der Insel - so wie sich die meisten Rallye-Teams von Opel-Importeuren eben auf das eigene Land konzentrierten. Siege fuhr er auf Opel auch ein: 1985 beim Circuit of Ireland, 1984 bei der Manx International Rallye, 1983 auf Zypern.

Auch wenn er sich für die Rallyes kaum aus Großbritannien weg bewegte, so fuhr McRae trotzdem viel in Deutschland: Alle Ascona- und Manta-Tests fanden rund um Rüsselsheim statt.

Fahrt auf das Podest: Jimmy McRae schaffte mit seinem Copiloten Ian Grindrod bei der 1983er Lombard-RAC-Rallye Rang Drei.

Der Schotte in Schottland unterwegs: Die Arnold Clark Scottish Rallye im Juni 1983 beendete Jimmy McRae im Rothmans-Manta auf Platz Zwei.

Der Rallyewagen als Werbestar 1985: Gezeichnete Werbung mit Jimmy McRaes Manta 400 des GM-Dealer-Sport-Teams inklusive seines Autogramms.

Der Renn Rochen im Motorsport

Der Killer der Gruppe B

Henri Toivonen: Er ging in die Rallye-Geschichte ein, weil nach seinem fatalen Unfall 1986 die monströse Gruppe B komplett abgeschafft wurde. Und weil er die Monte 1986 gewonnen hatte. In den Saisonen 1982 und 1983 fuhr er für Opel, im zweiten Jahr auf Manta 400. In Monte Carlo 1986 erinnerte man sich daran, dass Pauli Toivonen 20 Jahre zuvor auf Citroën DS die Monte gewonnen hatte, während nunmehr sein Sohn Henri den Siegerpokal schwang. Im selben Jahr sollte er das letzte Mal starten, bei der Tour de Corse auf Lancia Delta S4: Fahrer und Beifahrer tot. Das war der Anfang vom Ende der Gruppe B und dieser unvergessenen Monstren und gleichzeitig der Höhepunkt des perversen Wettrüstens, fünf Firmen schaukelten sich gegenseitig hoch, überboten sich. Der Knall war unausweichlich, er musste kommen. Er kam mit Vehemenz. Die FIA schaffte die Gruppe B für die Saison 1987 ab, seriennahe Autos sollten dann wieder Rallyes fahren. Das hörte sich vernünftig an. Und heute, 36 Jahre später, wird alles verklärt und am Küchentisch oder auf dem Sofa schwärmt man von der guten, alten Zeit. 1983 startete Henri Toivonen auf Opel und gewann im Manta 400 einen Lauf der Rallye-Weltmeisterschaft. Der Finne, Jahrgang 1956 und nur 30 Jahre alt geworden, startete seine Karriere auf Simca 1000 Rallye 2 als Werksfahrer und war bis zur RAC-Lombard-Rallye 1980 der bis dato Zweitjüngste, der einen Rallye-Weltmeisterschaftslauf gewann. Es folgten zwei Jahre bei Opel und zwei bei Porsche, dann Lancia. 1982 und 1983 waren seine Opel-Saisonen, sein bestes Ergebnis die Rothmans Manx International Rallye 1983, wo Toivonen auf Manta 400 siegte.

Der Manta B 400 brachte Henri Toivonen halbwegs Glück. Sechs Rallyes absolvierte er 1984 darauf, drei Mal gute Plätze, aber auch drei Ausfälle: Sieg auf der Isle of Man, Dritter bei der Mira-Rallye in Schweden, Vierter in Sanremo, Unfälle bei der 1000-Seen-Rallye in Finnland (Foto) und der Akropolis, Motorschaden bei der RAC Lombard-Rallye in England.

Sein bestes Ergebnis auf Manta 400: Henri Toivonen gewann mit seinem Co Fred Gallagher die Rothmans Manx International Rallye 1983 vor seinem Teamkollegen Ari Vatanen, auch auf Manta 400. Die Manx-Rallye findet auf der Isle of Man statt. Die kleine Insel (nur knapp 600 km² groß) hat eine große Motorsporttradition, aber eher zweirädrig: Seit 1907 wird hier das Motorradrennen Isle of Man Tourist Trophy ausgetragen, kurz ausgedrückt »die TT«.

Unter anderen Vorzeichen

Unumstößliches ändert sich plötzlich, weil neue Voraussetzungen bestehen. Nach jahrzehntelanger Abstinenz von der Rundstrecke wollte Opel Mitte der 80er wieder heißen Asphalt unter den Reifen spüren. Mit dem Manta.

Vieles, was geschah, geschah zwar, war aber nicht offiziell. Ein Opel rannte nicht. Das war so. Das waren letzte Auswirkungen des »AMA-Banns«. Häufig wird wiederholt, General Motors habe seinen Filialen, also auch Opel, ein motorsportliches Engagement verboten. Weniger häufig wird der Grund erklärt. GM war, wie die meisten anderen US-Autokonzerne, Mitglied in der Automobile Manufacturers Association (AMA). Im Juni 1957 gab es den »AMA-Bann«. Darin einigten sich die Mitglieder, auf Autowerbung mit Leistung und Topspeed zu verzichten und gleichzeitig jeglichem Motorsport abzuschwören. Daran hielt sich GM und daran hatte sich Opel zu halten. Der »AMA-Bann« hatte seine Ursache im Desaster von Le Mans 1955 (verheerender Unfall, 83 tote Zuschauer plus der Unfallfahrer Pierre Levegh, 180 Verletzte) sowie in den NASCAR-Ereignissen 1957, wo es auch Tote gab. GM, Ford und Chrysler schworen daraufhin dem Motorsport gänzlich ab. Offiziell hörte diese Selbstverpflichtung 1962 auf, als Henry Ford einseitig ankündigte, Ford werde sich wieder an NASCAR-Rennen beteiligen. GM fühlte sich zwar länger dem Bann verpflichtet. Aber GM ließ Opel später eben deshalb freie Hand, weil sich Ford ohnehin nicht mehr an die Abmachung hielt.

Noch in den späten 60er Jahren galt das offizielle Motorsport-Verbot Opels. Die legendäre »Schwarze Witwe« musste noch in Guerilla-Manier in einem Rüsselsheimer Keller konstruiert werden: jener schwarz lackierte Rekord C mit seinen 175 PS, der 1967/68 mit Erich Bitter am Steuer auf dem Hockenheimring und in Zolder röhrte und grölte und die Zuschauer begeisterte. Da Opel nichts wissen durfte, war auch nichts homologiert, und bei Rennen gemeldet wurde das Unikat als Gruppe-5-Prototyp. Natürlich bekam die Opel-Führung Wind von der Sache, distanzierte sich vom Rennsport und sehr schnell auch vom Auto. Es hatte dann noch einmal unter österreichischer Flagge und mit dem jungen Niki Lauda am Steuer einen Auftritt 1969 beim Flugplatzrennen in Tulln. Diese Anekdote mit der »Schwarzen Witwe« beschreibt sehr gut die Haltung Opels zum Rundstreckensport in den 60ern und 70ern: Opel betrieb, wie jedes GM-Tochterunternehmen, keinen Motorsport und beteiligte sich höchstens an Zuverlässigkeitsfahrten. Selbst das Wort »Rallye« wurde im offiziellen Duktus gemieden. Doch daran beteiligte sich Opel durchaus, sogar mit einem Werksteam. Aber eben nicht auf der Rundstrecke.

In den 80er Jahren dann wendete sich das Blatt, und das hing in erster Linie mit der damaligen Entwicklung des Rallyesports zusammen, namentlich mit der Gruppe B, die zunehmend Monstren hervorbrachte und in deren Folge ein ungeahntes Wettrüsten, auch finanzieller Natur. Da wollte Opel nicht mithalten. Dazu kam, dass GM in dieser Zeit Opel etwas an der langen Leine hielt.

In der ersten Hälfte der 80er Jahre änderten sich die Voraussetzungen im Tourenwagensport und nahmen Tendenzen an, die für Opel güns-

Es waren Privatfahrer, die den Manta auf die Rundstrecke brachten, engagierte Amateure. Dirk Wallraf, Dieter Lingen, Bernd Paul und Louis Enderle von der SFG Köln beim 24-Stunden-Rennen auf dem Nürburgring 1990. Position 110 von 115. Zwar nur angekommenen, aber immerhin angekommen.

Manta auf der Rundstrecke: Frontschürze von Lexmaul, 400er-Haube von Mattig, und die Luftschlitze wurden aus aerodynamischen Gründen zugeklebt. Die Schürze allein ließ genügend Luft in den Motorraum.

Langstreckenmeisterschaft: Kissling-Manta-400 mit Ronal-Turbo-Felgen von Peter Hass und Bernhard Schmittner auf dem Nürburgring. Helmut Kissling aus Bad Münstereifel gründete 1978 Kissling-Motorsport, Rallye- und Rennsport, Profi- und Breitensport auf Opel.

Joachim Utsch und René Gassen wurden Neunter beim 6. VLN-Lauf 1992 (Deutscher Veedol-Langstreckenpokal) auf dem Nürburgring. Selten war ein Manta 400 bunter lackiert.

tig waren. Das Stichwort lautet: Deutsche Produktionswagen-Meisterschaft. Das waren halbwegs kostengünstige, seriennahe Tourenwagen, also Gruppe-A-Fahrzeuge. Damals sprach man von der »klassenlosen Gesellschaft«, denn in den ersten Jahren 1984/85 gab es keine Hubraumklassen. Das Regelwerk sah vielmehr vor, die Fahrleistungen aller Wagen durch unterschiedliche Gewichte und Reifenbreiten anzugleichen. Alle fuhren gegeneinander, und Sieger war, wer als erster über die Ziellinie kam. Da rannten Mantas in privater Hand gegen Dreier-BMWs oder schwere Chevrolet Camaros, die von Rennställen eingesetzt wurden, dicke Mustangs, schwedische Ziegelsteine (Volvo 240), englische Luxusliner (Rover SD1 Vitesse), elegante Italiener (Alfa GTV). Die erste Meisterschaft gewann der spätere Opel-Motorsportchef Volker Strycek auf einem BMW 635 CSi, und mit den Jahren fuhren immer weniger Privatfahrer mit Mantas und Monzas oder Tuner mit, sondern die nunmehr Deutsche Tourenwagen-Meisterschaft (DTM) genannte Serie wurde zu einer Werksmeisterschaft.

Die neuen FIA-Regeln für die Tourenwagenmeisterschaft machte den Manta ab 1984 rundstreckentauglich. Und das nützte der Rochen mit Vehemenz aus! Mantas auf Rennstrecken: In den 80ern völlig normal. Denn das neue Reglement machte die Tourenwagenrennen demokratisch. Gefordert wurde, was Großserienhersteller leisten konnten. Keine ausgefuchsten Rennwagen mit Dünnblech und Plexiglasscheiben zur Gewichtsreduzierung. Nein, die Zulassungsvoraussetzungen waren plötzlich ganz machbar: Die Autos mussten der Großserie entsprechen, mindestens 5000 Exemplare mussten innerhalb eines Jahres von den Fließbändern gerollt sein, das Tuning durfte im Rahmen der FIA-Gruppe-A nur konventionell ausgeführt werden, und zu jeder Hubraumgröße gab es ein verbindliches Mindestgewicht. Das führte zu einem erfreulichen Modellmix auf der Rennstrecke, und genau dies zog die Zuschauer in seinen Bann: Dort rannten nun genau die Wagen um den Sieg, die

Vorgänger vor Nachfolger: Ein Foto aus der Übergangszeit, Calibra jagt Manta oder, umgekehrt, Manta lässt Calibra hinter sich.

sie zuhause in der Garage stehen hatten. Die Zuschauer identifizierten die Rennwagen mit ihren Privatautos und dadurch die Rennfahrer mit sich selber. Viele, viele Mantas rannten mit, vor allem 400er. Da schafften es engagierte Privatfahrer mit einem 100.000-D-Mark-Budget und drei Mechanikern plötzlich, in die Ränge zu fahren - was zuvor nur millionenschweren Werksteams gelang. Das machte die DTM äußerst populär, und ein geschicktes Marketing seitens des Veranstalters ITR tat sein übriges.

Es waren anfangs fast ausschließlich Privatfahrer und kleine Tuningwerkstätten, die sich beteiligten, los ging es - aus Opel-Perspektive - mit Kadett C GT/E und Manta GT/E. Der Manta 400 musste in der ersten Zeit aus Homologationsgründen noch zurückstecken. Die Opel-Zweiventiler-cih-Motoren brachten um die 180 PS, was durchaus reichte, um gut im Mittelfeld mitzuspielen und viel Spaß zu haben. Ein 2-Liter-Manta musste mindestens 850 Kilo leer wiegen, was gut erreichbar war, wenn man alle überflüssigen Pfunde herausriss, kein Dämmmaterial, keine Rücksitzbank et cetera. Wären die Autos schwerer geworden, so hätte das bei der technischen Abnahme zwar niemanden tangiert, aber es wäre unklug gewesen, denn jedes Pfund kostet Leistung. Und je nach Hubraumgröße galten unterschiedliche Mindestgewichte. Ein Camaro mit über 4 Litern musste mindestens 1425 Kilo auf die Waage bringen. Das heißt, die Autos waren zwar unterschiedlich stark, aber auch unterschiedlich schwer, sodass ihr Leistungsgewicht, also ihre PS pro Kilo, dennoch ungefähr gleich waren. Die schweren und leistungsstarken Wagen hatten Vorteile bei langen Geraden wegen ihrer größeren Kraft und Höchstgeschwindigkeit, die kleineren in Kurven, aus denen sie besser heraus beschleunigen konnten. Und sie mussten auch später bremsen. Die Strecken boten einen gesunden Mix. Ein weiterer Aspekt kam hinzu, der dem Publikum gefiel: Anders als in der Formel 1, wo sich das Feld nach dem Start rasch auseinander zieht, blieben die Autos bei Tourenwagenrennen ziemlich nah beieinander, weil sie eben ungefähr die gleiche Leistung (je nach Gewicht) hatten. Das versprach spannende Rad-an-Rad-Duelle und sorgte für Unterhaltung. Dazu kam, dass die DTM 1988 bis 1990 und wieder 1992/93 im Rahmen des 24-Stunden-Rennens auf dem Nürburgring vor großer Kulisse startete. In der Saison 1987 war der Kadett GSi 16V des Tuners Helmut Kissling aus Oberhausen (der auch als Werkstuner für den Manta 400 fungierte) recht erfolgreich, satte 270 PS bei 800 Kilo Leergewicht. Das Werk kümmerte sich damals um den Kadett GSi als Rallyefahrzeug, Kissling tat dasselbe für die Rundstrecke. Das war auch die Zeit, in der die Opel-Sportabteilung einen neuen Chef bekam. Der Brite Tony Fall wurde von Karl Mauer abgelöst, selbst ein recht engagierter und erfolgreicher Amateur-Rennfahrer. Der hatte ein Herz für die Piloten auf Kadett und Manta! Mauer, ein gelernter Journalist und somit exzellenter Kommunikator, war zusammen mit dem Opel-Sportkoordinator Helmut »Helle« Bein davon überzeugt, dass sich Opel mit einer Werksmannschaft bei Rundstreckenrennen engagieren und es nicht dabei belassen sollte, Privatfahrer zu unterstützen. Eigentlich konterkarierte dies die ursprüngliche Absicht. Denn die Tourenwagen-Meisterschaft war ja eben dazu geschaffen worden, Privatteams bezahlbaren Rennsport zu ermöglichen.

Aber dann kam die große Popularität, regelmäßige Fernsehübertragungen, Sponsoren stiegen ein, Werbeminuten im TV wurden von Monat zu Monat wertvoller - kurz gesagt: Aus der ambitionierten und engagierten Tourenwagen-Meisterschaft wurde eine rein merkantile und kapitalorientierte Veranstaltung, die Autohersteller beteiligten sich mit Werksteams. Die Werke investierten in die Weiterentwicklung der Fahrzeuge, und die Privaten hatten keine Chance mehr, mitzuhalten. Sie stiegen aus, die Starterfelder schrumpften, das ursprüngliche »klassenlose Reglement« wurde gekippt und das Reglement immer wieder modifiziert.

Der Beginn der Kommerzialisierung war gleichzeitig das Ende der Manta-Ära, denn Opels Rochen war mittlerweile ein älterer Herr, zwar immer noch gut zu Fuß, aber lange nicht mehr so schnell wie die jungen Wilden. Die letzten Mantas rannten im aktiven Dienst ungefähr 1990. Heute rennen sie wieder, im Rahmen des historischen Motorsports, und zählen zu den Publikumslieblingen in der VLN Langstreckenmeisterschaft Nürburgring und beim dortigen 24-Stunden-Rennen.

Alfa Romeo 33 16V macht Jagd auf Manta. Gut zu sehen am Manta: Selbst die Scheinwerfer wurden minimalisiert zur Gewichtsreduzierung.

Dirk Wallraf und Dieter Lingen in der Klasse 2 bis 2000 cm³ auf der Nordschleife im Juni 1990. Sie hatten als Hauptsponsor den Karosseriebetrieb Hecker in Köln-Weidenpesch.

Kapitel 18

Wenn einer Opel Manta heißt, so ist er schwierig zu beerben. Es waren riesige Fußstapfen, die das entschlafene Opel-Coupé hinterlassen hatte. Die Mammutaufgabe, den Manta zu ersetzen, wurde dem Opel Calibra zuteil. Und er hat sie geschafft! Die Manta-Kunden akzeptierten den Calibra vollauf als Nachfolger »ihres« Autos. Das Rezept des Opel Calibra war dasselbe wie dasjenige, welches zu zwei Manta-Generationen führte: Man nehme einen ausgereiften Mittelklassewagen und karossiere ihn neu, dazu einige sportliche Zutaten, und fertig war das Sportcoupé.

Über ein Jahr mussten die Manta-Freunde warten, bis sie einen Calibra kaufen konnten. Zwar stand der Prototyp im September 1989 auf der IAA, die Auslieferung begann aber erst im Juni 1990. Sein Technikspender, der Opel Vectra A, war zu diesem Zeitpunkt bereits 21 Monate lang auf dem Markt und somit ausgereift. Erhard Schnell ist zusammen mit Wayne Cherry der Künstler, der die Außenhaut zeichnete. Prinzipiell reiht sich der Opel Calibra stilistisch in die Sportcoupés seiner Zeit ein. Lange, kraftvolle Motorhaube und so genanntes Two-Box-Design. Schnell entschied sich für eine Kombination aus Schräg- und Stummelheck, also für eine große Heckklappe, kombiniert mit einem angedeuteten Stufenheck, was den Opel Calibra im Profil von der Konkurrenz wohltuend abhob. Und er entschied sich gegen noch etwas: Die Klappscheinwerfer, eine Mode der Zeit. Sie haben unbestritten Vorteile. Ihr Hauptmanko ist aber: Sie machen Autos gesichtslos. Der Opel Calibra hat ein Gesicht. So schmal waren Breitbandscheinwerfer bei einem Großserienauto noch nie, bis der Calibra kam. Mit den schmalen Augenschlitzen, gepaart mit der strengen, umlaufenden Gummiauflage der Stoßfänger und dem grimmigen Grill, machte der Opel Calibra nachhaltigen Eindruck. Mit seiner Markteinführung einher ging sogleich ein Superlativ: Sein Luftwiderstandsbeiwert lag bei cw = 0,26, Weltrekord für ein Großserienfahrzeug. Der Opel Calibra hielt ihn zehn Jahre lang, erst dann wurde er vom Honda Insight und Audi A2 entthront.

Die Technik teilte der Opel Calibra weitgehend mit seinem Konzernbruder Vectra, allerdings trug er keine einfache Verbundlenker-Hinterachse wie dieser, sondern eine Schräglenkerachse mit Miniblockfedern, Stabilisator und Teleskopstoßdämpfern. Das Facelift zum Modelljahr 1995 kann fast nicht als solches bezeichnet werden: Opel-Emblem im Kühlergrill statt auf der Motorhaube, Kleinigkeiten im Innenraum, weiße Grundfarbe der Armaturen.

Wie sein Vorgänger Manta überlebte der Calibra seinen Organspender Vectra A, wenngleich nur um zwei Jahre. Der Calibra startete mit den beiden 2-Liter-Motoren mit Zwei- oder Vierventiltechnik (115 respektive 150 PS), wobei schon der 115-PS-Calibra gut für mehr als 200 Stundenkilometer war. Die 150-PS-Version rannte sogar Tempo 223. Im März 1992 erweiterte Opel das Calibra-Programm um den unheimlich starken 2.0 Turbo, 245 km/h schnell und ein maximales Drehmoment von immerhin 280 Nm. Zwar schwächer, aber um zwei Zylinder angereichert, war der Opel Calibra 2.5 V6. Er sprach eine andere Zielgruppe an. Die 170 PS starke Maschine aus dem Omega MV6 lief seidenweich, hatte eine ebenso sanfte wie nachdrückliche Kraftentfaltung und machte aus dem Opel Calibra ein richtig komfortables Reisecoupé,

Die Zeiten sind vorüber, als ein Opel Calibra in der hintersten Reihe auf dem Gebrauchtwagenplatz darbte. Heute ist ein gut erhaltener Calibra richtig gefragt. Gesehen 2009 im französischen Vesoul.

Gleich drei Calibras im Pommes-Outfit à la DTM, mit Heckspoilern. Die Klebedekoration war Zubehör, die Gestaltung wohl eine Zusammenarbeit zwischen Erhard Schnell, der Opel-Motorsportabteilung und Irmscher.

So etwas ähnliches wie die Keke-Rosberg-Edition, aber in Kontinentaleuropa selten: englischer Vauxhall Calibra DTM-Edition von 1994 mit Dekorsatz à la DTM/ITC und Heckspoiler.

Calibra 4x4 16V, nicht nur sportlich, sondern auch tauglich für schlechte Streckenverhältnisse. 4x4 hat eigentlich nur Vorteile.

und der Motor harmonierte hervorragend mit der optionalen Vierstufen-Automatik. Der Sechszylinder blieb am längsten im Calibra-Programm. Im März 1994 ersetzte Opel den 150 PS starken 2-Liter durch einen gleich großen Vierzylinder mit 136 PS. 1996 lief die Turbo-Version aus. Opel geizte nicht mit Sondermodellen auf Calibra-Basis, und zuletzt bestand das komplette Programm nur noch aus speziellen Editionen: Color Selection I, II, III, IV, V, VI und VII, Keke Rosberg Edition, DTM Edition, Classic I und II, Young, Cliff Motorsport Edition und Last Edition, teilweise mit Irmscher-Fahrwerk und BBS-Alufelgen. Zwei Produktionsstandorte, Rüsselsheim und die Valmet-Werke im finnischen Uusikaupunki. Im Juni 1997 lief die Produktion aus. Der Calibra profitierte natürlich sehr von seinen Motorsport-Meistertiteln. Aber diese Imageaufwertung hatte er gar nicht nötig gehabt. Auf der Straße war er ebenfalls ein Siegertyp, ganz einfach der meist verkaufte Wagen seiner Klasse. Über die Gesamtstückzahl streiten sich die Gelehrten: 238.164 oder 238.647 oder 239.118, gesichert ist die geringe Zahl von 12.015 Sechszylinder-Calibras, und aus Finnland kamen 93.978 Stück. In Großbritannien hieß er Vauxhall, in Südamerika Chevrolet und in Australien Holden. Eine Zeitlang nach dem Ankauf von Saab durch General Motors hielt sich das Gerücht, der Calibra werde in den USA als Saab angeboten, was nie geschah.

Was sich der Manta gewünscht hatte: Turbo und 4x4

Zwei Technologien waren im Calibra selbstverständlich, um die der Manta gekämpft hatte, die ihm aber verwehrt blieben: Turbo und All-

Das war mal ein irgendein Calibra, jetzt ist es ein Kunstwerk, ein Szenevehikel, ein »Flash«.

DTM ist Spitzensport. Der ex-Formel-1-Weltmeister Keke Rosberg startete in der DTM zunächst für Mercedes-AMG, 1993 für Opel und gründete 1994 sein eigenes Team, fuhr aber weiterhin Calibra.

Drei Autos, viele Männer: das Calibra-DTM-Team der Saison 1994.

Blick ins Fahrerlager vor dem Start, die Boliden in Reih' und Glied: der schwarze Wagen von Manuel Reuter vom Team Joest Racing Opel, der weiß/rote von Hans-Joachim Stuck, Team Rosberg Opel.

radantrieb. Letzteren teilte er mit seinem Organspender Vectra A. Der spielte in einer anderen Liga als sein Vorgänger Ascona C. Zwar startete er mit einem 1,6-Liter-Motor. Aber das Maß in der Mittelklasse lautete mittlerweile zwei Liter Hubraum und rund 100 Pferdestärken. Und im Laufe seines Lebens stieg er sogar in ungeahnte Höhen auf und wurde zum Sechszylinder befördert. Er war eine völlige Neukonstruktion, neuer Name, neuer Inhalt. Das Kunstwort Vectra, ebenso wie Calibra, Agila und Sintra, erfand der Werbetexter Manfred Gotta.

Der allgemeine Trend am Ende der 80er Jahre lautete: 4x4 im Pkw. Im Dunstkreis von Sport- und Rallyewagen, die mit Allradantrieb Furore gemacht hatten, gehörte es einfach zum guten Ton, eine Allradvariante im Programm zu haben. Stand der Technik war die bei Bedarf selbst sperrende Visko-Kupplung, die, wenn nötig, die Hinterräder zusätzlich antrieb. Beim Bremsen unterbrach die Verbindung zu den Hinterrädern dank einer computergesteuerten, hydraulischen Lamellenkupplung, damit das ABS greifen konnte. Der 4x4-Vectra, lieferbar ab Anfang 1989, brauchte natürlich eine völlig andere Hinterachse als sein frontgetriebener Bruder. Opel implantierte ihm die Schräglenker-Hinterachse aus dem heckgetriebenen Omega. Das Verteilergetriebe wurde komplett beim Allradspezialisten Steyr-Daimler-Puch in Graz gefertigt. Das Vectra-Topmodell ab Oktober 1989 bestach durch seinen 2-Liter-16V-Motor mit knackigen 150 PS, bekannt aus dem Kadett 16 V. Den Motor garnierte Opel mit Allradantrieb und einer gehörigen Portion optischer Sportlichkeit. Getoppt wurde er vom bissigen Vectra Turbo, der seine Parallele im Calibra Turbo fand. Wieder der 16V-2-Liter-Motor, nun von einem Turbolader auf 204 PS beflügelt, dazu Allrad-

Knallgelb auf der Piste: Volker Strycek, der spätere Opel-Motorsport-Chef, auf Calibra V6 4x4 vom Zakspeed-Team Opel bei der ITC 1996.

Schöner fahren auf der Piste: einsamer Calibra, genügend Luft zum Verfolger, und selber muss er auch nicht kämpfen, denn vor ihm ist ebenfalls Luft: JJ Lehto in der ITC-Saison 1996.

»Old Spice« im Kiesbett: Ausritt von Jyrki Juhani Järvilehto vom Opel Team Rosberg, im Vorbeifahren Alexander Wurz im Calibra vom Team Joest Racing Opel.

antrieb. Anderthalb Jahre nach dem Vectra war auch der Calibra ein Allradler, verbunden mit beiden 2-Liter-Aggregaten. Und dann kam der Calibra Turbo 4x4 im März 1992: Der 16-Ventiler-Motor dank Intercooler nunmehr mit 204 PS, 245 km/h schnell und ein maximales Drehmoment von immerhin 280 Nm. Serienmäßig Sechsganggetriebe, Automatik nicht verfügbar. Aufgrund seiner ausgefeilten Aerodynamik hatte selbst ein 204-PS-Calibra keinen Heckspoiler auf der Kofferraumklappe nötig (obgleich er fast doppelt so stark war wie seine 115-PS-Basisversion). Gefühlt wurde aber jeder dritte Calibra mit einem dekorativen after-market-Heckspoiler versehen. Je größer, desto besser. Denn der Calibra-Fahrer wollte dem DTM-Calibra so nahe wie möglich sein.

Bunter Reigen kurz nach dem Start: prominent in Bildmitte der Calibra mit gelben Akzenten von Hans-Joachim Stuck vom Rosberg-Opel-Team, vor ihm Jyrki Juhani Järvilehto, genannt JJ Lehto, vom Team Opel Rosberg.

Auf der Rundstrecke: Der Calibra dominiert die DTM und ITC

Vier Jahre lang räumte der Opel Calibra auf der Piste ab, bei der Deutschen Tourenwagenmeisterschaft ebenso wie bei der International Touring Car Championship. 1993 bis 1996 waren die Jahre des Calibra, und zwei Namen sind ganz eng damit verbunden: Manuel Reuter und Keke Rosberg.

Die Deutsche Tourenwagen-Meisterschaft hat eine wechselvolle Geschichte und in der Zeit, als der Calibra aktiv war, trug sie zwei Namen. Aus der Deutschen Rennsport-Meisterschaft (DRM) bis 1985 wurden die Deutsche Tourenwagen-Meisterschaft (DTM) bis 1995 sowie in den Jahren 1995 und 1996 zusätzlich die internationale Serie, in der der Calibra ebenfalls aktiv war, die International Touring Car Championship (ITC). In all diesen Rennserien starteten Fahrzeuge, die optisch mehr oder weniger den Serienfahrzeugen entsprachen. Damit konnte der Zuschauer die Rennwagen mit dem Auto identifizieren, das er selbst fuhr. Der Omega Evo war das Lehrstück, der Calibra das Meisterstück des Opel-Rennstalls. Sein Tourenwagen-Einsatz gipfelte im ITC-Meistertitel 1996. Der Calibra V6 4x4 basierte auf dem Straßenfahrzeug, war also kein reinrassiger Rennwagen, dem lediglich eine Calibra-ähnliche Kunststoffkarosserie verpasst wurde. Der Wagen wurde unter der Ägide des Opel-Sportchefs Walter Treser (ein ex-Audi-Mann, der maßgeblich an der Konstruktion des Audi Quattro beteiligt gewesen war) entwickelt. Ab 1993 gab es hier nicht mehr unterschiedliche Klassen, sondern einen einheitlichen Hubraum (2,5 Liter) und maximal 6 Zylinder, Allradantrieb war erlaubt. Opel schaffte es nicht zum 1993er Saisonstart, sondern erst zum letzten Rennen auf dem Hockenheimring - das war quasi der letzte Test unter realen Bedingungen. Bei den Fahrern setzte Opel auf den Le-Mans-Sieger Manuel Reuter und den Formel-1-Weltmeister Keke Rosberg und lernte aus Hockenheim, dass noch einiges zu tun war, bis die Calibras siegfähig wurden.

Und das waren sie 1994. Der neue Motor, offiziell als »Phase 3« deklariert, war von der britischen Rennmotorenschmiede Cosworth konstruiert, und den ersten Sieg fuhr der Calibra in Donington Park ein - ganz kurios: Zunächst rammte Reuter im ersten Lauf seinen Teamkollegen Rosberg vom Asphalt und musste deshalb im zweiten Lauf vom letzten

Ein würdiger Erbe des Manta: Opel Calibra

Er hält den Alfa Romeo 155 V6 TI vom Team TV-Spielfilm-Alfa-Corse in Schach: JJ Lehto im Calibra V6 4x4 während der ITC-Saison 1996.

Startplatz starten. Trotzdem wurde er Zweiter. Der Sieger auf Alfa Romeo wurde aber disqualifiziert, und so stand Reuter auf dem Podest. Das Team Joest setzte drei Wagen ein, neben Reuter und Rosberg auch Louis Krages, der unter dem Pseudonym John Winter fuhr. Insgesamt brachte die erste Saison 1994 nur Achtungserfolge, der Calibra litt unter technischen Schwierigkeiten. In der Saison 1995, der Calibra fungierte nun als »Phase 4«, gab es eine neue Ordnung, zwei Teams: Im Joest-Cockpit saßen Reuter, der Finne JJ Lehto, der Franzose Yannick Dalmas und der Portugiese Ni Amorim, für das Team Rosberg starteten er selbst sowie Klaus Ludwig. Parallel fuhren Phase-3-Fahrzeuge und Phase-4-Calibras mit anderer Hydraulik und satten 500 PS und 300 km/h Topspeed. Manuel Reuter brach mit dem »alten« Phase-3-Auto in der Saison 1995 fast alle Rekorde, die Phase-4-Wagen mit aktivem Fahrwerk und dreifach verstellbarem ABS erwiesen sich als störanfällig. In dieser Saison wurde parallel die DTM und die internationale ITC gefahren. Ludwig schaffte den Sieg in Hockenheim und Platz 3 in der DTM, Reuter holte Platz 5 in der ITC, Lehto war der drittbeste Fahrer im Opel-Team, in seinem Heimrennen in Helsinki stand er als Dritter auf dem Podest. Dalmas schlug sich wacker, Rosberg enttäuschte und hängte nach Saisonende den Motorsport an den Nagel.

1996 war das Rennjahr schlechthin des Opel Calibra: Schon vorzeitig, mitten in der laufenden Saison, hatte Manuel Reuter so viele Punkte gesammelt, dass er und sein High-Tech-Calibra gekrönt wurden. Unter Tresers Nachfolger als Opel-Sportchef, Wolfgang-Peter Flohr, kam als drittes Team Zakspeed hinzu, Fahrer Klaus Ludwig und Uwe Alzen, im Team Rosberg Hans-Joachim Stuck und JJ Lehto, bei Joest nach wie vor Reuter und Dalmas, neu die Nachwuchsfahrer Oliver Gavin und Alexander Wurz, also acht Calibras auf der Strecke, und noch einer, nämlich der Privatwagen des Italieners Gianni Giudici, einem der letzten Privatfahrer in der DTM. Opel und Alfa zogen sich aus Kostengründen am Ende der Saison aus der DTM zurück, was das Aus für die Rennserie bedeutete, die erst im Jahre 2000 eine Renaissance erfuhr, an der Opel mit dem Astra V8 Coupé erneut beteiligt war.

Die Primadonna des italienischen Designs, Sergio Pininfarina, schuf einen zweisitzigen Cousin des Lotus Omega, ein reines Concept Car ohne Aussicht auf Serienfertigung; hier der '92er Chronos 2.

Je nach Automesse trug der Pininfarina Chronos unterschiedliche Farben: zunächst, noch ohne Technik, Gelb auf dem Genfer Salon 1991 (Bild), dann auf den Messen in Detroit und Tokio Silber und, zuletzt als Chronos II von 1992, dunkelstes Blaumetallic, fast schwarz.

Nur eine Idee: Der Chronos als Über-Calibra

Dieser Opel hätte dem Porsche 911 gefährlich werden können: Pininfarina schuf 1991 ein Concept Car oberhalb des Opel Calibra mit der Technik des Lotus Omega. Und der war immerhin die schnellste Serien-Limousine der Welt. Dass Opel mit dem Calibra längst einen Manta-Nachfolger baute, war auch bis nach Italien durchgedrungen. Das hielt den Maestro der italienischen Karosseriebaukunst nicht ab, sich dennoch Gedanken über einen »anderen« Manta-Nachfolger zu machen. Sergio Pininfarina war nämlich der Ansicht, dass des Mantas würdiger Nachfolger nicht wieder ein Coupé in der üblichen Klasse zwischen 2 und 2,5 Litern Hubraum sein sollte. Er wollte nicht nur stilistisch etwas Herausragendes für Opel schaffen, sondern auch etwas, bei dem die Technik mit der Optik Stand hält.

In reiner Eigeninitiative, ohne Wissen und ohne jedwede Unterstützung von Opel, kreierte Pininfarina 1991 den Chronos und 1992 den leicht modifizierten Chronos II mit der Technik des Lotus Omega. Ein kompakt gezeichneter Zweisitzer mit Glaskuppeldach, das sich aufschieben ließ, also eine Art Coupé mit riesigem Schiebedach. Das Fahrzeug in seiner Gesamtheit war ein typischer Vertreter der weichgespülten Früh-90er-Jahre, alles fließend, keine Ecken und Kanten, dafür pure Windschlüpfigkeit mit großen Blechflächen, einer riesigen Windschutzscheibe, dafür Seitenscheiben so klein wie Schießscharten. Pininfarina wollte den Chronos als reine Stylingstudie verstanden wissen, als Leistungsbeweis für die GM-Chefetage, als Eintrittskarte, um für GM tätig werden zu können. Dementsprechend wurde der Chronos auch nie als Opel deklariert, sondern stets als Pininfarina bezeichnet. Außerdem wurde er nicht primär auf europäischen Ausstellungen gezeigt, sondern 1991 auf der Detroit Motor Show, etwas später auf der Tokyo Motor Show. In Genf im März 1991 stand er als statische Skulptur, ohne Technik. Die bekam er erst später implantiert. Ein damals absoluter Gag waren die mit Flüssigkristallen imprägnierten Fensterflächen, die sich elektrisch verdunkeln ließen. Noch heute ist elektrochromes Glas sehr ungewöhnlich, aber vor über 30 Jahren war es unerhört! In anderer Farbe und mit leicht veränderter Front (voneinander getrennte Doppelrundscheinwerfer anstelle von Breitbandscheinwerfern) tauchte der Wagen als Chronos II im Jahre 1992 erneut auf. Dann tauchte er ab. Er trat nie wieder in Erscheinung.

Den GM-Oberen mag der Chronos gefallen haben, aber Pininfarina erhielt nicht den Auftrag, ihn zur Serienreife weiterzuentwickeln. Das war nicht überraschend. Zu nahe an der Corvette bewegte sich dieses Ausnahmefahrzeug, als dass es die Konzernspitze hätte abnicken können. Mit Ausnahme des um 30 cm verkürzten Radstandes teilte der Chronos seine Technik mit dem Lotus Omega. Der 3,6-Liter-Biturbo-Sechszylinder leistete 360 PS und war damals die schnellste Serien-Limousine weltweit, schneller als ein BMW M5, schneller als ein Mercedes E-Klasse AMG. Zwar ein Pininfarina-Concept-Car, aber keines, das auf die automobile Welt größten Eindruck machte. Eben eines von vielen Pininfarina-Concept-Cars. Heute denkt niemand mehr an den Chronos.